普通高等学校"十四五"规划土木工程专业精品教材

U0166055

建设工程监理

Construction Project Supervision

（第五版）

丛书审定委员会

王思敬　　彭少民　　石永久　　白国良

李　杰　　姜忻良　　吴瑞麟　　张智慧

本书主编　李京玲　　阳　芳

副 主 编　王振华　　刘佳生　　陈　霞

参　　编　李晓光　　李锦华　　李东光　　宋继强

本书主审　王雪青

华中科技大学出版社

中国·武汉

内 容 提 要

　　本书依据我国建设工程监理有关方面的法律、法规,在现有监理理论成果与工程监理实践的基础上,较全面、系统地阐述了建设工程监理的基本理论、内容与方法,反映了我国建设工程监理行业的最新动态。全书共 10 章,主要内容包括绪论、建设工程监理的基本概念、监理工程师和工程监理企业、监理组织与建设工程监理组织协调、建设工程监理目标控制、建设工程监理的合同管理、建设工程监理安全管理、建设工程监理风险管理、监理文件、建设工程监理信息管理。

　　本书不仅可作为高等院校土木工程、工程管理等相关专业的教材或教学参考书,也可供工程建设技术人员、管理人员参考和使用。

图书在版编目(CIP)数据

建设工程监理/李京玲,阳芳主编.—5 版.—武汉:华中科技大学出版社,2023.7
ISBN 978-7-5680-8054-5

Ⅰ.①建…　Ⅱ.①李…　②阳…　Ⅲ.①建筑工程-监理工作　Ⅳ.①TU712.2

中国国家版本馆 CIP 数据核字(2023)第 111641 号

建设工程监理(第五版)
Jianshe Gongcheng Jianli(Di-wuban)

李京玲　阳芳　主编

策划编辑:金　紫　　　　　　　　　　　　　　　　　　　　　责任编辑:陈　骏
封面设计:原色设计　　　　　　　　　　　　　　　　　　　　责任监印:朱　玢
出版发行:华中科技大学出版社(中国·武汉)　　　电话:(027)81321913
　　　　　武汉市东湖新技术开发区华工科技园　　　邮编:430223
录　　排:华中科技大学惠友文印中心
印　　刷:武汉科源印刷设计有限公司
开　　本:850mm×1065mm　1/16
印　　张:18
字　　数:393 千字
版　　次:2023 年 7 月第 5 版第 1 次印刷
定　　价:49.80 元

普通高等学校"十四五"规划土木工程专业精品教材

总　序

　　教育可理解为教书与育人。所谓教书,不外乎是教给学生科学知识、技术方法和运作技能等,教学生以安身之本。所谓育人,则要教给学生做人道理,提升学生的人文素质和科学精神,教学生以立命之本。我们教育工作者应该从中华民族振兴的历史使命出发,来从事教书与育人工作。作为教育本源之一的教材,必然要承载教书和育人的双重责任,体现两者的高度结合。

　　中国经济建设高速持续发展,国家对各类建筑人才的需求日渐增大,对高校土建类高素质人才培养提出了新的要求,从而对土建类教材建设也提出了新的要求。这套教材正是为了适应当今时代对高层次建设人才培养的需求而编写的。

　　一套好的教材应该把人文素质和科学精神的培养放在重要位置。教材中不仅要从内容上体现人文素质教育和科学精神教育,而且还要从科学严谨性、法规权威性、工程技术创新性来启发和促进学生科学世界观的形成。简而言之,这套教材有以下特点。

　　第一,从指导思想来讲,这套教材注意到"六个面向",即面向社会需求、面向建筑实践、面向人才市场、面向教学改革、面向学生现状、面向新兴技术。

　　第二,教材编写体系有所创新。结合具有土建类学科特色的教学理论、教学方法和教学模式,这套教材进行了许多新的教学方式的探索,如引入案例式教学、研讨式教学等。

　　第三,这套教材适应现在教学改革发展的要求,提倡所谓"宽口径、少学时"的人才培养模式。在教学体系、教材编写内容和数量等方面也做了相应改变,而且教学起点也可随着学生水平做相应调整。同时,在这套教材编写时,特别重视人才的能力培养和基本技能培养,以适应土建专业实践性的要求。

　　我们希望这套教材能有助于培养适应社会发展需要的、素质全面的新型工程建设人才。我们也相信这套教材能达到这个目标,使之从形式到内容都成为精品,为教师和学生,以及专业人士所喜爱。

中国工程院院士　王思敬

前　言

随着我国市场经济的发展以及基本建设开发速度的加快,社会对监理人才、项目管理人才的需求日趋增长。为了培养高素质的监理人才、项目管理人才,以满足新形势的需要,我们组织专家学者编写了《建设工程监理》教材。

建设工程监理制在我国推行了 30 余年,这项制度的实施,对加强工程建设管理,保证工程建设质量和控制投资发挥了重要的作用,取得了显著的成效,当然也存在一些问题与争议。为此,国家不断出台新的相关法律、法规、规范、标准,以完善监理制度,健全监理法制体系,促进监理行业的健康发展。

本书贯彻党的二十大精神,依据我国现行建设工程监理相关的法律、法规、规范、标准以及建设工程监理行业的教学要求编写,力求反映我国建设工程监理理论研究的最新成果和监理行业的最新发展动态,较全面系统地阐述建设工程监理的基本理论、内容和方法。本教材对应的课程学时为 24～32 学时,教师在教学过程中可以有选择地使用。

为了确保读者更好地理解、掌握建设工程监理的基本理论、内容和方法,本教材在编写过程中坚持理论联系实际的原则,既力求内容全面、充实、新颖、实用,更做到通俗易懂、易学易用;每章前附有本章要点,每章后附有思考题,很多章后还附有案例分析。本书既可作为高等学校土木工程、工程管理等相关专业的教材或教学参考书,也可供工程建设技术人员、管理人员参考和使用。

本书共 10 章。其中,前言和第 1 章、第 7 章、第 9 章由天津城建大学李京玲编写;第 2 章由天津城建大学李京玲、哈尔滨商业大学刘佳生编写;第 3 章由刘佳生编写;第 4 章由内蒙古科技大学王振华编写;第 5 章由天津城建大学阳芳、内蒙古科技大学李晓光编写;第 6 章由天津城建大学李锦华、李东光编写;第 8 章由阳芳编写;第 10 章由内蒙古科技大学宋继强编写。全书由李京玲、阳芳主编并统稿,四川水利职业技术学院陈霞协助全书统稿。天津大学王雪青教授审阅了全书并提出了修改建议,在此表示衷心感谢。同时,本书在编写过程中参考了大量同类专著和教材,书中直接或间接引用了参考文献所列书目中的部分内容,在此一并致谢。

当前,我国建设工程监理的某些观点与理念还没有一致的认识,其理论与实践仍有待进一步探讨、摸索,加之编者学识水平有限,书中难免有错误或不妥之处,恳请广大读者和同行批评指正。

编　者
2023 年 3 月

目　　录

第1章 绪 论

【本章要点】

本章主要介绍了我国建设监理制度的产生、发展概况及发展趋势,简单介绍了国外建设工程监理的基本情况。通过本章的学习,要求学生了解国内外建设监理的基本制度。

1.1 我国建设工程监理制度产生的背景

1988 年 7 月 25 日,建设部发布了《建设部关于开展建设监理工作的通知》。它标志着我国工程建设领域的改革进入了一个崭新的阶段,即参照国际惯例,结合中国国情,建立具有中国特色的建设监理制度。这个制度的诞生源于以下三个方面的原因。

1.1.1 反思传统工程建设管理体制存在的弊端

中华人民共和国成立以来,我国曾长期实行计划经济体制,即不分企业的所有权和经营权,投资和工程项目均属国家。参加工程建设的各方业主、设计单位、施工单位不是独立的生产经营者,通常由政府直接支配建设投资和进行建设管理,大家在计划指令下开展工程建设活动,在工程建设管理上一直沿用建设单位自筹自管和工程指挥部管理这两种方式。建设单位自筹自管方式即国家按投资计划将建设资金切块分配给地方和部门,再根据需要安排建设任务,由建设单位自筹、自管、自建工程项目。工程指挥部管理的方式则主要针对一些重大工程项目,由政府直接组织、管理工程项目建设。

这两种管理方式均存在弊端。如建设单位自筹自管的传统方式的管理是封闭的,人员多是临时的,专业化水平低,经验难以积累。这种一家一户式的、封闭的小生产管理模式,与当时设计、施工单位和材料、设备供应单位的社会化、专业化的大生产方式是不相匹配的,使得工程项目建设各方主体在管理水平、技术水平上严重失衡。而工程指挥部管理方式的弊病在于政企不分,其组织和管理不符合项目管理的原则。工程指挥部往往凌驾于建设单位之上,拥有建设项目的投资管理权,但又不对投资使用承担责任,更不负责投资的回收,即作为工程建设的决策者却不承担决策风险,造成工程指挥部不仅对工程项目建设期内的投资控制不佳,更不会去关注建设项目全寿命的经济效益。另外,工程指挥部的人员大多是临时组成的,关系复杂,组织机构庞大,往往在工程建成后,有经验的建设人才不是改行就是流失,建设管理费高而建设水平总是在低层次上徘徊。同时,该方式在工程项目建设管理过程中过于强调指挥职能,忽视或削弱其他管理职能;过于强调行政管理手段,忽视或削弱其他管理手段,使工程建设管理水平始终难以提高。

总之,传统工程建设管理体制下的两种管理模式,使得我国许多工程项目建设投资、质量、进度目标失控,妨碍了工程项目建设水平和投资效益的提高,不适应改革开放以后投资主体多元化的建设市场的形势。因此,必须改革传统的工程建设管理体制,建立新的工程建设管理体制。推行建设监理制正是实施改革的手段之一。

1.1.2　改革开放的实践推动了建设监理制度的出台

世界银行等国际金融组织把按国际惯例进行项目管理作为贷款的必要条件。为了改善投资环境,吸收国外资金并吸取国际上先进管理经验进行工程项目建设,我国在利用世行贷款的项目上引入了建设监理制度。

云南鲁布革水电站工程是20世纪80年代初我国改革开放后的第一个利用世行贷款、对外公开招标的国家重点工程。当时,日本大成公司以低于标底43%的标价中标。在施工组织上,承包方只用了30人组成的项目管理班子进行管理,施工人员是我国水电十四局的500名职工。在建设过程中,施工企业实行国际通行的工程监理制和项目法人责任制等管理模式,工程建设创造了工期、劳动生产率和工程质量3项全国纪录,其工程建设的管理方式以及取得的成效在全国引起很大震动,并受到国务院领导的关注。

京津塘高速公路工程也是利用世行贷款的项目,主要实行业主负责制、招投标制、建设监理制。当时,我国政府与世行谈判,要求我国承包商与世行有资质的国外企业组成联合体承包。监理方面的总监理工程师由我国派出,副总监理工程师及总监理工程师代表聘请国外人员。该项目不仅在工程建设投资、进度、质量上获得了最佳效果,还在管理方式和做法上改变了我国业界一些旧的管理观念,为我国培养了一批高速公路监理骨干。

实践证明,作为国际惯例的建设监理制在工程项目管理上具有很大优势,我国的建设监理制度就是在世行等国际金融组织贷款项目的推动下实现的,各项监理制度的出台则是在改革开放的实践中促成和发展的。

1.1.3　工程领域改革深化需要建立建设工程监理的改革机制

20世纪80年代,我国进入了改革开放的新时期,国务院决定在基本建设领域采取一些重大的改革措施,如"拨改贷"、投资实行有偿使用、投资包干责任制、工程招标投标制、投资主体多元化等,这些改革措施的出台,破除了一些旧的制度和体制,市场经济下新的机制随之产生,由此增强了建筑领域的活力。同时,改革深化也带来新的问题,例如建筑市场秩序混乱、盲目建设、重复建设、投资膨胀、违反建设程序、效率降低、质量下降、建筑市场腐败等现象日趋严重。这些现象表明,在搞活经济的同时必须建立相应的宏观调控体系和加强调控力度,必须对工程建设行为实施强有力的规范,建立一种有效的约束机制,即建设工程监理制。它不仅能在建设工程实施过程中对工程建设参与各方的建设行为进行约束,而且还可满足投资主体降低投资风险的项目管理服务需求,促使我国的工程建设管理体制科学化,从而达到提高建设水平和投资效益的目的。

1.2 我国建设工程监理的发展概况及发展趋势

1.2.1 我国建设工程监理的发展概况

1)建设工程监理经历三个阶段

自 1988 年以来,我国的建设工程监理制度先后经历了试点、稳步发展和全面推行三个阶段。1988—1992 年为试点阶段,建设部在全国范围内确定在北京、上海、天津、南京、宁波、沈阳、哈尔滨、深圳 8 个城市和交通、水电 2 个行业中开展试点工作。1993—1995 年为稳步发展阶段,在监理试点工作取得很大发展的情况下,建设部于1993 年 5 月在天津召开了第五次全国建设监理工作会议。会议分析了全国建设监理工作的形势,总结了试点工作经验,并决定在全国结束建设监理试点工作,转入在全国地级以上城市稳步开展工程监理工作。截至 1995 年年底,全国 29 个省、自治区、直辖市和工业、交通等方面 39 个部门推行了建设工程监理制度,开展监理工作的地级以上城市为 153 个,占总数的 76%。1995 年底,建设部在北京召开了第六次全国建设监理工作会议,明确宣布自 1996 年开始我国的建设监理由试点、稳步发展阶段转入全面推行阶段。目前,全国建设工程监理事业蓬勃发展。根据 2020 年全国建设工程监理统计公报,全国共有 9900 个建设工程监理企业参与统计,其中,综合资质企业 246 个,甲级资质企业 4036 个,乙级资质企业 4542 个,丙级资质企业 1074 个,事务所资质企业 2 个;工程监理从业人员约 140 万,专业技术人员约 101.6 万,注册执业人员约 40 万。2020 年,工程监理企业承揽合同额 9951.73 亿元,工程监理企业全年营业收入 7178.16 亿元。

2)建设工程监理法规体系初步建立

为了监理制的建立、完善和发展,国家出台了一系列法律、法规及部门规章,形成了建设工程监理法规体系。这些先后出台的法律、法规、部门规章以及规范性文件,为建立相应的管理制度,规范监理市场秩序,促进建设监理事业的健康发展,提供了强大的法律保证。

1997 年 11 月 1 日,由第八届全国人大会议通过第 91 号主席令予以发布的《中华人民共和国建筑法》(以下简称《建筑法》),是我国工程建设领域的一部具有重大意义的法律。该法的内容是以建筑市场管理为中心,以建筑工程质量和安全为重点,以建筑活动监督管理为主线形成的。全文分 8 章共计 85 条,其中第四章"建设工程监理"明确规定"国家推行建筑工程监理制度",并对工程监理的依据、政府对工程监理企业的管理、工程监理企业的义务等做了相应的规定。《建筑法》的颁布实施,建立了工程监理在建设活动中的法律地位。

2001年1月10日,由第279号国务院令发布的《建设工程质量管理条例》以及2003年11月24日由第393号国务院令发布的《建设工程安全生产管理条例》,进一步明确了工程监理在质量管理和安全生产管理方面的法律责任、权利和义务。

2001年1月17日,建设部发布了第86号令,颁发了《建设工程监理范围和规模标准规定》,这个规定对强制实行监理制度的工程范围和规模标准做了具体规定。其范围涉及五个方面,规模标准一般为投资在3 000万元以上的工程。该规定对建设工程监理的发展起到了十分重要的推动作用。

1992年1月18日,建设部发布了第16号令,颁布了《工程建设监理单位资质管理试行办法》,对工程监理单位的设立、变更、终止,工程监理单位的资质等级与义务范围等进行了规范。2001年8月29日,建设部在第16号令的基础上,发布了第102号令《工程监理企业资质管理规定》。2007年6月26日,建设部又以第158号令重新颁布了《工程监理企业资质管理规定》。这三个部令的先后实施,加强了政府对建设工程监理企业的宏观管理,使建设工程监理企业走上了规范化的市场运行轨道。

1992年6月4日,建设部以第18号令颁布了《监理工程师资格考试和注册试行办法》,具体规定了实行监理工程师考试注册制度。2006年1月26日,建设部在第18号令的基础上又发布了第147号令,颁布了《注册监理工程师管理规定》,对国内注册监理工程师的注册、执业、继续教育和监督管理做出了规定。

以上建设部第16号令、第102号令、第18号令、第147号令的先后实施,建立了我国建设工程市场准入双重控制机制,即对企业资质和人员资格的双重控制。这种市场准入的双重控制机制对保证我国建设工程监理队伍的基本素质,规范建设工程监理市场起到了积极的作用。

2000年,建设部在总结十几年建设工程监理工作经验的基础上制定并发布了国家标准《建设工程监理规范》(GB 50319—2000)。这个规范虽不属于建设工程法规体系,但却建立了我国建设工程监理行为规范制度,它标志着我国建设工程监理已经走上了规范化的新阶段。

2013年,为进一步规范建设市场监理行为,住房和城乡建设部发布了《建设工程监理规范》(GB/T 50319—2013)。

3) 监理成效显著,监理范围扩大

据2004年北京、重庆、云南等一些省、自治区、直辖市对监理工程的质量抽查,其工程质量合格率均达到了100%。一些重大工程项目,如上海的金茂大厦工程(高420.5 m,地上88层)实施了建设工程监理。该工程完成后,经验收,所有分项、分部工程的质量均达到优良等级,中心位移偏差最大的一层仅偏差2 mm,垂直度偏差小于1.26 cm,大大低于规范允许值,被国外专家称为"质量第一流"的建筑工程。又如,中国石化广东茂名 30 万吨乙烯工程,一改以往组建庞大工程指挥部的管理方式,从设计阶段就开始实行监理,取得了节约资源(与以往指挥部投入的人员比较,减少约 1000 人,仅此一项便节约建设管理费和一次性生活安置费 4 亿多元)、提高质量(工程质量优良品率达 85% 以上)、缩短工期(比合同工期提前 3 个月)和 10 套装置均一次投料试车成功的良好成效。这些事实证明,建设工程监理制度的推行,对控制工程质量、投资、进度发挥了重要作用,取得了明显的效果,创造了一批优质监理工程(京津塘高速公路、京九铁路、首都新国际机场、黄河小浪底以及三峡大坝等工程)。目前,建设工程监理制度已得到社会广泛认可,在交通、水利、电力、冶金、机电、林业、矿山、航空航天、石油化工、信息产业、轻工纺织、房屋建筑和市政公用等建设工程中普遍实施了工程监理制度,这表明监理涉及的范围覆盖了建设工程的各个领域。

4)监理队伍稳步发展,人员素质不断提高

我国工程监理队伍在实施建设工程监理制的实践中发展壮大,监理人员经过岗前培训、继续教育、实践探索,素质不断提高。全国的监理企业数量、从业人员数量、取得执业资格证书及岗位证书的人数每年均按一定比例稳定增长。目前,我国的监理队伍不仅具有承担国内各类工程监理工作的能力,部分监理企业及优秀的监理工程师在国际市场上也具有竞争力。

5)监理理论研究进一步深入

我国的建设工程监理是专业化、社会化的建设单位项目管理,它的基本理论和方法来自建设项目管理学。这门新兴学科发展很快,加上我国的建设工程监理制是参照国际惯例引入的,在具有中国特色的市场环境下出现了许多新情况、新问题。我国开展建设工程监理以来,相关从业人员和政府职能部门、行业协会、大专院校及研究机构的专业人士针对一些热点问题,如监理法规体系完善、工程监理定位、安全监理责任界定、监理企业及人员诚信评价体系、监理职业责任保险、工程监理人员定额标准、监理企业向工程项目管理公司转化、代建制项目管理等,进行了理论研究和实践探索,取得了一些成果。这些成果对完善监理的理论体系,指导政策法规的制定,推动监理行业的发展提供了科学可靠的依据。

6)目前我国建设工程监理存在的主要问题

(1)工程监理法规体系和工程监理市场体系不完善,缺乏专门调控和规范建设监理的高层次的法律、法规。

(2)建设工程监理覆盖面宽,但服务深度不够。目前我国的建设工程监理绝大部分停留在施工阶段的管理服务上,且侧重质量管理,离全方位、全过程服务还有较大距离。

(3)监理队伍整体素质不高,结构不合理。主要反映在总监理工程师和专业监理工程师的数量和质量均不能满足建设工程监理日益发展的需要,项目监理机构人员数量和层次也不能满足实施监理工作的要求,监理人员的知识结构和能力还不适应"监理工作走向世界,向全方位、全过程项目管理服务发展"的要求。另外,由于现阶段工程监理以施工阶段的质量控制为主,所以,从业人员中经验型、技术型人才居多,而创新型、复合型人才偏少。

(4)监理企业和业主的市场行为不规范。突出表现在监理企业低价抢标和业主盲目压价行为比较普遍。

(5)监理取费普遍较低。主要原因是长期以来监理收费标准一直参照1992年颁布的《关于发布工程建设监理费有关规定的通知》(〔1992〕价费字479号)来定,虽然2007年3月30日国家发展改革委、建设部发布了第670号令,颁布了《建设工程监理与相关服务收费管理规定》,此规定适当提高了监理取费标准,但实际取费由于恶性竞争又打了折扣,很多项目的监理取费甚至达不到合理的监理成本水平,致使监理企业无法吸引高素质监理人才,而是采取减少人员、降低人员层次、减少工作程序等方式来降低成本、获取利润。这种恶性循环,严重制约着监理行业的发展。

(6)缺少具有国际知名度的大型"名牌监理企业"。目前我国的监理企业虽然量大面广,但普遍规模小,实力弱,真正实力强、规模大,能够承担全过程、全方位管理的项目管理公司不多,能够在国际上具有知名度、与国际知名咨询管理公司抗衡的更是凤毛麟角。

为改善以上情况,中国建设监理协会根据国家发展改革委发布的《关于进一步放开建设项目专业服务价格的通知》(发改价格〔2015〕299号),于2015年发布了《关于指导监理企业规范价格行为和自觉维护市场秩序的通知》(中国监协〔2015〕52号)。但要从根本上改变这种局面,还需要一个过程。

1.2.2 我国建设工程监理的发展趋势

我国的建设工程监理已经取得了有目共睹的成绩,并已为社会各界所认同和接受。但是应该看清:我国的建设监理制仍处于发展摸索阶段,许多地方还不完善,与发达国家相比还存在很大的差距。为使我国的建设工程监理健康有序地发展,在工程建设领域发挥更大的作用,实现预期的效果,建设工程监理从以下几个方面发展成为必然。

1)加强法制建设,完善法规体系

目前,在我国颁布的法律、法规中,有关建设工程监理的条款不少,部门规章和地方性法规的数量更多,这些充分反映了建设工程监理的法律地位。然而,从我国加入WTO的角度看,法制建设还比较薄弱,突出表现在市场竞争规则和市场交易规则还不健全;市场机制包括信用机制、价格形成机制、风险防范机制、仲裁机制等尚未形成;专门为建设工程监理编制的更具体、有操作性的高层次法律、法规还未出台;目前已有的法律、法规在某些问题上还存在着不一致的说法。因此,只有在总结监理工作经验的基础上,借鉴国际上通行的做法,加快完善工程监理的法规体系,才能使我国的建设工程监理走上法制化轨道,才能适应

国际竞争新形势的需要。

2）以市场需求为导向，向全方位、全过程监理发展

我国实行建设工程监理制已有三十余年的时间，但目前仍然以施工阶段监理为主。造成这种状况的原因既有体制、认识上的问题，也有建设单位和监理企业素质及能力等方面的问题。但是从建设工程监理行业面临的世界经济一体化、市场经济快速发展、建设项目组织实施方式改革带来的机遇和挑战形势看，监理代表建设单位进行全方位、全过程的工程项目管理，将是我国工程监理行业发展的必然趋势。当前，监理企业要以市场需求为导向，尽快从单一的施工阶段监理向建设工程全方位、全过程监理过渡，不仅要做好施工阶段监理工作，而且要进行决策阶段和设计阶段的监理。只有这样，我国的监理企业才能具有国际竞争力，才能为我国的工程建设发展发挥更大的作用。

3）适应市场需求，优化工程监理企业结构

在市场经济条件下，监理企业的发展规模和特色必须与建设单位项目管理的需求相适应。建设单位对建设工程监理的需求是多种多样的，建设工程监理企业所提供的服务也应是多种多样的。上文所述建设工程监理应向全方位、全过程监理发展，从市场投资多元化、业主需求多样化来看，并不意味着所有的建设工程监理企业都须朝这个方向发展。因此，应通过市场机制和必要的行业政策引导，在建设工程监理行业逐步建立起综合性监理企业与专业性监理企业相结合，大、中、小型监理企业相结合的合理的企业结构。按工作内容分，建立起能承担全方位、全过程监理任务的综合性监理企业与能承担某一专业监理任务（如招标代理、工程造价咨询）的监理企业相结合的企业结构；按工作阶段分，建立起能承担工程建设全过程监理的大型监理企业与能承担某一阶段工程监理任务的中型监理企业和只提供旁站监理劳务的小型监理企业相结合的企业结构。这样不仅能满足不同建设单位对项目管理多样化的需求，又能使各类监理企业均得到合理的生存和发展空间。

4）加强培训工作，不断提高从业人员素质

从全方位、全过程、高层次监理的要求来看，我国建设工程监理人员的素质还不能与之相适应，急需加以提高。另一方面，工程建设领域的新技术、新工艺、新材料层出不穷，工程技术标准、规范、规程更新较快，信息技术日新月异，这要求建设工程监理从业人员与时俱进，不断提高自身的业务素质和职业素质，这样才能为建设单位提供优质服务。监理人员培训工作应重点做好岗前培训和注册监理工程师的继续教育工作，建立一个多渠道、多层次、多种形式、多种目标的人才培养体系。继续教育的内容应注意更新理论知识，架构合理的知识结构和扩大知识面，经过培训和实践，不断提高执业能力和工作水平，造就出大批适应监理事业发展及监理实务需要的高素质人才。从而提高我国建设工程监理的总体水平，推动建设工程监理事业更快更好地发展。

5）注意与国际惯例接轨，力争走向世界

我国的建设工程监理制虽然是从西方借鉴引入的，但由于中国的国情不同于外国,在某些方面与国际惯例还有差异。我国已加入 WTO,我国建筑市场的竞争规则、技术标准、经营方式、服务模式将进一步与国际接轨。

与国际惯例接轨可使我国的建设工程监理企业与国外同行按照同一规则同台竞争,既表现在国外项目管理公司进入我国后,与我国的工程监理企业产生竞争;也表现在我国工程监理企业走向世界,与国外同类企业产生竞争。要在竞争中取胜,除有实力、业绩、信誉之外,还应掌握国际上通行的规则。我国的监理工程师和建设工程监理企业只有熟悉和掌握国际规则,才能在与国外同行的竞争中,把握机遇,开拓市场,加速我国建设工程监理行业的国际化进程。

1.3 国外建设工程监理简介

1.3.1 国外建设工程监理发展简况

国外建设工程监理起源于产业革命发生以前的 16 世纪,它的产生、演进伴随着商品经济的发展、建设领域的专业化分工和社会化生产。当时,由于社会对房屋建造技术要求的提高,建筑队伍出现专业分工,其中一部分建筑师专门向社会传艺,提供技术咨询或受聘监督、管理施工,建设监理制出现萌芽。

18 世纪 60 年代的英国产业革命促进了整个欧洲大陆城市化、工业化发展的进程。社会大兴土木工程建设,而项目建设单位却感到单靠自己的监督管理来实现建设工程高质量的目标是困难的,建设工程监理的必要性开始为人们所认识。

19 世纪初,随着建设项目规模日益扩大,技术日趋复杂,建设领域商品经济更加活跃。为了明确建设单位、设计单位、施工单位之间的责任界限,维护各方经济利益并加快工程进度,英国政府于 1830 年以法律手段推出了总合同制度,要求每个建设项目由一个承包商进行总包。这个制度的实行,催生了招投标交易方式的出现,促进了建设监理制的发展。行业组织也于 19 世纪初开始出现。当时,咨询人员大部分以个体的形式提供咨询服务,也有一些小型的咨询公司,从业人员逐渐增多。为了协调各方的关系,1818 年,英国建筑师约翰·斯梅顿组织成立了第一个"土木工程师协会";1852 年,美国土木工程师协会成立;1904 年,丹麦国家咨询工程师协会成立;1907 年,美国怀俄明州通过了第一个许可工程师作为专门职业的注册法。这些都表明工程咨询作为一个行业已经形成并进入规范化的发展阶段。

20 世纪 50 年代末,科学技术飞速发展,人民生活水平不断提高,工业、国防建设需求增加,如水利工程、核电站、航天工程、石油化工和新型城市开发等许多大型、巨型工程处于待建状态。这些工程投资风险巨大、技术复杂,无论是投资者还是建设单位都不能承担由于投资不当或项目组织管理失误而带来的巨大损失,所以项目建设单位在投资前要聘请有经验的咨询监理人员进行可行性研究,从而做出科学的决策,同时在工程建设的实施阶段还要进行全面监理,以此规避投资风险,提高建设工程投资效益。建设监理的需求机制就这样形成了。

西方发达国家的监理制度向法制化、程序化发展的进程较早较快,相关的法律、法规都对监理的内容、方法以及从事监理的社会组织的资质要求做了详尽的规定,咨询监理制度比较成熟。

20 世纪 80 年代以后,建设工程监理制度在国际上得到了很大的发展,一些发展中国家结合本国的国情也开始采用这种制度,我国便是其中之一。由于实施建设工程监理已成为进行工程建设的国际惯例,使用世界银行、亚洲开发银行等国际金融机构和发达国家政府贷款的工程建设项目都把实施建设工程监理作为贷款条件之一。

1.3.2 国内外建设监理制的比较

建设监理制在西方工业发达国家推行时间先后不同,各国使用的名称也不尽相同,但称为工程咨询的较多,也有称为项目管理服务、工程管理、工程监理的。中国和日本就称之为工程监理。国内外建设监理制的称呼虽然不同,但其基本内容大同小异。

1) 相同的方面

(1) 基本概念相同。这个行业均受业主委托,代表业主进行工程策划、工程管理,对承包商进行监督,都属于工程服务行业。

(2) 主要的工作内容和工作方法相同。主要工作内容即前期策划、实施阶段的管理和监督。主要工作方法都是通过合同来实现工程投资、工期和质量的控制。

2) 不同的方面

(1) 政府管理力度不同。我国政府对建设工程监理的管理力度大于国外。如:我国是通过立法明确建设企业的地位、权利、义务的,政府管理企业的资质,发布相应的规范和工作标准;我国是政府认可,而国外是社会认可;另外,关于监理工作标准,我国发布了国家标准《建设工程监理规范》,而国外有企业标准,企业标准是企业工作平台的重要内容。

(2) 业主地位和权利不同。我国投资建设的项目业主与国外业主不同,因此项目建设管理也不同于国外业主。

(3) 企业所有制不同。我国的监理企业大多是国有企业,部分企业在逐步改制,但尚未彻底完成,因此它们的运营方式还不适应市场经济的要求。另外,我国监理企业的注册资本远低于国外,专业资质甲级的监理企业的注册资本金底线是 300 万元,承担风险能力较弱。

(4) 监理取费标准不同。一是我国一部分工程的监理取费标准是由政府确定的,国外是通过市场竞争形成的。二是我国的监理取费标准是建设部监理司 1992 年制定的,远低于国外取费标准,如在我国,施工(含施工招标)及保修阶段监理取费标准常按所监理工程概预算的百分比计算,取值范围为 0.6%~2.5%;2007 年 5 月发布的政府指导价略有提高,施工阶段监理服务收费基价为建设项目工程概预算投资额的 1%~3%。而在美国,监理取费有四种方式,但计算无统一规定,综合实际取费额,平均占工程概算的 2%～5%;马来西亚则把监理费用转换为工程建设成本按百分比计算,其中土木工程的监理费用按建筑成本的 1.75%～4%计算;新加坡监理取费一般为工程造价的3%。我国监理取费低导致监理企业地位低,经营困难,高素质人才流失,监理水平下降。

(5) 监理工作内容、范围、深度、侧重点不同。国外监理侧重于咨询、决策,即协助业主出主意、拿方案,我国监理是侧重于工程投资、工期和质量监督。国外监理工作范围更广一些,多数实施的是全过程监理,而我国监理服务范围过于狭窄,业务单一,多数仍停留在施工阶段质量监理。

我国的建设监理制度与国外的相应制度尽管有些不同,也存在一定的差距,但主要源于国情不同、起点不同和经验不足。随着我国监理制的不断完善,工程监理一定能发展成为既具有中国特色,又符合国际惯例的。

1.3.3 国际工程项目管理的主要模式

近年来,随着建筑市场的全球化,建筑市场竞争也日益激烈,同时私人投资逐渐取代国际金融机构和各国政府投资,成为建筑市场的主要发包人。这些变化都使业主方对项目的要求越来越高,希望建筑业能提供形成建筑产品的全过程的服务,包括项目前期的策划和开发以及设计、施工,以至物业管理。因此,新型的项目管理模式不断出现。以下主要介绍 5 种常见模式。

1) FIDIC 合同条件下的项目管理模式

FIDIC 合同条件下的项目管理模式在国际上最为通用,世行、亚行贷款项目及采用国际咨询工程师联合会(FIDIC)工程施工合同条件的项目均采用这种模式。业主采用这种模式时,首先委托建筑师(咨询工程师)开展前期各项工作(如进行机会研究、可行性研究等),待项目评估立项后再进行设计;在设计阶段还要进行施工招标文件的准备,随后通过招标选择承包商。业主和承包商签订工程施工合同,有关工程部位的分包和设备、材料的采购一般都由承包商与分包商和供应商单独签订合同并组织实施。业主一般指派业主代表(可由本单位选派,或由其他公司聘用)与咨询方和承包商联系,负责有关的项目管理工作。但是,在国外大部分项目实施阶段的有关管理工作均授权建筑师(咨询工程师)进行。建筑师(咨询工程师)和承包商没有合同关系,但承担业主委托的项目管理和协调工作。这种模式长期以来广泛地在世界各地应用,其管理方法较为成熟,参与项目建设的有关各方对有关程序都较熟悉。

2) CM 模式

CM 的英文全称为 Fast-Track-Construction Management。这种模式近年来在国外广为流行,它是随国际建筑市场发展变化而产生的,在缩短建设周期、降低工程成本、提高工程质量等方面为投资者创造了明显的效益。由于 CM 模式项目的设计过程被看作是业主和设计人员共同连续地进行项目决策的过程,所以当某个方面的决策确定后,即可进行这部分工程的施工。在 CM 模式中,一个工程项目的设计被分解成若干个部分,当每一部分的施工图(完整)完成后,紧跟着进行这部分的施工招标。整个项目的施工不再由一家施工单位总包,而是被分解成若干个子项目分包,按先后顺序分别进行招标。这样,设计、招标、施工三者充分搭接,施工可以在尽可能早的时候开始,与传统模式相比,大大缩短了整个项目的建设周期。可以看出,CM 模式的基本思想是通过设计与施工的充分合理搭接,在生产组织方式上实现有条件的"边设计、边施工",从而达到缩短建设周期的目的。这就是"Fast-Track"——CM 模式的主要特点。采用 CM 模式时,业主委托设计单位(合同关系)进行设计,然后委托一个具有施工经验的单位来担当 CM 单位(合同关系)。CM 单位的工作是:在设计阶段即介入项目,负责协调设计、管理施工、协调设计单位与施工单位间的关系,以解决由于采用 Fast-Track 方式组织施工而使得业主管理工作复杂化的问题。CM 模式具体还分两种模式。

第一种是 CM/Agency 模式,即代理型 CM 模式。采用这种模式时,CM 经理是业主的代理和顾问;CM 单位与设计单位分包商、供货商之间没有合同关系,所有的分包合同和供货合同均由业主直接签订。但分包的招标工作由 CM 单位主持,并且凡是与业主签约的分包商、供货商均由 CM 单位负责管理,业主只与 CM 经理之间有指令关系,而不直接指挥分包商、供货商;业主可以向设计单位发指令,而 CM 经理对设计单位无指令权,只能向设计者提出合理的建议。

第二种是 CM/Non-Agency 模式,即非代理型 CM 模式。采用这种模式时,CM 经理相当于施工总承包商的角色,CM 单位与分包商、供货商之间是合同关系,但对业主自行签署部分的分包商、供货商,一般情况下根据业主和 CM 经理双方的协定,可由业主直接进行管理,也可委托 CM 单位进行管理。此外,有时 CM 单位会承包部分未分包工程;CM 单位与设计单位的关系与 CM/Agency 模式相同。

3) EPC 模式

EPC 英文全称为 Engineering-Procurement-Construction,可译为设计—采购—施工。这种模式于 20 世纪 80 年代诞生于美国,后来在国际工程承包市场中被广泛推广使用。EPC 模式可以说是具有特殊含义的设计—建造模式,在采用此类模式时,承包商可以根据合同要求为业主提供包括项目融资、设计、施工及设备采购、安装和调试直到竣工移交的全套服务。其中,设计、采购、施工的工作范围分别包括以下内容。设计除设计计算书和图纸外,还根据"业主的要求"中列明的设计工作,即项目可行性研究,配套公用工程设计,辅助工程设施的设计以及结构(建筑)设计等。采购可能包括获得项目或施工期的融资,购买土地以及在工艺设计中的各类工艺、产品专利以及设备和材料等。施工一般包括全面的项目施工管理,如施工方法、安全管理、费用控制、进度管理及设备安装调试、工作协调等。

该模式的优点:①EPC 项目属于总价包干(不可调价),因此,业主的投资成本在早期即可得到确认;②由单个承包商对项目的设计、采购、施工全面负责,项目责任单一,简化了合同组织关系,有利于业主管理;③能够较好地将工艺的设计与设备的采购及安装紧密结合起来,有利于项目综合效益的提升;④业主方承担的风险较小;⑤可以采用阶段发包方式缩短工程工期。

该模式的缺点:①承包商承担的风险较大,因此,工程项目的效益、质量完全取决于 EPC 项目承包商的经验及水平;②工程的造价可能较高;③能够承担 EPC 大型项目的承包商数量较少。

4)BOT 模式

BOT 英文全称为 Build-Operate-Transfer,可译为建造—经营—转让。这种模式是20 世纪 80 年代在国外提出的,依靠国内外私人资本进行基础设施建设的一种融资和项目管理方式,它是指东道国政府开放本国基础设施建设和运营市场,吸收国外资金、本国私人或企业资金,授给项目公司特许权,由该公司负责融资和组织建设,建成后负责运营及偿还贷款,在特许期满时将工程转让给东道国政府。这种模式的主要参与方是政府、项目管理公司、金融机构。建设期间参与者由咨询公司负责项目设计,对项目融资方案等提供咨询;总承包商负责项目设计、施工,一般也负责设备采购;工程师单位进行监督管理;运营公司负责项目建成后的运营管理;开发公司负责特许权协议中其他项目的开发;代理银行负责外汇事项;保险公司为各个参与方提供保险服务;供应商负责供应材料、设备等。这种模式主要有两个特点:①项目大多是大型的资本技术密集的基础设施建设项目;②项目规模大,建设周期长,所需资金额大,涉及利益主体多。这种承包方式对业主有利,而对承包商、供应商和投资商则颇具风险,往往施行于发展中国家,而且较多适用于大型的能源、交通及基础设施建设项目。

5)代建制模式

代建制最早出现在政府投资项目中,特别是公益性项目。财政性投资、融资社会事业建设工程项目法人缺位,建设项目管理中"建设、监管、使用"多位一体的缺陷,导致建设管理水平低下、腐败问题严重等问题,针对这些通过招标和直接委托等方式,将一些基础设施建设项目和社会公益性的政府投资项目委托给一些具有实力的专业公司实施建设,而业主则不从事具体项目建设管理工作。业主与项目管理公司(工程咨询公司)通过管理服务合同来明确双方的责、权、利。

代建制有三种运行模式。①政府专业机构管理模式,即由政府成立具有较强经济实力的代建管理机构,按事业单位管理,对所有政府投资项目进行代理建设;②项目管理公司竞争模式,即由政府设立准入条件,按市场竞争原则,批准若干家具有较强经济和技术实力,有良好建设管理业绩并可承担投资风险的项目管理公司参与项目代建的竞争,由政府通过公开招标择优选取;③政府指定代建公司模式,即由政府指定若干家具备较强实力的国有建设公司、咨询公司或项目管理公司,对指定项目实行代理建设,按企业进行经营管理。以上三种模式的特点见表 1-1。

表 1-1　三种模式特点

名　称	优　点	缺　点
政府专业机构管理模式	① 政府机构的身份便于协调解决各种问题 ②便于政府的监督与管理 ③代建费用相对较低	①新设机构,增加政府财政支出 ②对建设资金的节约意识不强 ③项目过多易导致管理力度和水平下降
项目管理公司竞争模式	①引入竞争,提高项目管理的专业化水平,与国际接轨 ②可降低投资、节约资金	①对于政府监管强度要求较高,并要求较高专业技术能力 ②使用单位的合理变更通过行政审批手段较难实现
政府指定代建公司模式	①政府意愿可以较好地得到实现 ②市场化运作使代建单位积极性较高 ③有利于代建方严格控制资金使用	①具有垄断性,不利于竞争 ②合同约束力不强

目前,代建制还存在以下问题亟待解决。①绝大多数地方在实施代建制的相关文件中没有明确设置收取代建费的标准,导致各代建单位在投标中出现无序竞争的现象,使代建费一降再降;②缺乏"代建制"相关法律制度;③"建设"和"使用"不能真正分离;④代建单位的项目管理水平还需要进一步提高;⑤"代建制"监管机构难以明确。

【思考题】

1. 针对我国建设监理的现状谈谈对监理发展的设想。

2. 论述注册监理工程师进行继续教育的重要性。

第 2 章　建设工程监理的基本概念

【本章要点】

本章主要介绍建设工程监理的概念、依据、范围、性质、作用及基本任务。要求学生掌握建设工程监理的概念,熟悉建设工程监理的性质和基本任务,了解建设工程监理的依据、范围及作用,认识建设工程监理和政府工程质量监督的区别。

2.1　建设工程监理的概念

2.1.1　监理的概念

所谓监理通常是指有关执行者根据一定的行为准则,对某些具体行为进行监督管理,使得这些具体行为符合行为准则的要求,并协助行为主体实现其行为目的。

"监理"是"监"与"理"的组合,起着协调人们的行为和权益关系的作用。可以解释为一个机构或执行者依据某种行为准则(或行为标准),对某一行为的有关主体进行监督、检查和评价,并采取组织、协调等方式,促使人们相互密切协作,按行为准则办事,顺利实现群体或个体的价值,更好地达到预期目的。

监理活动的开展和监理目标的实现需要具备的基本条件是:应当有明确的"监理执行者",也就是必须有监理组织;应当有明确的"行为准则",它是监理工作的依据;应当有明确的被监理"行为"和被监理"行为主体",它是被监理的对象;应当有明确的监理目的和行之有效的思想、理论、方法和手段。

2.1.2　建设工程监理的概念

所谓建设工程监理(construction project management)是指工程监理单位受建设单位委托,根据法律法规、工程建设标准、勘察设计文件及合同,在施工阶段对建设工程质量、进度、造价进行控制,对合同、信息进行管理,对工程建设相关方的关系进行协调,并履行建设工程安全生产管理法定职责的服务活动。

正确理解建设工程监理的概念必须明确以下几个问题。

1) 建设工程监理的行为主体是工程监理企业

建设工程监理的行为主体是明确的,即工程监理企业。只有工程监理企业才能按照独立、自主的原则,以"公正的第三方"的身份开展建设工程监理活动。非工程监理企业进行的监督活动不能称之为建设工程监理。即使是作为管理主体的建设单位,它所进行的对工程建设项目的监督管理,也非建设工程监理。同样,总承包单位对分包单位的监督管理也不能视为建设工程监理。

2）建设工程实施监理的前提是建设单位的委托

《建筑法》明确规定,实行监理的建设工程,由建设单位委托具有相应资质条件的工程监理企业实施监理。建设单位与其委托的工程监理企业应当订立建设工程委托监理合同。这样,建设单位与工程监理企业之间委托和被委托的关系就确立了,并且工程监理企业应根据委托监理合同和有关建设工程合同的规定实施监理。这种受建设单位委托而进行的监理活动,与政府对工程建设所进行的行政性监督管理是完全不同的;这种委托的方式说明,工程监理企业及监理人员的权力主要是接受作为管理主体的建设单位的委托而从建设单位处转移过来的,而工程建设项目建设的主要决策权和相应风险仍由建设单位承担。

3）建设工程监理活动主要涉及建设单位、承建单位和工程监理企业三个主体

建设单位,也称为业主项目法人,是委托监理一方。我国《建筑法》规定,建设单位在工程建设中拥有确定建设工程规模、标准、功能以及选择勘察、设计、施工、监理单位等工程中重大问题的决定权。

工程监理企业是指取得企业法人营业执照,具有监理资质证书的依法开展建设工程监理业务活动的经济组织。

承建单位又称承包单位或承包商,是通过投标或其他方式取得某项工程的施工权,材料、设备的制造与供应权,并和建设单位签订合同,承担工程费用、进度、质量责任的单位和个人。

在工程建设中,必须明确上述三个主体之间的关系。第一,建设单位和承包单位通过合同确定经济法律关系,业主将工程发包给承包商,承包商按合同的约定完成工程,得到利润,违约者要赔偿对方的损失。第二,建设单位和工程监理企业之间是委托合同关系,按监理合同的约定,监理代表业主利益工作,业主不得随意干涉监理工作,否则为侵权违约;同时,监理必须保持公平,不得和承包商有经济联系,更不能串通承包商侵犯业主利益。第三,建设监理企业和承包单位不是合同关系,而是监理、被监理的关系,这种关系在业主与承包商签订的合同中予以明确。在监理过程中,监理代表业主利益工作,但也要维护承包商的合法权益,正确而公平地处理好工程变更、索赔和款项支付。若监理的行为是不公平的,承包商可以向有关部门申诉。

需要指出的是,《建设工程质量管理条例》明确规定,国家实行建设工程质量监督管理制度,国务院建设行政主管部门对全国的建设工程质量实行统一监督管理。因此,作为行使政府监督职能的各级主管部门在整个建设活动中将对上述三者实行强有力的监督。

2.2　建设工程监理的依据和范围

2.2.1　建设工程监理的依据

建设工程监理的依据包括以下三项内容。

（1）工程建设文件,如批准的可行性研究报告、建设项目选址意见书、建设用地规划许可证、建设工程规划许可证、批准的施工图设计文件、施工许可证等。

（2）有关工程建设的法律、法规、规章和标准、规范,如《建筑法》《中华人民共和国合同法》(以下简称《合同法》)、《中华人民共和国招标投标法》(以下简称《招标投标法》)、《建设工程质量管理条例》《工程建设标准强制性条文》《建设工程监理规范》等。

（3）建设工程委托监理合同和有关的建设工程合同,如工程勘察合同、工程设计合同、工程施工合同等。

2.2.2 建设工程监理的范围

《建筑法》第三十条规定:国家推行建筑工程监理制度。国务院可以规定实行强制监理的建筑工程的范围。因此在国务院颁布的《建设工程质量管理条例》中对实行强制监理的建筑工程的范围做了原则性规定,而建设部颁布的《建设工程监理范围和规模标准规定》(第86号令)根据《建设工程质量管理条例》对必须实行监理的建设工程项目的范围和规模标准做出了更具体的规定。下列建设工程必须实行监理。

（1）国家重点建设工程。

依据《国家重点建设项目管理办法》所确定的对国民经济和社会发展有重大影响的骨干项目。

（2）大中型公用事业工程。

项目总投资额在3000万元以上的以下工程项目:供水、供电、供气、供热等市政工程项目;科技、教育、文化等项目;体育、旅游、商业等项目;卫生、社会福利等项目;其他公用事业项目。

（3）成片开发建设的住宅小区工程。

建筑面积在5万平方米以上的住宅建设工程。

（4）利用外国政府或者国际组织贷款、援助资金的工程。

包括使用世界银行、亚洲开发银行等国际组织贷款资金的项目;使用国外政府及其机构贷款资金的项目;使用国际组织或者国外政府援助资金的项目。

（5）国家规定必须实行监理的其他工程。

①项目总投资额在3000万元以上关系社会公共利益、公众安全的新能源、交通运输、信息网络、水利建设、城市基础设施、生态环境保护、其他基础设施项目等。

②学校、影剧院、体育场馆项目。

2.3 建设工程监理的性质

建设工程监理是一种特殊的工程建设活动,它与其他工程建设活动有明显的区别。因此,建设工程监理在建设领域中成为我国一种新的独立行业,其性质包括多方面。

2.3.1　服务性

　　建设工程监理既不同于承建商的直接生产活动，也不同于业主的直接投资活动。它不需要投入大量资金、材料、设备、劳动力，也不必拥有雄厚的注册资金。它只是在工程项目建设过程中，利用自己的工程建设方面的知识、技能、经验、信息以及必要的试验、检测手段，为业主提供管理和技术服务。它所采用的主要手段是规划、控制、协调；主要任务是控制工程建设的投资、进度和质量；最终目的是协助业主在计划的目标内将项目建成并投入使用。工程监理企业既不向业主承包工程造价，也不参与承包商的赢利分成，所获得的报酬（监理酬金）是技术服务的报酬，是脑力劳动的报酬。因此，建设工程监理是工程监理企业接受项目业主的委托而开展的管理和技术服务活动。它的直接服务对象是委托方，也就是项目业主。这种高技术服务活动是按业主与工程监理企业签订的委托监理合同来进行的，是受法律约束和保护的。

　　工程监理企业不能完全取代建设单位的管理活动，它不具有工程建设重大问题的决策权，只能在授权范围内代表建设单位进行工程建设的管理。

2.3.2　科学性

　　1）科学性是由建设工程监理所要达到的基本目的决定的

　　建设工程监理以协助业主实现其投资目的为己任，力求在计划的目标内建成工程项目。在工程规模日趋庞大，环境日益复杂，功能、标准要求越来越高，新技术、新工艺、新材料、新设备不断涌现，参加建设的单位越来越多，市场竞争日趋激烈，风险日渐增加的情况下，监理工程师只有采用科学的理论、方法和手段才能做好工程建设监理工作。

　　2）科学性是由被监理单位的社会化、专业化特点决定的

　　承担设计、施工、材料和设备供应的都是社会化、专业化的企业，它们在技术、管理方面已经达到了一定水平。这就要求工程监理企业和监理工程师应当具有更高的素质和水平。只有这样，才能实施有效的监督管理。

　　3）科学性是由工程项目所处的外部环境特点决定的

　　工程项目建设总是处于一种动态的外部环境之中，时刻受到外部环境的干扰。这就要求监理工程师既要有丰富的工程建设经验，又要具有科学的思维和灵敏的应变能力及创造性工作的能力。

　　4）科学性是由监理工程师维护社会公共利益和国家利益的特殊使命决定的

　　在开展监理活动的过程中，监理工程师要把维护社会公共利益和国家利益当作自己的天职。这是因为工程项目建设关系到国计民生，维系着人民的生命和财产的安全，涉及公众利益。因此，监理工程师要以科学的态度，运用科学的方法来完成监理工作。

所谓科学性主要表现在:工程监理企业应当由组织管理能力强、工程建设经验丰富的人员担任主要领导;应当有足够数量的、有丰富管理经验的和应变能力强的监理工程师组成骨干队伍;应有一套科学的管理制度;应掌握先进的管理理论、方法和手段;应积累足够的技术、经济资料和数据;应有科学的工作态度和严谨的工作作风;应实事求是、创造性地开展工作。

2.3.3 独立性

《建筑法》明确指出,工程监理企业应当根据建设单位的委托,客观、公正地执行监理任务。《建设工程监理规范》(GB/T 50319—2013)要求工程监理企业按照"公平、独立、诚信、科学"的原则开展监理工作。从事建设工程监理活动的工程监理企业是直接参与工程项目建设的"三方当事人"之一。它与项目业主、承建商之间的关系是平等的、横向的。在工程项目建设中,工程监理企业是独立的一方。因此,工程监理企业应当严格地按照有关法律、法规、规章、工程建设文件、工程建设技术标准、工程建设委托监理合同和有关的工程建设合同等的规定实施监理;在委托监理的工程中,与承建单位不得有隶属关系和其他利益关系;在开展工程监理的过程中,必须建立自己的组织,按照自己的工作计划、程序、流程、方法、手段,根据自己的判断,独立地开展工作。

2.3.4 公平性

1) 公平性是社会公认的监理工程师职业道德准则

在开展建设工程监理的过程中,监理工程师应当排除各种干扰,客观、公平地对待监理的委托单位和承建单位。特别是当这两方发生利益冲突时,监理工程师应以事实为依据,以法律和有关合同为准绳,在维护建设单位的合法权益时,不损害承建单位的合法权益。例如,在调解建设单位和承建单位之间的争议,处理工程索赔和工程延期,进行工程款支付控制以及竣工结算时,应当客观、公平地对待建设单位和承建单位。

2) 公平性是建设工程监理正常和顺利开展的基本条件

监理工程师进行目标规划、动态控制、组织协调、合同管理、信息管理等工作都是为力争在预定目标内完成工程项目建设任务这个总目标服务的。但是,仅仅依靠工程监理企业而没有设计单位、施工单位、材料和设备供应单位的积极配合,是不能完成这个任务的。监理效果在很大程度上取决于工程监理企业能否与承建单位以及项目业主进行良好合作,相互支持、互相配合,而这一切都以监理是否具有公平性作为基础。

3) 公平性是承建商的共同要求

由于建设监理制赋予工程监理企业在项目建设中监督管理的权力,被监理方必须接受监理方的监督管理。所以,它们迫切要求工程监理企业能够办事公道,公平地开展建设工程监理活动。

因此,我国建设监理制把"公平性"作为从事建设工程监理活动应当遵循的重要准则。

2.4　建设工程监理与政府工程质量监督的区别

建设工程监理与政府工程质量监督都属于工程建设领域的监督管理活动。但是,前者属于社会的、民间的行为,后者属于政府行政行为。建设工程监理是发生在项目组织系统范围内的平等主体之间的横向监督管理,而政府工程质量监督则是项目组织系统外的监督管理主体对项目系统内的建设行为主体进行的一种纵向监督管理行为。因此,二者在性质,执行者,工作范围、深度,工作方法、手段,工作依据等方面存在明显的差异。

1) 性质不同

建设工程监理是一种委托性的服务活动,是建设工程监理企业接受业主的委托和授权之后,为项目业主提供专业化的项目管理服务工作。而政府工程质量监督则是一种强制性的政府监督行为。

2) 执行者不同

建设工程监理的执行者是社会化、专业化的建设工程监理企业及其监理工程师。而政府工程质量监督的执行者则是政府工程建设主管部门的专业执行机构——工程质量监督机构。

3) 工作范围、深度不同

建设工程监理的工作范围伸缩性较大,它因业主委托范围不同而变化。如果业主委托进行全过程、全方位的监理,则其范围远远大于政府工程质量监督的管控范围。此时,建设工程监理包括整个建设项目的目标规划、动态控制、组织协调、合同管理、信息管理等一系列活动,且质量监督具有连续性。而政府工程质量监督则仅限于施工阶段的工程质量监督、工程项目竣工验收的监督与备案管理。政府工程质量监督具有阶段性,监督范围具有稳定性。

4) 工作方法、手段不同

建设工程监理主要采用组织管理的方法,从多方面采取措施进行项目质量控制。而政府工程质量监督则更侧重于行政管理的方法和手段。

5) 工作依据不尽相同

政府工程质量监督以国家、地方颁布的有关法律和工程质量条例、规定、规范等为基本依据,维护法规的严肃性。而建设工程监理不仅要以法律、法规为依据,还要以各类工程建设合同为依据,它不仅要维护法律、法规的严肃性,还要维护合同的严肃性。

2.5 建设工程监理的作用

大量的工程实践证明,我国推行监理制在提高投资的经济效益方面发挥了重要作用,已为社会所公认。

2.5.1 有利于提高工程建设投资决策科学化水平

在建设单位委托工程监理企业实施全过程监理的条件下,在建设单位有了初步的项目投资意向之后,工程监理企业可协助建设单位选择工程咨询单位,监督工程咨询合同的实施,并对咨询结果(如项目建议书、可行性研究报告)进行评估,提出有价值的修改意见和建议;或者直接从事工程咨询工作,为建设单位提供建设方案。这样,不仅可使项目投资符合国家经济发展规划、产业政策、投资方向,而且可使项目投资更加符合市场需求。

工程监理企业参与或承担项目决策阶段的监理工作,有利于提高项目投资决策的科学化水平,避免项目投资决策失误,也为实现建设工程投资综合效益最大化打下了良好的基础。

2.5.2 有利于规范工程建设参与各方的建设行为

工程建设参与各方的建设行为都应当符合法律、法规、规章和市场准则。要做到这一点,仅仅依靠自律机制是远远不够的,还需要建立有效的监督约束机制。为此,首先需要政府对工程建设参与各方的建设行为进行全面的监督管理,这是最基本的约束,也是政府的主要职能之一。但是,由于客观条件所限,政府的监督管理不可能深入到每一项建设工程的实施过程中,所以还需要建立另外一种约束机制,能在工程建设实施过程中对工程建设参与各方的建设行为进行约束。建设监理制就是这样一种约束机制。

在工程建设实施过程中,工程监理企业可依据法律、法规、规章、委托监理合同和有关的工程建设合同等,对承建单位的建设行为进行监督管理。另一方面,监理单位也可以向建设单位提出合理化建议,避免决策失误或发生不当的建设行为,这对规范建设单位的建设行为也可起到一定的约束作用。

当然,要发挥上述约束作用,工程监理企业首先必须规范自身的行为,并接受政府的监督管理。

2.5.3 有利于促使承建单位保证建设工程的质量和使用安全

建设工程是一种特殊的产品,不仅价值大、使用寿命长,而且还关系到人民的生命财产安全。因此,保证建设工程的质量和使用安全就显得尤为重要,在这方面不允许有丝毫的懈怠和疏忽。

工程监理企业对承建单位建设行为的监督管理,实际上是对工程建设生产过程的管理,它与产品生产者自身的管理有很大的不同。按照国际惯例,监理工程师是既懂工程技术又懂经济、法律和管理的专业人士,凭借丰富的工程建设经验,有能力及时发现建设工程实施过程中出现的问题,发现工程所用材料、设备以及阶段产品中存在的问题,从而最大限度地避免工程质量事故或工程质量隐患。因此,实行建设工程监理制之后,在加强承建单位自身对工程质量管理的基础上,由工程监理企业介入工程建设生产过程的监督管理,对保证建设工程质量和使用安全有着重要作用。

2.5.4　有利于实现工程建设投资效益最大化

工程建设投资效益最大化有三种不同表现。

①在满足建设工程预定功能和质量标准的前提下,建设投资额最少。

②在满足建设工程预定功能和质量标准的前提下,工程建设寿命周期费用(或全寿命费用)最少。

③工程建设本身的投资效益与社会效益、环境效益的综合效益最大化。

实行建设工程监理制之后,工程监理企业一般都能协助业主实现上述工程建设投资效益最大化的第一种表现,也能在一定程度上实现上述第二种和第三种表现。随着工程建设寿命周期费用观念和综合效益理念被越来越多的建设单位所接受,工程建设投资效益最大化的第二种和第三种表现的比例将越来越大,从而大大地提高我国全社会的投资效益,促进国民经济健康、可持续发展。

2.6　建设工程监理的基本任务

建设工程监理的基本任务是控制工程建设项目目标,即控制经过科学地规划所确定的工程建设项目的投资、进度和质量目标。这三大目标是相互关联、相互制约的目标系统。工程建设项目必须在一定的投资限额条件下,实现其功能、使用要求和其他有关的质量标准,这是投资建设一项工程最基本的要求。一般来说,实现建设项目并不十分困难,但要在计划的投资、进度和质量目标范围内实现,则需要采取综合措施,这也是社会需要建设工程监理的原因之一。因此,建设工程监理的基本任务就是控制三大目标。

【思考题】

1. 简述建设工程监理的概念、性质和基本任务。
2. 简述建设工程监理的作用。
3. 简述建设工程监理的依据。
4. 简述我国要求必须实行建设工程监理的建设工程项目的范围。
5. 简述建设工程监理和政府工程质量监督的区别。

第 3 章　监理工程师和工程监理企业

【本章要点】

本章主要介绍监理工程师的概念、监理工程师的资格考试、监理工程师的注册、监理工程师执业要求以及工程监理企业的概念和组合形式,工程监理企业与各方的关系,工程监理企业的设立、资质管理和经营管理。要求学生掌握监理工程师和监理企业的概念、工程监理企业和工程建设各方的关系、工程监理企业在工程建设各阶段的工作内容;熟悉监理工程师应具备的素质、监理人员的组成和职责、监理工程师的权利和义务、工程监理费用的构成;了解注册监理工程师的注册、继续教育要求、职业道德、设立工程监理企业的条件及工程监理企业资质的等级标准。

3.1　监理工程师概述

3.1.1　监理工程师的概念

所谓注册监理工程师(registered project management engineer)是指取得国务院建设主管部门颁发的中华人民共和国注册监理工程师注册执业证书和执业印章,从事建设工程监理与相关服务等活动的人员。它包含三层含义:第一,应是从事建设工程监理工作的现职人员;第二,已通过全国监理工程师资格考试并取得监理工程师执业资格证书;第三,经政府建设行政主管部门核准、注册,取得监理工程师岗位证书。所以,如果监理工程师转入其他工作岗位,则不应再称为监理工程师。

3.1.2　监理工程师的素质

为了适应监理工作岗位的需要,监理工程师应该具有很高的素质,主要体现在以下几个方面。

1) 要有较高的学历和广泛的理论知识

现代工程建设投资规模巨大,工艺越来越先进,材料、设备越来越新颖,应用科技门类复杂,组织千万人协作的工作十分浩繁,如果没有广博的理论知识,是不可能胜任监理工作的。即使是规模不大、工艺简单的工程项目,为了优质、高效地搞好工程建设,也需要具有较深厚的现代科技理论知识、经济管理知识和法律知识的人员进行组织管理。如果工程建设委托监理,监理工程师不仅要担负一般的组织管理工作,而且要指导参加工程建设的各方搞好工作。所以,监理工程师不具备上述理论知识就难以胜任监理工作。

要胜任监理工作,监理工程师就应当具有较高的学历和学识水平。在国外,监理工程师都要具有大学学历,而且大都拥有硕士甚至博士学位。如英国的海德咨询公司(hyder consulting),美国的优斯公司(URS),日本的日挥株式会社(JGC)等,在这些知名的国际咨询公司中数以千计的咨询工程师里,拥有博士、硕士学位的人员数量占比均在80%以上。在我国的有关法规中规定,我国监理工程师应具备大专及以上的学历,包括由其他工作岗位转入监理行业的工程师、建筑师和经济师。这是保证监理工程师队伍素质的重要基础。

工程建设涉及的学科很多,其中主要学科就有几十种。作为一名监理工程师,不可能学习和掌握这么多的专业理论知识。但是,起码应学习、掌握一种专业理论知识,没有专业理论知识的人员是难以胜任监理工作的。监理工程师还应力求了解或掌握更多的专业学科知识。无论监理工程师已掌握了多少专业技术知识,都必须学习、掌握一定的工程建设经济、法律和组织管理等方面的理论知识,从而达到一专多能,成为工程建设中的复合型人才,使工程监理企业真正成为智力密集型的知识群体。

2) 要有丰富的工程建设实践经验

工程建设实践经验就是理论知识在工程建设中的成功应用。一般来说,一个人在工程建设领域中工作的时间越长,经验就越丰富;反之,经验则不足。大量的工程实践证明,工程建设中出现失误,往往与参与者的经验不足有关。当然,若不从实际出发,单凭以往的经验,也难以取得预期的成效。据了解,世界各国都很重视工程建设的实践经验。在考核某一个单位或某一个人的能力大小时,都把实践经验作为主要的衡量尺度之一。例如,英国咨询工程师协会规定,入会的会员年龄必须在38岁以上;新加坡有关机构规定,注册结构工程师必须具有8年以上的工程结构设计实践经验。

所谓工程建设实践经验主要包括以下几个方面。

①工程建设立项评估、建成使用后的评价分析实践经验。

②工程建设地质勘测实践经验。

③工程建设规划设计实践经验。

④工程建设招标投标等中介服务的实践经验。

⑤工程建设设计实践经验。

⑥工程建设施工实践经验。

⑦工程建设设计管理实践经验。

⑧工程建设施工管理实践经验。

⑨工程建设构件或配件加工、设备制造实践经验。

⑩工程建设经济管理实践经验。

⑪建设工程监理工作实践经验。

3) 要有良好的品德和工作作风

监理工程师的良好品德和工作作风主要体现在以下几个方面。

①热爱祖国、热爱人民、热爱建设事业。只有这样,才能潜心钻研业务、努力进

取和搞好建设工程监理工作。

②具有科学的工作态度和综合分析问题的能力。在处理任何问题时,都能从实际出发,以事实和数据为依据,从复杂的现象中抓住事物的本质和主要矛盾,而不是凭"想当然""差不多"草率行事,使问题能得到迅速而正确的解决。

③具有廉洁奉公、为人正直、办事公道的高尚情操。对自己,不谋私利;对业主,既能实现其正确的意图,又能坚持正确的原则;对承建商,既能严格监理,又能正确处理其与业主的关系,公平地维护双方的合法权益。

④能听取不同意见,而且要有良好的包容性。对与己不同的意见,能共同研究、及时磋商、耐心说服,而不是急躁行事,不轻易行使自己的否决权,以事实为依据,善于处理各方面的关系。

4)要有健康的体魄和充沛的精力

尽管建设工程监理是一种高智能的管理和技术服务,以脑力劳动为主,但是也必须具有健康的身体和充沛的精力,才能胜任繁忙、严谨的监理工作。工程建设施工阶段,由于露天作业,工作条件艰苦,工期往往紧迫,业务繁忙,更需要有健康的身体。一般来说,年满65周岁就不宜再在监理单位承担监理工作,国家规定对其不予注册。

3.1.3 监理人员的组成与概念

凡取得监理从业资格并从事监理工作的人员统称为监理人员。关于监理人员,不同国家的称呼不尽相同。在我国,按照《建设工程监理规范》(GB/T 50319—2013),监理人员分为以下几类。

总监理工程师(chief project management engineer):由工程监理单位法定代表人书面任命,负责履行建设工程监理合同、主持项目监理机构工作的注册监理工程师。

总监理工程师代表(representative of chief project management engineer):经工程监理单位法定代表人同意,由总监理工程师书面授权,代表总监理工程师行使其部分职责和权力,具有工程类注册执业资格或具有中级及以上专业技术职称、3年及以上工程实践经验并经监理业务培训的人员。

专业监理工程师(specialty project management engineer):由总监理工程师授权,负责实施某一专业或某一岗位的监理工作,有相应监理文件签发权,具有工程类注册执业资格或具有中级及以上专业技术职称、2年及以上工程实践经验并经监理业务培训的人员。

监理员(site supervisor):从事具体监理工作,具有中专及以上学历并经过监理业务培训的人员。

其中,总监理工程师和总监理工程师代表都是临时聘任的工程建设项目上的岗位职务,也就是说如果没有聘任,就没有总监理工程师和总监理工程师代表的头衔。

3.2 监理工程师资格考试

监理工程师是一种执业资格。只有参加全国统一考试,考试合格者才能取得监理工程师执业资格证书。我国按照有利于国家经济发展、社会公认、国际可比、事关公共利益的原则,在涉及国家、人民生命财产安全的专业技术工作领域,实行专业技术人员执业资格制度。执业资格一般要通过考试方式取得,体现出执业资格制度公开、公平、公正的原则。

3.2.1 实行监理工程师资格考试制度的重要意义

1)保障监理工程师队伍素质能力的需要

监理工程师执业资格考试制度的实行,有利于公正地确定监理人员是否具备监理工程师的资格,有利于统一监理工程师的基本资质标准,有助于保证全国各地方、各部门监理队伍的素质和实际工作能力。更重要的是,它可以促进广大监理人员努力钻研监理业务,向合格监理工程师的方向努力,使之早日具备国家认可的监理工程师资格。

2)政府建设行政主管部门加强对监理企业监督管理的需要

我国政府建设行政主管部门在对监理企业进行资质审批时,对其注册监理工程师的数量有明确的规定。因此,监理工程师执业资格考试制度的实行便于政府建设行政主管部门加强对监理企业的监督管理。同时,业主通过招投标方式或直接委托方式选择工程监理企业时,主要看重的是工程监理企业监理工程师的数量、素质与能力;政府部门加强监理企业监督管理,便于业主选择工程监理的准确性和可靠性。

3)有助于建立建设工程监理人才库

监理工程师执业资格考试制度的实行,不仅把工程监理企业内的监理人员资格确定下来,而且把工程监理企业以外已经掌握监理知识的人员的监理资格确认下来,形成蕴含于社会的监理人才库,有利于建设工程监理人才库的建立和运行。

4)通过考试确认相关资格,是国际通行做法

我国实行监理工程师执业资格考试制度,既符合国际惯例,又有助于开拓国际建设工程监理市场,它是国际通用做法;这种制度的实施,不仅大幅度地提升了我国建设界的监理水平,而且更有利于监理工作与国际接轨。

3.2.2 考试时间、科目设置

1)考试时间

监理工程师执业资格考试实行全国统一大纲、统一命题、统一组织的办法,每年举行一次,一般在 5 月份进行。

2)考试科目

监理工程师职业资格考试设《建设工程监理基本理论和相关法规》(客观题)、《建设工程合同管理》(客观题)、《建设工程目标控制》(客观题)和《建设工程监理案例分析》(主观题)4 个科目(见附件 3)。其中《建设工程监理基本理论和相关法规》和《建设工程合同管理》为基础科目;《建设工程目标控制》和《建设工程监理案例分析》

为专业科目。

专业类别分为土木建筑工程、交通运输工程和水利工程,报考人员可根据实际工作需要选报其一。

监理工程师职业资格考试成绩实行 4 年为一个周期的滚动管理办法,参加 4 个科目考试(级别为考全科)的人员须在连续 4 个考试年度内通过全部应试科目,参加 2 个科目考试(级别为免 2 科)的符合免试基础科目人员须在连续 2 个考试年度内通过相应应试科目,方可获得资格证书。已取得监理工程师一种专业职业资格证书的人员,报名参加其他专业科目考试的(级别为增报专业),可免考基础科目,在连续 2 个考试年度内通过相应应试科目,可获得相应专业考试合格证明,该证明作为注册时增加执业专业类别的依据。

3.2.3 报考资格条件

1)"考全科"报考条件

凡遵守中华人民共和国宪法、法律、法规,具有良好的业务素质和道德品行,具备下列条件之一者,可以申请参加监理工程师职业资格考试:

(1)具有各工程大类专业大学专科学历(或高等职业教育),从事工程施工、监理、设计等业务工作满 4 年。

(2)具有工学、管理科学与工程类专业大学本科学历或学位,从事工程施工、监理、设计等业务工作满 3 年。

(3)具有工学、管理科学与工程一级学科硕士学位或专业学位,从事工程施工、监理、设计等业务工作满 2 年。

(4)具有工学、管理科学与工程一级学科博士学位。

2)"免 2 科"报考条件

具备以下条件之一的,参加监理工程师职业资格考试可免考基础科目:

(1)已取得公路水运工程监理工程师资格证书;

(2)已取得水利工程建设监理工程师资格证书。

3)"增报专业"报考条件

已取得监理工程师一种专业职业资格证书的人员,报名参加其它专业科目考试的,可免考基础科目。考试合格后,核发人力资源社会保障部门统一印制的相应专业考试合格证明。该证明作为注册时增加执业专业类别的依据。免考基础科目和增加专业类别的人员,专业科目成绩按照 2 年为一个周期滚动管理。

上述报名条件中有关学历或学位的要求,是指经国家教育行政部门承认的正规学历或学位。从事专业工作年限计算截止日期为 2023 年 12 月 31 日,全日制学历报考人员,未毕业期间经历不计入相关相专业工作年限。

3.2.4 考试组织管理

根据国情,我国对监理工程师资格考试工作实行政府统一管理的原则。住房和城乡建设部、人力资源和社会保障部共同负责全国监理工程师执业资格考试制度的政策制定、组织协调、资格考试和监督管理工作；住房和城乡建设部负责组织拟定考试科目，编写考试大纲、培训教材和命题工作，统一规划和组织考前培训；人力资源和社会保障部负责审定考试科目、考试大纲和试题，组织实施各项考务工作，并会同住房和城乡建设部对考试进行检查、监督、指导和确定考试合格标准。

在考试前，国家成立由住房和城乡建设部、人力资源和社会保障部和有关方面的专家组成的全国监理工程师资格考试委员会；省、自治区、直辖市或各部门成立地方或部门监理工程师资格考试委员会。

全国监理工程师资格考试委员会是全国监理工程师资格考试工作的最高管理机构，主要职责是：制订监理工程师资格考试大纲和有关要求；确定考试命题，提出考试合格标准；监督、指导地方、部门监理工程师资格考试工作，审查确认其考试是否有效；向全国监理工程师注册管理机关书面报告监理工程师的考试情况。

地方或部门监理工程师资格考试委员会的职责是：根据监理工程师资格考试大纲和有关要求，发布本地区或本部门监理工程师考试公告；受理考试申请，审查参加考试者的资格；组织考试、阅卷评分和确认考试合格者；向本地区或本部门监理工程师注册机关书面报告考试情况；向全国监理工程师资格考试委员会汇报工作情况。

3.3 监理工程师的注册

监理工程师是一种岗位职务，经注册的监理工程师具有相应的责任和权利。未取得注册证书和执业印章的人员，不得以注册监理工程师的名义从事工程监理及相关业务活动。实行监理工程师注册制度，是为了建立一支适应建设工程监理工作需要的、高素质的监理队伍，也是为了确保和维护监理工程师岗位的严肃性。

3.3.1 监理工程师的注册管理

监理工程师的注册工作实行分级管理。

国务院建设行政主管部门（住房和城乡建设部）为全国监理工程师注册机关，其主要职责是：制订监理工程师注册的法规、政策和计划等；制订监理工程师岗位证书式样并监制；受理各地方、各部门监理工程师注册机关上报的监理工程师注册备案；监督、检查各地方、各部门监理工程师注册工作；受理对监理工程师处罚不服的上诉。

省、自治区、直辖市人民政府建设行政主管部门为本行政区域内地方建设工程监理企业监理工程师的注册机关。国务院有关部门的建设监理主管机构为本部门直属建设工程监理企业监理工程师的注册机构。两者的职责基本相同，即贯彻执行国家有关监理工程师注册的法规、政策和计划，制订相应的实施细则；受理所属工程监理企业关于监理工程师注册的申请；审批监理工程师注册，并上报全国监理工程师注册管理机关备案；颁发监理工程师岗位证书；负责对违反有关规定的监理工师的处罚;负责注册监理工程师的日常考核和管理。

监理工程师注册的申请,由申请者所在的工程监理企业向相应的注册管理部门(或机构)提出。

监理工程师注册管理部门收到注册申请后,经过严格的资格审查,对于合格的,根据需要和注册计划择优予以注册,并发放监理工程师岗位证书。监理工程师岗位证书的格式由国务院建设行政主管部门统一制订,工程师的证书由进行资格审查的注册管理部门负责颁发。

注册监理工程师按专业设置岗位,并在监理工程师岗位证书中注明专业。注册监理工程师依据其所学专业、工作经历、工程业绩,按照《工程监理企业资质管理规定》划分的工程类别,按专业注册;每人最多可以申请两个专业注册。

3.3.2　监理工程师的注册

取得资格证书的人员申请注册,由省、自治区、直辖市人民政府建设主管部门初审,国务院建设主管部门审批。

取得资格证书并受聘于一个建设工程勘察、设计、施工、监理、招标代理、造价咨询等企业的人员,应当通过聘用单位向单位工商注册所在地的省、自治区、直辖市人民政府建设主管部门提出注册申请;省、自治区、直辖市人民政府建设主管部门受理后提出初审意见,并将初审意见和全部申报材料报国务院建设主管部门审批;符合条件的,由国务院建设主管部门核发注册证书和执业印章。

省、自治区、直辖市人民政府建设主管部门在收到申请人的申请材料后,应当即时做出是否受理的决定,并向申请人出具书面凭证;申请材料不齐全或者不符合法定形式的,应当在5日内一次性告知申请人需要补正的全部内容。逾期不告知的,自收到申请材料之日起即视为受理。

对不予批准的,应当说明理由,并告知申请人享有依法申请行政复议或者提起行政诉讼的权利。

注册证书和执业印章是注册监理工程师的执业凭证,由注册监理工程师本人保管、使用。注册证书和执业印章的有效期为3年。

监理工程师的注册,根据注册内容的不同分为三种形式。

1)初始注册

初始注册者,可自资质证书签发之日起3年内提出申请;逾期未申请者,须符合继续教育的要求后方可申请初始注册。

申请初始注册,应当具备的条件是全国监理工程师执业资格考试合格,取得资格证书;受聘于一个相关单位;达到继续教育要求;没有不予注册、延续注册、变更注册中所列情形。

初始注册需要提交的材料包括申请人的注册申请表;申请人的资格证书和身份证复印件;申请人与聘用单位签订的聘用劳动合同复印件;所学专业、工作经历、工程业绩、工程类中级及中级以上职称证书等有关证明材料;逾期进行初始注册的,应当提供达到继续教育要求的证明材料。

对申请初始注册的,省、自治区、直辖市人民政府建设主管部门应当自受理申请之日起 20 日内审查完毕,并将申请材料和初审意见报国务院建设主管部门。国务院建设主管部门自收到省、自治区、直辖市人民政府建设主管部门上报的材料之日起,应当在 20 日内审批完毕并做出书面决定,并自做出决定之日起 10 日内,在公众媒体上公告审批结果。

2)延续注册

注册监理工程师每一注册有效期为 3 年,注册有效期满需继续执业的,应当在注册有效期满 30 日前,按照《注册监理工程师管理规定》规定的程序申请延续注册。延续注册有效期 3 年。

延续注册需要提交下列材料。

①申请人延续注册申请表;

②申请人与聘用单位签订的聘用劳动合同复印件;

③申请人注册有效期内达到继续教育要求的证明材料。

对申请延续注册的,省、自治区、直辖市人民政府建设主管部门应当自受理申请之日起 5 日内审查完毕,并将申请材料和初审意见报国务院建设主管部门。国务院建设主管部门自收到省、自治区、直辖市人民政府建设主管部门上报的材料之日起,应当在 10 日内审批完毕并做出书面决定。

3)变更注册

在注册有效期内,注册监理工程师变更执业单位,应当与原聘用单位解除劳动关系,并按《注册监理工程师管理规定》规定的程序办理变更注册手续,变更注册后仍延续原注册有效期。

变更注册需要提交下列材料。

①申请人变更注册申请表;

②申请人与新聘用单位签订的聘用劳动合同复印件;

③申请人的工作调动证明(与原聘用单位解除聘用劳动合同或者聘用劳动合同到期的证明文件、退休人员的退休证明)。

申请变更注册程序同延续注册。

4)不予注册情形

申请人有下列情形之一的,不予初始注册、延续注册或者变更注册:

①不具有完全民事行为能力的;

②刑事处罚尚未执行完毕或者因从事工程监理或者相关业务受到刑事处罚,自刑事处罚执行完毕之日起至申请注册之日止不满 2 年的;

③未达到监理工程师继续教育要求的;

④在两个或者两个以上单位申请注册的;

⑤以虚假的职称证书参加考试并取得资格证书的;

⑥年龄超过 65 周岁的;

⑦法律、法规规定不予注册的其他情形。

5)注册证书和执业印章失效情形

注册监理工程师有下列情形之一的,其注册证书和执业印章失效。

①聘用单位破产的;

②聘用单位被吊销营业执照的;

③聘用单位被吊销相应资质证书的;

④已与聘用单位解除劳动关系的;

⑤注册有效期满且未延续注册的;

⑥年龄超过 65 周岁的;

⑦死亡或者丧失行为能力的;

⑧其他导致注册失效的情形。

6)注销手续

注册监理工程师有下列情形之一的,负责审批的部门应当办理注销手续,收回注册证书和执业印章或者公告其注册证书及执业印章作废。

①不具有完全民事行为能力的;

②申请注销注册的;

③注册证书和执业印章失效的;

④依法被撤销注册的;

⑤依法被吊销注册证书的;

⑥受到刑事处罚的;

⑦法律、法规规定应当注销注册的其他情形。

注册监理工程师有前款情形之一的,注册监理工程师本人和聘用单位应当及时向国务院建设主管部门提出注销注册的申请;有关单位和个人有权向国务院建设主管部门举报;县级以上地方人民政府建设主管部门或者有关部门应当及时报告或者告知国务院建设主管部门。

3.3.3 监理工程师的执业及继续教育

1)监理工程师的执业

取得资格证书的人员,应当受聘于一个具有建设工程勘察、设计、施工、监理、招标代理、造价咨询等一项或者多项资质的单位,经注册后方可从事相应的执业活动。从事工程监理执业活动的,应当受聘并注册于一个具有工程监理资质的单位。

注册监理工程师可以从事工程监理、工程经济与技术咨询、工程招标与采购咨询、工程项目管理服务以及国务院有关部门规定的其他业务。

工程监理活动中形成的监理文件由注册监理工程师按照规定签字盖章后方可

生效。

修改经注册监理工程师签字盖章的工程监理文件,应当由该注册监理工程师进行;因特殊情况,该注册监理工程师不能进行修改的,应当由其他注册监理工程师修改,并签字、加盖执业印章,对修改部分承担责任。

注册监理工程师从事执业活动,由所在单位接受委托并统一收费。

因工程监理事故及相关业务造成的经济损失,聘用单位应当承担赔偿责任;聘用单位承担赔偿责任后,可依法向负有过错的注册监理工程师追偿。

2）继续教育

继续教育的目的在于加强培养监理工程师的专业技术能力,弥补执业资格考试中不能解决的问题,不断提升监理工程师的专业水平,以适应科学技术发展、政策法规变化的需求。因此《注册监理工程师管理规定》(建设部令第 147 号)要求,注册监理工程师在每一注册有效期内应当达到国务院建设主管部门规定的继续教育要求。继续教育作为注册监理工程师逾期初始注册、延续注册和重新申请注册的条件之一。

继续教育分为必修课和选修课,在每一注册有效期内各为 48 学时。

必修课包括以下内容。

①国家近期颁布的与建设工程监理有关的法律法规、标准规范和政策。

②建设工程监理与工程项目管理的新理论、新方法。

③工程监理案例分析。

④注册监理工程师职业道德。

选修课包括以下内容。

①地方及行业近期颁布的与建设工程监理有关的法规、标准规范和政策。

②工程建设新技术、新材料、新设备及新工艺。

③专业工程监理案例分析。

④需要补充的其他与建设工程监理业务有关的知识。

通过开展继续教育,使注册监理工程师及时掌握与建设工程监理有关的法律法规、标准规范和政策,熟悉建设工程监理与工程项目管理的新理论、新方法,了解工程建设新技术、新材料、新设备及新工艺,适时更新业务知识,不断提高注册监理工程师的业务素质和执业水平,以适应开展建设工程监理业务和建设工程监理事业发展的需要。

3.4　监理工程师权利和义务

3.4.1　注册监理工程师享有的权利

注册监理工程师享有以下权利。

①使用注册监理工程师称谓;

②在规定范围内从事执业活动;

③依据本人能力从事相应的执业活动；

④保管和使用本人的注册证书和执业印章；

⑤对本人执业活动进行解释和辩护；

⑥接受继续教育；

⑦获得相应的劳动报酬；

⑧对侵犯本人权利的行为进行申诉。

3.4.2 注册监理工程师应当履行的义务

注册监理工程师应当履行以下义务。

①遵守法律、法规和有关管理规定；

②履行管理职责，执行技术标准、规范和规程；

③保证执业活动成果的质量，并承担相应责任；

④接受继续教育，努力提高执业水准；

⑤在本人执业活动所形成的工程监理文件上签字、加盖执业印章；

⑥保守在执业中知悉的国家秘密和他人的商业、技术秘密；

⑦不得涂改、倒卖、出租、出借或者以其他形式非法转让注册证书或者执业印章；

⑧不得同时在两个或者两个以上单位受聘或者执业；

⑨在规定的执业范围和聘用单位业务范围内从事执业活动；

⑩协助注册管理机构完成相关工作。

3.4.3 监理工程师的职业道德

建设工程监理是建设领域里一项高尚的工作。为了确保建设监理事业的健康发展，国家对监理工程师的职业道德和工作纪律都有严格的要求，在有关法规里也做了具体的规定。

1）监理工程师职业道德守则

①维护国家的荣誉和利益，按照"守法、诚信、公正、科学"的准则执业。

②按合同条件的约定开展工作，遵守当地政府制定的法规。

③执行有关工程建设的法律、法规、规范、标准和制度，履行监理合同规定的义务和职责，完成所承诺的全部任务。

④努力学习专业技术和建设监理知识，不断提高业务能力和监理水平，主动积极、勤奋刻苦、虚心谨慎地工作。

⑤不以个人名义承揽监理业务。

⑥不同时在两个或两个以上监理单位注册和从事监理活动，不在政府部门、施工和材料、设备生产供应等单位兼职。

⑦不为所监理项目指定承建商、建筑构配件、设备和材料；不得从事与监理项目的设计、施工、材料和设备供应等业务有关的中间人活动。

⑧除监理费之外，不收受与合同业务有关的单位的任何礼金。

⑨不泄漏所监理工程各方认为需要保密的事项；当需要发表与所监理项目有关

的文章时,应经业主认可,否则会被视为侵权。

⑩坚持独立自主地开展工作。

⑪在分包监理业务或聘请专家协助监理时,应得到业主的同意。

⑫监理工程师应成为业主的忠诚顾问,在处理业主和承包商之间的问题时,要依据法规和合同条款,公平、客观地促成问题的解决。

监理工程师应严格遵守监理守则,认真完成合同义务。否则,业主有权书面通知监理工程师中止监理合同。通知发出后 15 日内,若监理工程师没有做出答复,业主即可认为终止合同生效。

监理工程师违背职业道德或违反工作纪律,由政府部门没收非法所得,收缴监理工程师岗位证书,并处以罚款。监理单位还要根据企业内部的规章制度给予处罚。

2) FIDIC 相关道德准则

在国外,监理工程师的职业道德准则由其协会组织制订并监督实施。国际咨询工程师联合会(FIDIC)于 1991 年在慕尼黑召开的全体成员大会上,讨论批准了 FIDIC 通用道德准则。该准则分别从在社会和职业的责任、能力、正直性、公正性、对他人的公正这 5 个问题、计 14 个方面上,规定了监理工程师的道德准则。目前,国际咨询工程师联合会的会员国都认真地执行这一准则,其内容包括以下几个方面。

(1) 对社会和职业的责任。

①接受对社会的职业责任;

②寻求与确认的发展原则相适应的解决办法;

③在任何时候都维护职业的尊严、名誉和荣誉。

(2) 能力。

①保持其知识和技能与技术、法规、管理发展相一致的水平,对于委托人要求的服务采用相应的技能,并尽心尽力;

②仅在有能力从事服务时方才进行。

(3) 正直性。

在任何时候均为委托人的合法权益行使其职责,并且正直和忠诚地进行职业服务。

(4) 公正性。

①在提供职业咨询、评审或决策时不偏不倚;

②通知委托人在行使其委托权时可能引起的任何潜在的利益冲突;

③不接受可能导致判断不公的报酬。

(5) 对他人的公正。

①加强"按照能力进行选择"的概念;

②不得故意或无意地做出损害他人名誉或事务的事情;

③不得直接或间接取代某一特定工作中已经任命的其他咨询工程师的位置;

④通知该咨询工程师并且接到委托人终止其先前任命的建议前不得取代该咨

询工程师的工作;

⑤在被要求对其他咨询工程师的工作进行审查的情况下,要以适当的职业行为和礼节进行。

3.5 工程监理企业的概念与组织形式

3.5.1 工程监理企业的概念

工程监理企业是指取得监理资质证书,具有法人资格,主要从事建设工程监理工作的监理公司、监理事务所,以及承接监理业务的工程设计、科研院所和工程咨询单位。它是监理工程师的执业机构。

建筑市场是由三大主体构成的,即业主、承建商和监理方。一个发育完善的市场,不仅要有具备法人资格的交易双方,而且要有协调交易双方、为交易双方提供交易服务的第三方。就建筑市场而言,业主和承建商是买卖双方,承建商以物的形式出卖自己的劳动,是卖方;业主以支付货币的形式购买承建商的建筑产品,是买方。一般来说,建筑产品的买卖交易不是瞬时就可以完成的,往往需要经历较长的时间。交易的时间越长,或阶段性交易的次数越多,买卖双方产生冲突的概率就越高,需要协调的问题就越多。况且,建筑市场中的交易活动的专业技术性都很强,没有相当高的专业技术水平,就难以圆满地完成建筑市场中的交易活动。工程监理企业正是介于业主和承建商之间的第三方,它是为促进建筑市场中交易活动顺利开展而服务的。

3.5.2 监理企业的组织形式

按照我国现行法律法规的规定,我国的工程监理企业有可能存在的企业组织形式包括公司制监理企业、合伙监理企业、个人独资监理企业、中外合资经营监理企业和中外合作经营监理企业。以下简要介绍公司制监理企业、中外合资经营监理企业和中外合作经营监理企业的特点。

1)公司制监理企业

监理公司是以营利为目的,依照法定程序设立的企业法人。我国公司制监理企业的主要特征包括:必须是依照《中华人民共和国公司法》的规定设立的社会经济组织;必须是以营利为目的的独立企业法人;自负盈亏,独立承担民事责任;有必要的财产或者经费,是完整纳税的经济实体;有自己的名称、组织机构和场所;采用规范的成本会计和财务会计制度。

我国监理公司的种类有两种,即监理有限责任公司和监理股份有限公司。

(1)监理有限责任公司。

监理有限责任公司是指由 50 个以下的股东共同出资,股东以其所认缴的出资额对公司行为承担有限责任，公司以其全部资产对其债务承担责任的企业法人。

监理有限责任公司主要有以下特征。

①公司不对外发行股票，股东的出资额由股东协商确定；

②股东交付股金后，公司出具股权证书，作为股东在公司中拥有的权益凭证（这种凭证不同于股票，不能自由流通，必须在其他股东同意的条件下才能转让，且要优先转让给公司原有股东）；

③公司股东所负责任仅以其出资额为限，即把股东投入公司的财产与其个人的其他财产脱钩，公司破产或解散时，只以公司所有的资产偿还债务；

④公司具有法人地位；

⑤在公司名称中必须注明"有限责任公司"字样；

⑥公司股东可作为雇员参与公司经营管理，通常公司管理者也是公司的所有者；

⑦公司账目可以不公开，尤其是公司的资产负债表一般不公开。

（2）监理股份有限公司。

监理股份有限公司是指全部资本由等额股份构成，并通过发行股票筹集资本，股东以其所认购股份对公司承担责任，公司以其全部资产对公司债务承担责任的企业法人。

监理股份有限公司主要有以下特征。

①公司资本总额分为金额相等的股份；股东以其所认购的股份对公司承担有限责任。

②公司以其全部资产对公司债务承担责任；公司作为独立的法人，有自己独立的财产，公司在对外经营业务时，以其独立的财产承担公司债务。

③公司可以公开向社会发行股票。

④公司股东的数量有最低限制，应当有 1 个以上（含 1 个）发起人。

⑤股东以其所持有的股份享受权利和承担义务。

⑥在公司名称中必须标明"股份有限公司"字样。

⑦公司账目必须公开，便于股东全面掌握公司的经营状况。

⑧公司管理实行两权分离。董事会接受股东大会委托，监督公司财产的保值增值，行使公司财产所有者职权；经理由董事会聘任，掌握公司的经营权。

2）中外合资经营监理企业与中外合作经营监理企业

（1）基本概念。

中外合资经营监理企业是指以中国的企业或其他经济组织为一方，以外国的公司、企业、其他经济组织或个人为另一方，在平等互利的基础上，根据《中华人民共和国外商投资法》签订合同、制订章程，经中国政府批准，在中国境内共同投资、共同经营、共同管理、共同分享利润、共同承担风险，主要从事工程监理业务的监理企业。其组织形式为有限责任公司。

中外合作经营监理企业是指中国的企业或其他经济组织同外国的企业、其他经济组织或者个人,按照平等互利的原则和我国的法律规定,用合同约定双方的权利义务,在中国境内共同举办的、主要从事工程监理业务的经济实体。

(2)中外合资经营监理企业与中外合作经营监理企业的区别。

随着我国建筑市场的逐步开放和日趋国际化,中外合资经营监理企业(以下简称合营企业)与中外合作经营监理企业(以下简称合作企业)将占有重要的地位。两者的主要区别体现在以下几个方面。

①组织形式不同。合营企业的组织形式为有限责任公司,具有法人资格;合作企业可以是法人型企业,也可以是不具有法人资格的合伙企业。法人型企业独立对外承担责任,合作企业由合作各方对外承担连带责任。

②组织机构不同。合营企业是合营双方共同经营管理、实行单一的董事会领导下的总经理负责制;合作企业可以采取董事会负责制,也可以采取联合管理制,既可由双方组织联合管理机构管理,也可以由一方管理,还可以委托第三方管理。

③出资方式不同。合营企业一般以货币形式计算各方的投资比例;合作企业是以合同规定投资或者提供合作条件,以非现金投资作为合作条件,可不以货币形式作价,不计算投资比例。

④分配利润和分担风险的依据不同。合营企业按各方注册资本比例分配利润和分担风险;合作企业按合同约定分配收益或产品和分担风险。

⑤回收投资的期限不同。合营企业各方在合营期内不得减少其注册资本;合作企业则允许外国合作者在合作期限内先行收回投资,合作期满时企业的全部固定资产归中国合作者所有。

3.5.3　我国工程监理企业管理体制和经营机制的改革

1)工程监理企业的管理体制和经营机制改革

在试行建设监理制的初期,我国的绝大多数监理企业是由国有企业集团或教学、科研、勘察设计单位按照传统的国有企业模式设立的全民所有制或集体所有制监理企业。这些监理企业普遍存在着产权关系不清晰、管理体制不健全、经营机制不灵活、分配制度不合理、职工积极性不高、市场竞争力不强的现象,企业缺乏自主经营、自负盈亏、自我约束、自我发展的"四自"能力。这必将阻碍监理企业和监理行业的发展。因此,国有工程监理企业管理体制和经营机制改革是必然发展趋势。

监理企业改制的目的如下。

一是有利于转换企业经营机制。不少国有监理企业经营困难,主要原因是体制、机制问题;改革的关键在于转换监理企业经营机制,使监理企业真正成为"四自"主体。

二是有利于强化企业经营管理。国有监理企业经营困难,除了体制和机制的原因外,管理不善也是重要原因之一。

三是有利于提高监理人员的积极性。国有企业产权不清晰、责任不明确、分配不合理的传统模式,难以调动员工的积极性。

2）工程监理企业改制为有限责任公司的基本步骤

现阶段,我国国有或集体所有的监理企业应尽快改制为监理有限责任公司。根据《中华人民共和国公司法》的有关规定,工程监理企业改制的一般程序应当体现在以下几个方面。

（1）确定发起人并成立筹委会。

发起人确定后,成立企业改制筹备委员会,负责改制过程中的各项工作。

（2）形成公司文件。

公司文件主要包括改制申请书、改制的可行性研究报告、公司章程等。

（3）提出改制申请。

筹备委员会向政府主管部门提出改制申请时,应提交基本文件,包括改制协议书、改制申请书、改制的可行性研究报告、公司章程、行业主管部门的审查意见等。

（4）资产评估。

资产评估是指对资产价值的重估,它是在财产清查的基础上,对账面价值与实际价值背离较大的资产的价值进行重新评估,以保证资产价值与实际相符。资产评估按照申请立项、资产清查、评定估算、验证确认等程序进行。

（5）产权界定。

产权界定是指对财产权进行鉴别和确认,即在财产清查和资产评估的基础上,鉴别企业各所有者和债权人对企业全部资产拥有的权益。对于国有产权,一般应指国有企业的净资产,即用评估后的总资产价值减去国有企业的负债。

（6）股权设置。

股权是指股份制企业投资者的法定所有权,以及由此而产生的投资者对企业拥有的各项权利。股权设置是指在产权界定的基础上,根据股份制改造的要求,按投资主体所设置的国家股、法人股、自然人股和外资股。从目前发展趋势看,应减持国有股,扩大民营股,并折成股份,转让给本企业职工和经营者。

（7）认缴出资额。

各股东按照共同订立的公司章程中规定的各自所认缴的出资额出资。

（8）申请设立登记。

申请设立登记时,一般应提交公司登记申请书、公司章程、验资报告、法律法规规定的其他文件等。

（9）签发出资证明书。

公司登记注册后,应签发证明股东已经缴纳出资额的出资证明书（股权证明书）。有限责任公司成立后,原有企业即自行终止,其债权、债务由改组后的公司承担。

3.6 工程监理企业与工程建设各方的关系

工程监理企业受业主的委托,替代业主管理工程建设。同时,它又要公平地监督业主与承建商签订的工程建设合同的履行。这种特殊的工作性质,决定了它在工程建设中特殊的、重要的地位。

3.6.1 工程监理企业与业主的关系

1)业主与工程监理企业之间是平等主体间的关系

工程监理企业和业主都是建筑市场中的主体,不分主次,自然应当是平等的。这种平等的关系主要体现在两个方面。

一方面,它们都是市场经济中独立的企业法人。不同行业的企业法人,只有经营性质、业务范围的不同,而没有主仆之别。即使是同一行业,各独立的企业法人之间(子公司除外),也只是大小的不同、经营种类的不同,不存在主仆关系。所谓主仆关系就是一种雇佣关系,被雇佣者要听命于雇佣者,被雇佣者不必有主人翁的思想,更没有主人翁的资格。显然,业主与工程监理企业之间不存在雇佣与被雇佣的关系,而且法规要求工程监理企业与业主一样,都要以主人翁的姿态对工程建设负责,对国家、对社会负责。

另一方面,它们都是建筑市场中的主体。业主为了更好地搞好自己担负的工程项目建设,而委托工程监理企业替自己负责一些具体的事项。业主可以委托甲监理企业,也可以委托乙监理企业。同样,工程监理企业可以接受委托,也可以不接受委托。工程监理企业仅按照监理委托合同开展工作,对业主全面负责,但并不受业主的领导。业主对工程监理企业的人力、财力、物力等方面没有任何支配权、管理权。如果两者之间的委托与被委托关系不成立,那么就不存在任何联系。

2)业主与工程监理企业之间是一种授权与被授权关系

工程监理企业接受委托之后,业主就把一部分工程项目建设的管理权力授予监理企业。诸如工程建设各方面协调的主持权、设计质量和施工质量以及建筑材料与设备质量的确认权与否决权、工程量与工程价款支付的确认权与否决权、工程建设进度和建设工期的确认权与否决权以及围绕工程项目建设的各种建议权等。业主往往留有工程建设规模和建设标准的决定权、对承建商的选定权、与承建商签订合同的签认权以及工程竣工或阶段的验收权等。

工程监理企业根据业主的授权开展工作,在工程建设的具体实践活动中居于相当重要的地位。但是,工程监理企业毕竟不是业主的代理人。按照《中华人民共和国民法典》的界定,"代理行为"的含义是代理人在代理权限内,以被代理人的名义实施民事法律行为,被代理人对代理人的代理行为承担民事责任。工程监理企业既不能以业主的名义开展监理活动,也不能让业主对自己的监理行为承担任何民事责任。显然,工程监理企业不是也不应该是业主的代理人。

3)业主与工程监理企业之间是一种委托与被委托的合同关系

工程监理企业承接监理业务,首先应与业主签订监理委托合同。合同一经双方签订,就具有法律的约束力。双方的经济利益、权利、职责和义务等在签订的监理委托合同中均有体现。

但是,监理委托合同毕竟与其他经济合同不同。这是由工程监理企业在建筑市场中的特殊地位所决定的。众所周知,业主、工程监理企业、承建商是建筑市场三元结构的三大主体。在工程建设发包与承包这种交易活动中,业主向承建商购买建筑商品(或阶段性建筑产品)。买方总是想少花钱而买到好商品,卖方总想在销售商品中获取较高的利润。工程监理企业的责任就是既帮助业主购买到合适的建筑商品,又要维护承建商的合法权益。或者说,工程监理企业与业主签订的监理委托合同,不仅表明工程监理企业要为业主提供高智能服务,维护业主的合法权益;而且也表明,工程监理企业有责任维护承建商的合法权益。可见,工程监理企业在建筑市场的交易活动中处于建筑商品买卖双方之间,起着维系公平交易、等价交换的制衡作用。因此,不能把工程监理企业单纯地看成业主利益的代表。

3.6.2　工程监理企业与承建商的关系

这里所说的承建商包括承建工程项目规划的规划企业、承接工程勘察任务的勘察企业、承接工程设计任务的设计企业、承接工程施工任务的施工企业以及承接工程设备、工程材料、构配件供应或加工的制造企业。也就是说,凡是承接工程建设任务的企业,相对于业主来说,统称为承建商。

1)工程监理企业与承建商之间是平等主体间的关系

如前所述,承建商也是建筑市场的主体之一。没有承建商,也就没有建筑产品;没有了卖方,买方也就不存在。但是,像业主一样,承建商是建筑市场的重要主体之一。既然都是建筑市场的主体,那么,就应该是平等的。这种平等的关系主要体现在都是为了完成工程建设任务而承担一定的责任。双方承担的具体责任虽然不同,但相对于业主来说,两者的角色、地位是一样的。无论是工程监理企业,还是承建商都是在有关工程建设的法规、规章、规范、标准等的条款制约下开展工作,两者之间不存在领导与被领导的关系。

2)工程监理企业与承建商之间是监理与被监理的关系

虽然工程监理企业与承建商之间没有签订任何经济合同,但是,工程监理企业与业主签订有监理委托合同,承建商与业主签订有承包工程合同。工程监理企业依据业主的授权,并根据建设监理法规、监理委托合同和其他工程建设合同对承建商实施监理,从而形成监理与被监理的关系。承建商不再与业主直接交往,而转向与工程监理企业直接联系,并自觉接受工程监理企业对自己进行工程建设活动的监督管理。

3.7 工程监理企业的资质与管理

3.7.1 工程监理企业资质等级标准和业务范围

1)工程监理企业资质

工程监理企业资质分为综合资质、专业资质和事务所资质三个序列。综合资质只设甲级。专业资质原则上分为甲、乙、丙三个级别,并按照工程性质和技术特点划分为 14 个专业工程类别;除房屋建筑、水利水电、公路和市政公用四个专业工程类别设丙级资质外,其他专业工程类别不设丙级资质。事务所不分等级。

(1)综合资质标准。

①具有独立法人资格且具有符合国家有关规定的资产;

②企业技术负责人应为注册监理工程师,并具有 15 年以上从事工程建设工作的经历或者具有工程类高级职称;

③具有 5 个以上工程类别的专业甲级工程监理资质;

④注册监理工程师不少于 60 人,注册造价工程师不少于 5 人,一级注册建造师、一级注册建筑师、一级注册结构工程师或者其他勘察设计注册工程师合计不少于 15 人;

⑤企业具有完善的组织结构和质量管理体系,有健全的技术、档案等管理制度;

⑥企业具有必要的工程试验检测设备;

⑦申请工程监理资质之日前 1 年内,企业没有违反法律、法规及规章的行为;

⑧申请工程监理资质之日前 1 年内,没有因本企业监理责任造成重大质量事故;

⑨申请工程监理资质之日前 1 年内,没有因本企业监理责任发生三级以上工程建设重大安全事故,或者发生两起以上四级工程建设安全事故。

(2)专业资质标准。

①专业甲级资质标准。

a. 具有独立法人资格且具有符合国家有关规定的资产;

b. 企业技术负责人应为注册监理工程师,并具有 15 年以上从事工程建设工作的经历或者具有工程类高级职称;

c. 注册监理工程师、注册造价工程师、一级注册建造师、一级注册建筑师、一级注册结构工程师或者其他勘察设计注册工程师合计不少于 25 人次;其中,相应专业注册监理工程师不少于专业资质注册监理工程师人数配备表(见表 3-1)中要求配备的人数,注册造价工程师不少于 2 人;

d. 企业近 2 年内独立监理过 3 个以上相应专业的二级工程项目,但是,具有甲级设计资质或一级及以上施工总承包资质的企业申请本专业工程类别甲级资质的除外;

e. 企业具有完善的组织结构和质量管理体系,有健全的技术、档案等管理制度;

f. 企业具有必要的工程试验检测设备;

g. 申请工程监理资质之日前 1 年内,企业没有违反法律、法规及规章的行为;

h. 申请工程监理资质之日前 1 年内,没有因本企业监理责任造成重大质量事故;

i. 申请工程监理资质之日前 1 年内,没有因本企业监理责任发生三级以上工程建设重大安全事故或者发生两起以上四级工程建设安全事故。

②专业乙级资质标准。

a. 具有独立法人资格且具有符合国家有关规定的资产;

b. 企业技术负责人应为注册监理工程师,并具有 10 年以上从事工程建设工作的经历;

c. 注册监理工程师、注册造价工程师、一级注册建造师、一级注册建筑师、一级注册结构工程师或者其他勘察设计注册工程师合计不少于 15 人次,其中,相应专业注册监理工程师不少于专业资质注册监理工程师人数配备表(见表 3-1)中要求配备的人数,注册造价工程师不少于 1 人;

d. 有较完善的组织结构和质量管理体系,有技术、档案等管理制度;

e. 有必要的工程试验检测设备;

f. 申请工程监理资质之日前 1 年内,企业没有违反法律、法规及规章的行为;

g. 申请工程监理资质之日前 1 年内,没有因本企业监理责任造成重大质量事故;

h. 申请工程监理资质之日前 1 年内,没有因本企业监理责任发生三级以上工程建设重大安全事故或者发生两起以上四级工程建设安全事故。

③专业丙级资质标准。

a. 具有独立法人资格且具有符合国家有关规定的资产;

b. 企业技术负责人应为注册监理工程师,并具有 8 年以上从事工程建设工作的经历;

c. 相应专业的注册监理工程师不少于专业资质注册监理工程师人数配备表(见表 3-1)中要求配备的人数;

d. 有必要的质量管理体系、档案管理和规章制度;

e. 有必要的工程试验检测设备。

(3) 事务所资质标准。

①取得合伙企业营业执照,具有书面合作协议书;

②合伙人中不少于 3 名注册监理工程师,合伙人均有 5 年以上从事建设工程监理的工作经历;

③有固定的工作场所;

④有必要的质量管理体系、档案管理和规章制度;

⑤有必要的工程试验检测设备。

表 3-1 专业资质注册监理工程师人数配备表   （单位:人）

序　号	工 程 类 别	甲 级	乙 级	丙 级
1	房屋建筑工程	15	10	5
2	冶炼工程	15	10	—
3	矿山工程	20	12	—
4	化工石油工程	15	10	—
5	水利水电工程	20	12	5
6	电力工程	15	10	—
7	农林工程	15	10	—
8	铁路工程	23	14	—
9	公路工程	20	12	5
10	港口与航道工程	20	12	—
11	航天航空工程	20	12	—
12	通信工程	20	12	—
13	市政公用工程	15	10	5
14	机电安装工程	15	10	—

注:表中各专业资质注册监理工程师人数配备是指企业取得本专业工程类别注册的监理工程师人数。

2）工程监理企业的业务范围

（1）综合资质。

综合资质可以承担所有专业工程类别建设工程项目的工程监理业务（专业工程类别和等级见表 3-2），以及建设工程的项目管理、技术咨询等相关服务。

表 3-2 专业工程类别和等级表

序号	工 程 类 别		一 级	二 级	三 级
1	房屋建筑工程	一般公共建筑	28 层以上；36 m 跨度以上（轻钢结构除外）；单项工程建筑面积 3 万平方米以上	14～28 层；24～36 m 跨度（轻钢结构除外）；单项工程建筑面积 1 万～3 万平方米	14 层以下；24 m 跨度以下（轻钢结构除外）；单项工程建筑面积 1 万平方米以下
		高耸构筑工程	高度 120 m 以上	高度 70～120 m	高度 70 m 以下
		住宅工程	小区建筑面积 12 万平方米以上；单项工程 28 层以上	建筑面积 6 万～12 万平方米；单项工程 14～28 层	建筑面积 6 万平方米以下；单项工程 14 层以下

续表

序号	工程类别		一　级	二　级	三　级
2	公路工程	公路工程	高速公路	高速公路路基工程及一级公路	一级公路路基工程及二级以下各级公路
		公路桥梁工程	独立大桥工程；特大桥总长 1 000 m以上或单跨跨径 150 m以上	大桥、中桥桥梁总长 30～1 000 m 或单跨跨径 20～150 m	小桥总长 30 m 以下或单跨跨径 20 m 以下；涵洞工程
		公路隧道工程	隧道长度 1 000 m以上	隧道长度 500～1 000 m	隧道长度 500 m 以下
		其他工程	通信、监控、收费等机电工程,高速公路交通安全设施、环保工程和沿线附属设施	一级公路交通安全设施、环保工程和沿线附属设施	二级及以下公路交通安全设施、环保工程和沿线附属设施

（2）专业甲级资质。

专业甲级资质可承担相应专业工程类别建设工程项目的工程监理业务,以及相应类别建设工程的项目管理、技术咨询等相关服务。

（3）专业乙级资质。

专业乙级资质可承担相应专业工程类别二级（含二级）以下建设工程项目的工程监理业务,以及相应类别和级别建设工程的项目管理、技术咨询等相关服务。

（4）专业丙级资质。

专业丙级资质可承担相应专业工程类别三级建设工程项目的工程监理业务,以及相应类别和级别建设工程的项目管理、技术咨询等相关服务。

（5）事务所资质。

事务所资质可承担三级建设工程项目的工程监理业务,以及相应类别和级别建设工程项目管理、技术咨询等相关服务。但是,国家规定必须实行强制监理的建设工程监理业务除外。

3.7.2　工程监理企业的资质申请

工程监理企业申请综合资质、专业甲级资质的,应当向企业工商注册所在地的省、自治区、直辖市人民政府建设主管部门提出申请。省、自治区、直辖市人民政府建设主管部门应当自受理申请之日起 20 日内初审完毕,并将初审意见和申请材料报国务院建设主管部门。国务院建设主管部门应当自省、自治区、直辖市人民政府建设主管部门受理申请材料之日起 60 日内完成审查,公示审查意见,公示时间为 10日。其中,涉及铁路、交通、水利、通信、民航等专业工程监理资质的,由国务院建设主管部门送国务院有关部门审核。国务院有关部门应当在 20 日内审核完毕,并将审核意见报国务院建设主管部门。国务院建设主管部门根据初审意见审批。

申请专业乙级、丙级资质和事务所资质的由企业所在地的省、自治区、直辖市人民政府建设主管部门审批。并应自省、自治区、直辖市人民政府建设主管部门做出决定之日起 10 日内,将准予资质许可的决定报国务院建设主管部门备案。

1)新设立的工程监理企业的资质定级

新设立的工程监理企业申请资质,应当到工商行政管理部门登记注册并取得企业法人营业执照后,才能到建设行政主管部门办理资质申请手续。办理资质申请手续时,应当向建设行政主管部门提供下列资料:

①工程监理企业资质申请表(一式三份)及相应的电子文档;

②企业法人、合伙企业营业执照;

③企业章程或合伙人协议;

④企业法定代表人、企业负责人和技术负责人的身份证明、工作简历及任命(聘用)文件;

⑤工程监理企业资质申请表中所列注册监理工程师及其他注册执业人员的注册执业证书;

⑥有关企业质量管理体系、技术和档案等管理制度的证明材料;

⑦有关工程试验检测设备的证明材料。

工程监理企业资质证书分为正本和副本,每套资质证书包括一本正本、四本副本,正、副本具有同等法律效力,工程监理企业资质证书的有效期为 5 年,工程监理企业资质证书由国务院建设主管部门统一印制并发放。

2)资质延续

资质有效期届满,工程监理企业需要继续从事工程监理活动的,应当在资质证书有效期届满 60 日前,向原资质许可机关申请办理延续手续。

对在资质有效期内遵守有关法律、法规、规章、技术标准,信用档案中无不良记录,且专业技术人员满足资质标准要求的企业,经资质许可机关同意,有效期延续 5 年。

3)资质变更

工程监理企业在资质证书有效期内名称、地址、注册资本、法定代表人等发生变更的,应当在工商行政管理部门办理变更手续后 30 日内办理资质证书变更手续。

涉及综合资质、专业甲级资质证书中企业名称变更的,由国务院建设主管部门负责办理,并自受理申请之日起 3 日内办理变更手续。

除以上变更外的其他资质证书变更手续,由省、自治区、直辖市人民政府建设主管部门负责办理。省、自治区、直辖市人民政府建设主管部门应当自受理申请之日起 3 日内办理变更手续,并在办理资质证书变更手续后 15 日内将变更结果报国务院建设主管部门备案。

申请资质证书变更,应当提交以下材料:

①资质证书变更的申请报告;

②企业法人营业执照副本原件；

③工程监理企业资质证书正、副本原件。

工程监理企业改制的，除以上规定材料外，还应当提交企业职工代表大会或股东大会关于企业改制或股权变更的决议、企业上级主管部门关于企业申请改制的批复文件。

3.8　工程监理企业经营管理

3.8.1　工程监理企业经营活动的基本准则

工程监理企业从事建设工程监理活动，应当遵循"独立、诚信、公平、科学"的基本准则。

1）独立

对于工程监理企业来说，独立就是要独立、自主地开展和完成建设工程监理工作。

在建设工程中监理企业只有按照自己的计划、程序、流程、方法、手段，根据自己的判断独立开展工作，才能保证客观公平地处理工程中的实际问题。如果监理企业为了某些利益隶属或听命于建设单位或施工单位，就很难做到客观公平，也就无法对工程建设起到第三方监督管理的作用。

2）诚信

诚信即诚实守信用，这是道德规范在市场经济中的体现。它要求一切市场活动参加者在不损害他人利益和社会公共利益的前提下，追求自己的利益，目的是在当事人之间的利益关系和当事人与社会之间的利益关系中实现平衡，并维护市场道德秩序。诚信原则的主要作用在于指导当事人以善意的心态、诚信的态度行使民事权利，承担民事义务，正确地从事民事活动。

加强企业信用管理，提高企业信用水平，是完善我国工程监理制度的重要保证。信用是企业的一种无形资产，良好的信用能为企业带来巨大效益。我国已是世贸组织的成员，信用将成为我国企业进入国际市场，并在激烈的国际市场竞争中发展壮大的重要保证，它是能给企业带来长期经济效益的特殊资本。工程监理企业应当树立良好的信用意识，使企业成为讲道德、守信用的市场主体。

工程监理企业向社会提供的是管理和技术服务，按照市场经济观念，出售的主要是自己的智力。智力是看不见、摸不着的无形产品，但它最终要由建筑产品体现出来。如果监理企业提供的管理和技术服务有问题，就会造成不可挽回的损失。因此，从这一角度讲，工程监理企业在经营过程中，必须遵守诚信的基本准则。

工程监理企业应当建立健全企业的信用管理制度，主要包括以下几个方面。

①建立健全合同管理制度；

②建立健全与业主的合作制度；

③建立健全监理服务需求调查制度;

④建立企业内部信用管理责任制度等。

3) 公平

公平是指工程监理企业在监理活动中既要维护业主的利益,又不损害承建商的合法利益,并依据合同公平合理地处理业主与承建商之间的争议。

工程监理企业要做到公平,必须做到以下几点。

①要具有良好的职业道德;

②要坚持实事求是的原则;

③要熟悉有关工程建设合同条款;

④要熟悉有关法律、法规和规章;

⑤要提高专业技术能力;

⑥要提高综合分析判断问题的能力。

4) 科学

科学是指工程监理企业要依据科学的方案,运用科学的手段,采取科学的方法开展监理工作。工程监理工作结束后,还要进行科学的总结。实施科学化管理主要体现在以下几个方面。

(1) 科学的方案。

工程监理的方案是监理规划的主要内容。在实施监理前,要尽可能准确地预测出各种可能的问题,有针对性地拟定解决办法,制订出切实可行、行之有效的监理规划,并在此基础上制订监理实施细则,使各项监理活动都纳入计划管理的轨道。

(2) 科学的手段。

实施工程监理必须借助于先进的科学仪器(如各种检测、试验、化验仪器,摄像、录像设备及计算机等),以提高工程监理的有效性、先进性和科技含量。

(3) 科学的方法。

监理工作的科学方法主要体现在监理人员在掌握大量的、确凿的有关监理对象及其外部环境实际情况的基础上,适时、妥当、高效地处理有关问题;解决问题要用事实说话、用书面文字说话、用数据说话;尤其体现在开发、利用计算机软件,建立先进的信息管理系统和数据库上。

3.8.2 工程监理企业经营服务的内容

按照工程建设程序,工程监理企业进行监理服务的内容可划分为四个阶段,即工程建设决策阶段的监理、工程建设设计阶段的监理、工程建设施工阶段的监理和工程保修阶段的监理。

1) 工程建设决策阶段的监理

工程建设决策阶段的监理工作主要是对投资决策、立项决策和可行性研究决策的监理。但是,工程建设决策的监理既不是工程监理企业替业主决策,更不是替政府决策,而是受业主或政府的委托选择咨询单位,协助业主或政府与咨询单位签订咨询合同,并监督合同履行和对咨询意见进行评估。而具有工程咨询资质的工程监理企业可以直接为业主提供决策阶段的监理服务。

工程建设决策阶段监理的内容包括以下几个方面。

（1）投资决策监理。

投资决策主要是对投资机会进行论证和分析,其委托方可能是业主,也可能是金融单位,还可能是政府。其监理内容如下。

①协助委托方选择投资决策咨询单位,并协助签订合同书;

②监督管理投资决策咨询合同的实施;

③对投资咨询意见进行评估,并提出监理报告。

（2）工程建设立项决策监理。

工程建设立项决策主要是确定拟建工程项目的必要性和可行性（建设条件是否具备）以及拟建规模,并编制项目建议书。其监理内容如下。

①协助委托方选择工程建设立项决策咨询单位,并协助签订合同书;

②监督管理立项决策咨询合同的实施;

③对立项决策咨询方案进行评估,并提出监理报告。

（3）工程建设可行性研究决策监理。

工程建设的可行性研究是根据确定的项目建议书在技术上、经济上、财务上对项目进行更为详细的论证,提出优化方案。其监理内容如下。

①协助委托方选择工程建设可行性研究单位,并协助签订可行性研究合同书;

②监督管理可行性研究合同的实施;

③对可行性研究报告进行评估,并提出监理报告。

对于规模小、工艺简单的工程来说,在工程建设决策阶段可以委托监理,也可以不委托监理,而直接把咨询意见作为决策依据。但是,对于大、中型工程建设项目的业主或政府主管部门来说,最好是委托具有咨询资质的工程监理企业,以期得到帮助,做出科学的决策。

2）工程建设设计阶段的监理

工程建设设计阶段是工程项目建设进入实施阶段的开始。工程设计通常包括初步设计和施工图设计两个阶段。在进行工程设计之前还要进行勘察（地质勘察、水文勘察等）,所以,这一阶段又叫作勘察设计阶段。在工程建设实施过程中,可将勘察和设计分开来签订合同,也可把勘察工作交由设计单位进行,业主与设计单位签订工程勘察设计合同。

勘察和设计阶段监理的内容包括以下几个方面。

①协助业主编制工程勘察、设计、招标文件;

②协助业主审查和评选工程勘察设计方案;

③协助业主选择勘察设计单位;

④协助业主编制设计要求文件;

⑤协助业主签订工程勘察设计合同书;

⑥监督管理勘察设计合同的实施;

⑦进行跟踪监理,检查工程设计概算和施工图预算,验收工程设计文件,协助业主办理有关报批手续。

工程建设勘察设计阶段监理的主要工作是对勘察设计进度、质量和投资的监督管理。总的内容是根据勘察设计任务批准书编制勘察设计资金使用计划、勘察设计进度计划和设计质量标准要求,并与勘察设计单位协商一致,圆满地贯彻业主的建设意图。对勘察设计工作进行跟踪检查、阶段性审查,设计完成后要进行全面审查。审查的主要内容包括:设计文件的规范性、工艺的先进性和科学性、结构的安全性、施工的可行性以及设计标准的适宜性等;设计概算或施工图预算的合理性,若超过投资限额,除非业主许可,否则要修改设计;在审查上述两项内容的基础上,全面审查勘察设计合同的执行情况,最后代替业主验收所有设计文件。

3) 工程建设施工阶段的监理

这里所说的工程施工阶段监理包括施工招标阶段监理、施工阶段监理和竣工后工程保修阶段监理。

(1) 施工招标阶段监理。

在施工招标阶段,工程监理企业主要协助业主做好施工招标工作,其内容如下。

①协助业主编制工程施工招标文件。

②核查工程施工图设计、工程施工图预算和标底。当工程总包单位承担施工图设计时,工程监理企业更要投入较大的精力搞好施工图设计审查和施工图预算审查工作。另外,招标标底包括在招标文件当中,但有的业主另行委托其他单位编制标底,所以,工程监理企业要重新审查。

③协助业主组织投标、开标、评标等活动,向业主提出中标单位建议。

④协助业主与中标单位签订工程施工承包合同。

(2) 施工阶段监理。

我国目前的建设工程监理主要发生在施工阶段,监理工程师的主要工作内容如下。

①协助业主与承建商编写开工申请报告;

②查看工程项目建设现场,向承建商办理移交手续;

③审查、确认总包单位选择的分包单位;

④制订施工总体计划,审查承建商的施工组织设计和施工技术方案,提出修改意见,下达单位工程施工开工令;

⑤审查建筑材料、建筑构配件和设备的采购清单;

⑥检查工程使用的材料、构配件、设备的规格和质量;

⑦检查施工技术措施和安全防护设施；

⑧主持协商和处理设计变更；

⑨监督管理工程施工合同的履行，主持协商合同条款的变更，调解合同双方的争议，处理索赔事项；

⑩检查工程进度和施工质量，审查工程计量，验收分项分部工程，签署工程付款凭证；

⑪督促施工单位整理施工文件和进行有关技术资料的归档工作；

⑫参与工程竣工预验收；

⑬审查工程结算；

⑭向业主提交监理档案资料，并签署监理意见；

⑮协助业主编写竣工验收申请报告。

4）工程保修阶段的监理

在规定的工程质量保修期内，负责检查工程质量状况，组织鉴定质量问题责任，督促责任单位维修。

工程监理企业除承担建设工程监理方面的业务之外，还可以承担工程建设方面的咨询业务。属于工程建设方面的咨询业务如下。

①工程建设投资风险分析；

②工程建设立项评估；

③编制工程建设项目可行性研究报告；

④编制工程施工招标标底；

⑤编制工程建设各种估算；

⑥有关工程建设的其他专项技术咨询服务等。

当然，对于一个工程监理企业来说，不可能什么都会干。建设单位往往把工程项目建设不同阶段的监理业务分别委托不同的监理企业承担，甚至把同一阶段的监理业务分别委托给几个不同专业的监理企业（一般来说，大型和特大型工程需要几家监理企业同时监理，规模较小的工程则不宜委托几家监理企业监理）。

3.8.3　工程监理企业的管理

强化企业管理，提高科学管理水平，是建立现代企业制度的要求，也是工程监理企业提高市场竞争能力的重要途径。

1）强化监理企业管理的措施

加强监理企业的管理，重点应做好以下几方面的工作。

（1）市场定位要准确。

随着我国建筑市场的逐步完善和开放，监理市场的竞争会更加激烈。在我国已加入 WTO 的形势下，要使基础普遍较弱、竞争力不强的监理企业得以生存、发展和壮大，首先必须加强自身的发展战略研究，适应竞争日趋激烈的监理市场，根据本企业实际情况,合理确定企业的市场地位,制订和实施明确的发展战略,并根据市场变化适时调整。

（2）管理方法现代化。

要广泛采用现代管理技术、方法和手段,推广先进企业的管理经验,借鉴国外企业现代管理方法,推陈出新,锐意改革,逐步完善和优化企业管理体制和机制。

（3）完善市场信息系统。

要加强现代信息技术的运用,建立灵敏、准确的市场信息系统,及时掌握市场动态,为企业经营和决策提供第一手资料。

（4）积极开展贯标活动。

监理工程师的中心任务是投资控制、质量控制、进度控制,其中最重要的工作是质量控制。因此,要积极推行 ISO 9000 质量管理体系贯标认证工作。其作用是:①能够提高企业市场竞争能力;②能够提高企业人员素质;③能够规范企业各项工作;④能够避免或减少工作失误,提高企业的社会信誉。

（5）严格贯彻实施《建设工程监理规范》。

我国制定颁布的《建设工程监理规范》是规范建设工程监理行为、提高建设工程监理水平的重要文件。在贯彻实施《建设工程监理规范》的过程中,应紧密结合企业实际情况,制定相应的《建设工程监理规范》实施细则,组织全员学习。在签订委托监理合同、实施监理工作、检查考核监理业绩、制订企业规章制度等各个环节中,都应当以《建设工程监理规范》为主要依据。

（6）加强监理人员的培训和再教育。

目前,我国监理行业的监理水平、监理实效与国外先进国家有较大的差距,因此加强监理人员的培训或再教育,并采用各种形式进行经验交流和总结,对提高监理人员的素质和能力至关重要。

2）建立健全各项内部管理规章制度

工程监理企业的规章制度一般包括以下几个方面。

（1）组织管理制度。

合理设置企业内部机构和明确各机构职能,制订严格的岗位责任制度和考核制度;加强考核和监督检查,择优聘用,提高工作效率;建立企业内部监督体系,完善制约机制。

（2）人事管理制度。

健全工资分配、奖励制度;完善职称晋升、评聘制度;加强对企业职工的业务素质培养和职业道德教育。

（3）劳动合同管理制度。

推行职工全员竞争上岗,严格劳动纪律,严明奖惩,充分调动和发挥职工的积极性、创造性。

（4）财务管理制度。

加强资产管理、财务计划管理、投资管理、资金管理、财务审计管理等。要及时编制资产负债表、损益表和现金流量表，真实反映企业经营状况，改进和加强经济核算。

（5）经营管理制度。

制订企业的经营规划、市场开发计划；加强风险管理，实行监理责任保险制度等。

（6）项目监理机构管理制度。

制订监理机构工作会议制度、对外行文审批制度、监理工作日志制度、监理周报（或月报）制度、各项监理工作的标准及检查评定办法等。

（7）设备管理制度。

制订设备的购置办法和使用保养规定等。

（8）科技管理制度。

制订科技开发规划、科技成果奖励办法、科技成果应用推广办法等。

（9）档案文书管理制度。

制订档案的整理和保管制度，文件和资料的使用、归档管理办法等。

3.8.4 工程监理企业的经营

1）取得监理业务的基本方式

工程监理企业承揽监理业务的形式有两种：一是通过投标竞争取得监理业务；二是由业主直接委托取得监理业务。我国《招标投标法》明确规定：大型基础设施、公用事业等关系社会公共利益、公众安全的项目；全部或者部分使用国有资金投资或者国家融资的项目；使用国际组织或者外国政府贷款、援助资金的项目必须招标。在不宜公开招标的涉及国家安全、国家秘密的工程，或者是工程规模比较小、比较单一的监理业务，或者是对原工程监理企业的续用等情况下，业主也可以直接委托工程监理企业。同时，《招标投标法》明确规定：必须进行招标的项目而不招标的，将必须进行招标的项目化整为零或者以其他任何方式回避招标的，责令限期改正，可处以项目合同金额 0.5‰以上、1‰以下的罚款；对全部或者部分使用国有资金的项目，可以暂停项目执行或者暂停资金拨付；对单位直接负责的主管人员和其他直接责任人员依法给予处分。因此，通过投标取得监理业务是市场经济体制下比较普遍的形式。

2）监理企业的竞争策略

工程监理企业的监理工程师在投标竞争过程中，要熟悉监理企业的选择程序，要掌握业主及其代表人在这一阶段考虑取舍因素的心理活动，掌握监理工程项目的详细情况等。只有这样，才可能制订一个科学、合理、有效的竞争策略。

（1）提出高水平的监理大纲。

对大多数工程监理企业来说，要想维持企业的生存和发展，就必须积极地去寻求顾客（委托方），以期得到更多的监理业务。这一目标往往是通过良好的社会信誉,高质量的监理工作,公平、科学、求实的态度达到的。在竞争激烈的情况下,投标的企业能否中标,一个很重要的因素就是工程监理企业能否认真地准备和撰写投标书,而监理投标书的核心是监理大纲。

监理大纲的主要作用有两个:一是使业主认可大纲中的监理方案,从而承揽到监理业务;二是为今后开展监理工作制订方案。其内容应当根据监理招标文件的要求确定。通常包括的内容有:监理单位拟派往项目上的主要监理人员,并对他们的资质情况进行介绍;监理单位应根据业主所提供的和自己初步掌握的工程信息,制订准备采用的监理方案(监理组织方案、各目标控制方案、合同管理方案、安全管理方案、组织协调方案);明确说明将提供给业主的、反映监理阶段性成果的文件。项目监理大纲是项目监理规划编写的直接依据。

(2)防止陷入价格竞争的陷阱。

业主在监理招标时应以监理大纲的水平作为评定投标书优劣的重要内容,而不应把监理费的高低当作选择工程监理企业的主要标准。片面地根据价格高低来选择监理企业,对业主来说是得不偿失的。同样,靠压低报价来获取监理业务,对于工程监理企业来说也是一个灾难。工程监理的质量与效果,不仅与执行中所采用的程序有关,更主要的还是靠监理工程师的主观能动性,靠他们的技术、经验、判断与创造力。这一切在不同的单位和个人之间的差异是相当大的,而这些又往往成为决定服务价格的重要因素。从建设单位想获得高质量服务和监理企业想求得生存和发展的不同利益来看,可以说盲目的价格竞争,对于双方均是没有益处的。对于监理企业来说,靠压低价格来得到监理业务,简直是为自己挖掘陷阱。目前,我国的建设监理事业还需要进一步地完善和发展,在各种办法尚不健全、成熟的情况下,要特别注意防范这种陷阱。所以,对于每一个监理企业来说,应特别注意合理地报价。

(3)工程监理企业在竞争承揽监理业务中应注意的事项。

①严格遵守国家的法律、法规及有关规定,遵守监理行业职业道德,严格履行委托监理合同。

②严格按照批准的经营范围承接监理业务。

③承揽监理业务的总量要视本企业的能力而定,不得与业主签订监理委托合同后,把监理业务转包给其他监理企业或允许其他企业、个人以本监理企业的名义挂靠承揽监理业务。

④对于监理风险较大的项目,或建设工期较长的项目,或遭受自然灾害、政治、战争影响的可能性较大的项目,或工程量庞大、技术难度很高的项目,监理企业除可向保险公司投保外,还可以与几家监理企业组成联合体共同承担监理业务,以分担风险。

3)建设工程监理与相关服务收费

(1)总则。

建设工程监理与相关服务收费根据建设项目性质不同情况,分别实行政府指导价或市场调节价。依法必须实行监理的建设工程施工阶段的监理收费实行政府指导价;其他建设工程施工阶段的监理收费和其他阶段的监理与相关服务收费实行市场调节价。

实行政府指导价的建设工程施工阶段监理收费,其基准价根据《建设工程监理与相关服务收费标准》计算,浮动幅度为±20%。发包人和监理人应当根据建设工程的实际情况在规定的浮动幅度内协商确定收费额。

实行市场调节价的建设工程监理与相关服务收费,由发包人和监理人协商确定收费额。

由于非监理人原因造成建设工程监理与相关服务工作量增加或减少的,发包人应当按合同约定与监理人协商另行支付或扣减相应的监理与相关服务费用。

由于监理人原因造成监理与相关服务工作量增加的,发包人不另行支付监理与相关服务费用。

监理人提供的监理与相关服务不符合国家有关法律、法规和标准规范的,提供的监理服务人员、执业水平和服务时间未达到监理工作要求的,不能满足合同约定的服务内容和质量等要求的,发包人可按合同约定扣减相应的监理与相关服务费用。

由于监理人工作失误给发包人造成经济损失的,监理人应当按照合同约定依法承担相应赔偿责任。

（2）具体收费方法。

建设工程监理与相关服务收费包括建设工程施工阶段的工程监理（简称"施工监理"）服务收费和勘察、设计、保修等阶段的相关服务（简称"其他阶段的相关服务"）收费。

施工监理服务收费计算公式为:

施工监理服务收费＝施工监理服务收费基准价×（1±浮动幅度值）

施工监理服务收费基准价＝施工监理服务收费基价×专业调整系数

×工程复杂程度调整系数×高程调整系数

①施工监理服务收费基价。施工监理服务收费基价是完成国家法律、法规、规范规定的施工阶段监理基本服务内容的价格。施工监理服务收费基价按施工监理服务收费基价表（见表 3-3）确定,计费额处于两个数值区间的,采用直线内插法确定施工监理服务收费基价。

表 3-3　施工监理服务收费基价表 （单位:万元）

序　　号	计 费 额	收费基价	序　　号	计 费 额	收费基价
1	500	16.5	9	60 000	991.4
2	1 000	30.1	10	80 000	1 255.8
3	3 000	78.1	11	100 000	1 507.0
4	5 000	120.8	12	200 000	2 712.5

续表

序　号	计　费　额	收费基价	序　号	计　费　额	收费基价
5	8 000	181.0	13	400 000	4 882.6
6	10 000	218.6	14	600 000	6 835.6
7	20 000	393.4	15	800 000	8 658.4
8	40 000	708.2	16	1 000 000	10 390.1

注:计费额大于 1 000 000 万元的,以计费额乘以 1.039% 的收费率计算收费基价,其他未包含的收费由双方协商议定。

②施工监理服务收费的计费额。发包人与监理人根据项目的实际情况,在规定的浮动幅度范围内协商确定施工监理服务收费合同额。

施工监理服务收费以建设项目工程概算投资额分档定额计费方式收费的,其计费额为工程概算中的建筑安装工程费、设备购置费和联合试运转费之和,即工程概算投资额。对设备购置费和联合试运转费占工程概算投资额 40% 以上的工程项目,其建筑安装工程费全部计入计费额,设备购置费和联合试运转费按 40% 的比例计入计费额,但其计费额不应小于建筑安装工程费与其相同且设备购置费和联合试运转费等于工程概算投资额 40% 的工程项目的计费额。

工程中有利用原有设备并进行安装调试服务的,以签订工程监理合同时同类设备的当期价格作为施工监理服务收费的计费额;工程中有缓配设备的,应扣除签订工程监理合同时同类设备的当期价格作为施工监理服务收费的计费额;工程中有引进设备的,按照购进设备的离岸价格折换成人民币作为施工监理服务收费的计费额。

施工监理服务收费以建筑安装工程费分档定额计费方式收费的,其计费额为工程概算中的建筑安装工程费。

作为施工监理服务收费计费额的建设项目工程概算投资额或建筑安装工程费均指每个监理合同中约定的工程项目范围的计费额。

③施工监理服务收费调整系数。施工监理服务收费调整系数包括专业调整系数、工程复杂程度调整系数和高程调整系数。

专业调整系数是对不同专业建设工程的施工监理工作复杂程度和工作量差异进行调整的系数。计算施工监理服务收费时,专业调整系数在施工监理服务收费专业调整系数表(见表 3-4)中查找确定。

表 3-4　施工监理服务收费专业调整系数表

工　程　类　型		专业调整系数
矿山采选工程	黑色、有色、黄金、化学、非金属及其他矿采选工程	0.9
	选煤及其他煤炭工程	1.0
	矿井工程、铀矿采选工程	1.1

续表

工 程 类 型		专业调整系数
加工冶炼工程	冶炼工程	0.9
	船舶水工工程	1.0
	各类加工工程	1.0
	核加工工程	1.2
石油化工工程	石油工程	0.9
	化工、石化、化纤、医药工程	1.0
	核化工工程	1.2
水利电力工程	风力发电、其他水利工程	0.9
	火电工程、送变电工程	1.0
	核能、水电、水库工程	1.2
交通运输工程	机场道路、助航灯光工程	0.9
	铁路、公路、城市道路、轻轨及机场空管工程	1.0
	水运、地铁、桥梁、隧道、索道工程	1.1
建筑市政工程	园林绿化工程	0.8
	建筑、人防、市政公用工程	1.0
	邮电、电信、广播电视工程	1.0
农业林业工程	农业工程	0.9
	林业工程	0.9

工程复杂程度调整系数是对同一专业建设工程的施工监理复杂程度和工作量差异进行调整的系数。工程复杂程度分为一般、较复杂和复杂三个等级,其调整系数分别为:一般(Ⅰ级)0.85;较复杂(Ⅱ级)1.0;复杂(Ⅲ级)1.15。计算施工监理服务收费时,工程复杂程度按不同专业相应的工程复杂程度表确定。下面仅给出建筑、人防工程复杂程度表(见表 3-5)。

表 3-5 建筑、人防工程复杂程度表

等　　级	工　程　特　征
Ⅰ级	①高度<24 m 的公共建筑和住宅工程; ②跨度<24 m 的厂房和仓储建筑工程; ③室外工程及简单的配套用房; ④高度<70 m 的高耸构筑物

续表

等　级	工　程　特　征
Ⅱ级	①24 m≤高度<50 m的公共建筑工程； ②24 m≤跨度<36 m的厂房和仓储建筑工程； ③高度≥24 m的住宅工程； ④仿古建筑，一般标准的古建筑、保护性建筑以及地下建筑工程； ⑤装饰、装修工程； ⑥防护级别为四级及以下的人防工程； ⑦70 m≤高度<120 m的高耸构筑物
Ⅲ级	①高度≥50 m的公共建筑工程，或跨度≥36 m的厂房和仓储建筑工程； ②高标准的古建筑、保护性建筑； ③防护级别为四级以上的人防工程； ④高度≥120 m的高耸构筑物

高程调整系数：海拔高程 2 001 m 以下为 1；海拔高程 2 001～3 000 m 为 1.1；海拔高程 3 001～3 500 m 为 1.2；海拔高程 3 501～4 000 m 为 1.3；海拔高程 4 001 m 以上的，高程调整系数由发包人和监理人协商确定。

（3）其他方面。

发包人将施工监理服务中的某一部分工作单独发包给监理人，按照其占施工监理服务工作量的比例计算施工监理服务收费，其中质量控制和安全生产监督管理服务收费不宜低于施工监理服务收费额的 70%。

建设工程项目施工监理服务由两个或者两个以上监理人承担的，各监理人按照其占施工监理服务工作量的比例计算施工监理服务收费。发包人委托其中一个监理人对建设工程项目施工监理服务总负责的，该监理人按照各监理人合计监理服务收费额的 4%～6% 向发包人收取总体协调费。

其他服务收费，国家有规定的从其规定；国家没有规定的，由发包人与监理人协商确定。

【思考题】

1. 说明监理工程师的概念。
2. 监理工程师应具备哪些素质？
3. 各类监理工程师的职责分别是什么？
4. 监理工程师的各类注册程序分别是什么？
5. 什么情况下对监理工程师的申请不予注册？
6. 监理工程师的权利和义务是什么？
7. 工程监理企业的组织形式有哪些？各自有哪些特征？
8. 简述工程监理企业与工程建设各方的关系。
9. 说明监理企业在工程建设各阶段的经营服务内容。

【案例分析】

某实施监理的市政工程,分成 A、B 两个施工标段。工程监理合同签订后,监理单位将项目监理机构组织形式、人员构成和对总监理工程师的任命书面通知建设单位。由该总监理工程师担任总监理工程师的另一工程项目尚有 1 年方可竣工。根据工程专业特点,市政工程 A、B 两个标段分别设置了总监理工程师代表甲和乙。甲、乙均不是注册监理工程师,但甲具有高级专业技术职称,在监理岗位任职 15 年;乙具有中级专业技术职称,已取得了建造师执业资格证书,但尚未注册,有 5 年施工管理经验,1 年前经培训开始在监理岗位就职。工程实施中发生以下事件。

事件 1:建设单位同意对总监理工程师的任命,但认为甲、乙二人均不是注册监理工程师,不同意二人担任总监理工程师代表。

事件 2:工程质量监督机构以此总监理工程师同时担任另一项目的总监理工程师,有可能"监理不到位"为由,要求更换总监理工程师。

事件 3:监理单位对项目监理机构人员进行了调整,安排乙担任专业监理工程师。

事件 4:总监理工程师考虑到身兼两项工程比较忙,委托总监理工程师代表开展若干项工作,其中有:组织召开监理例会、组织审查施工组织设计、签发工程款支付证书、组织审查和处理工程变更、组织分部工程验收。

问题如下。

1. 事件 1 中,建设单位不同意甲、乙担任总监理工程师代表的理由是否正确?甲和乙是否可以担任总监理工程师?分别说明理由。

2. 事件 2 中,工程质量监督机构的要求是否妥当?说明理由。

3. 事件 3 中,监理单位安排乙担任专业监理工程师是否妥当?说明理由。

4. 指出事件 4 中总监理工程师对所列工作的委托,哪些是正确的?哪些不正确?

第4章 监理组织与建设工程监理组织协调

【本章要点】

本章主要介绍了组织的基本原理、建设工程组织管理基本模式、建设工程监理模式与实施程序、项目监理机构和建设工程监理组织协调。要求学生掌握组织的概念、组织机构活动基本原理和建设工程监理实施程序；熟悉监理组织机构的形式和特点、建设工程监理组织协调的主要内容和工作方法；了解组织机构的设置原则和方法、人员结构安排和基本职责以及组织协调的概念。

4.1 组织的基本原理

组织是建设管理中的一项重要职能。它是建立精干、高效的项目监理机构和实现其正常运行的保证，也是实现建设工程监理目标的前提条件。

组织理论的研究分为两个方面：组织结构学和组织行为学。它们是相互联系的两个分支学科。组织结构学重点进行组织的静态研究，以研究如何建立精干、高效的组织结构为目的，即什么是组织，什么样的组织才具有精干、高效、合理的结构；组织行为学重点进行组织的动态研究，以研究如何建立良好的人际关系，提高行动效率为目的，即怎样才能建立良好的组织关系，并使组织发挥最佳的效能。

4.1.1 组织的概念、职能与组织活动的基本原理

1）组织的概念

组织是指人们为了实现系统的目标，通过明确分工协作关系，建立权力责任体系而构成一体化的人员的组合体及其运行的过程。由组织的概念可知组织具有以下三个特点。

①目的性。目标是组织存在的前提，即组织必须有目标。

②协作性。没有分工与协作就不是组织，组织必须有适当的分工和协作，这是组织效能的保证。

③制度性。没有不同层次的权力责任制度就不能实现组织活动和组织目标，组织必须建立权力责任制度。

2）组织职能

组织职能的目的是通过合理的组织设计和职权关系结构来使各方面的工作协同一致，以高效、高质量地完成任务。组织职能包括以下五个方面。

①组织设计。是指选定一个合理的组织系统，划分各部门的权限和职责，确立

各种基本的规章制度。

②组织联系。是指确定组织系统中各部门的相互关系,明确信息流通和反馈的渠道,以及各部门的协调原则和方法。

③组织运行。是指组织系统中各部门根据规定的工作顺序,按分担的责任完成各自的工作。

④组织行为。是指应用行为科学、社会学及社会心理学原理来研究、理解和影响组织中人们的行为、语言、组织过程以及组织变更等。

⑤组织调整。是指根据工作的需要、环境的变化,分析原有的项目组织系统的缺陷、适应性状况,对原组织系统进行调整和重新组合,包括组织形式的变化、人员的变动、规章制度的修订或废止、责任系统的调整以及信息系统的调整等。

3）组织活动的基本原理

在通常情况下,个人联合起来共同协作的组织可以完成个人无法办到的事情,但不同的联合方式、不同的组织机构,其组织活动的效果是不一样的。为保证组织活动所产生的效果,一般应遵循以下几项基本原理。

（1）要素有用性原理。

一个组织系统中的基本要素有人力、财力、物力、信息、时间等,这些要素都是有用的,但每个要素的作用不尽相同,而且会随着时间、场合的变化而变化。有的要素作用大,有的要素作用小;有的要素起主要的作用,有的要素起次要的作用;有的要素暂时不起作用,将来才起作用;有的要素在某种条件下、在某一方面、在某个地方不能发挥作用,但在另一条件下、在另一方面、在另一个地方就能发挥作用。所以,在组织活动过程中,人们不但应看到人力、财力、物力等因素的有用性,还应看到各要素的特殊性,根据各要素作用的大小、主次、好坏进行合理的安排、组合和使用,做到人尽其才、财尽其利、物尽其用,尽最大可能地提高各要素的有用率。这就是组织活动的要素有用性原理。例如,同样是监理工程师,由于专业、知识、能力、经验等的差异,所起的作用也就不同。因此,管理者还要具体分析和发现各要素的特殊性,以便充分发挥每一要素的作用。

（2）动态相关性原理。

组织系统是处在相对稳定的运动状态之中的,因为任何事物处在静止状态是相对的,处在运动状态则是绝对的。组织系统内部各要素之间既相互联系又相互制约,既相互依存又相互排斥,这种相互作用推动着组织活动的进步和发展。这种相互作用的因子叫作相关因子,充分发挥相关因子的作用,是提高组织管理效率的有效途径。事物在组合过程当中,由于相关因子的作用,可以发生质变。一加一可以等于二,也可以大于二,还可以小于二。整体效应不等于各局部效应的简单相加,各局部效应之和与整体效应不一定相等,这就是动态相关性原理。如果很好地协调各方面关系则能起到积极的作用,更好地发挥组织的整体效应,使组织机构活动的整体效应大于其局部效应之和。

（3）主观能动性原理。

人和宇宙中的各种事物一样,都是客观存在的物质,运动是其根本属性;所不同的是,人是有生命、有思想、有感情、有创造力的。人的特征是会制造工具,并使用工具进行劳动;在劳动中改造世界,同时也改造自己;能在劳动中运用和发展前人的知识,使人的能动性得到发挥。组织管理者应该努力把人的主观能动性发挥出来,只有当主观能动性发挥出来时才会取得最佳效果。

（4）规律效应性原理。

规律就是客观事物的内部的、本质的、必然的联系。组织管理者在管理过程中要掌握规律,按规律办事,把注意力放在抓事物内部的、本质的、必然的联系上,以达到预期的目标,取得良好的效应。规律与效应的关系非常密切,一个成功的管理者应当懂得只有努力揭示规律,才有取得效应的可能;而要取得好的效应,就要主动研究规律,坚决按规律办事。

4.1.2　组织结构

组织结构就是一个组织的构成要素之间确定的较为稳定的相互关系和相互联系的方式,即组织中各部门或各层次之间的相互关系,或是一个组织内部各要素的排列组合方式,并且用组织图和职位说明加以表示。

1）组织结构与职权、职责的关系

（1）组织结构和职权的关系。

组织结构和职权之间存在着一种直接的相互关系。因为,组织结构与职位以及职位间关系的确立密切相关,组织结构为职权关系提供了一定的格局;职权指的是组织中成员之间的关系,职权关系的格局就是组织结构。

（2）组织结构与职责的关系。

组织结构与组织中各部门及各成员的职责和责任的分配直接相关。有了职位也就有了职权,从而也就有了职责。组织结构为职责的分配和确定奠定了基础,依靠组织结构可以确定机构和人员职责的分配,从而可以有效开展各项管理活动。

2）组织结构表达方式

组织结构图是描述组织结构的较为直观有效的办法,它是通过绘制能表明组织的正式职权和联系网络的图来表示组织结构的。如图 4-1 所示。

组织结构图是组织结构简化了的抽象模型。尽管它还不能准确地、完整地表达组织结构,如它不能确切说明上级对下级所具有的职权的程度,以及同一级别的不同职位之间相互作用的横向关系,但它仍不失为一种常用而又有效的组织结构表示方法。

4.1.3　组织设计

1）组织设计的概念

组织设计是指对一个组织的结构进行规划、构造、创新或再构造,以便从组织结

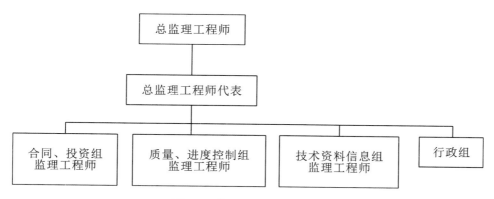

图 4-1　某工程监理组织机构

构上确保组织目标的有效实现。优秀的组织设计对于提高组织活动的效能具有重大的作用。

组织设计要注意以下两个方面的问题：第一，组织设计是管理者在系统中建立一种高效的、相互关系的、合理化的、有意识的过程，这个过程既要考虑系统的内部因素，又要考虑系统的外部因素；第二，形成组织结构是组织设计的最终结果。

只有进行有效的组织设计，健全组织系统，才能提高组织活动的效能，才能使其发挥良好的管理作用。组织设计的流程如图 4-2 所示。

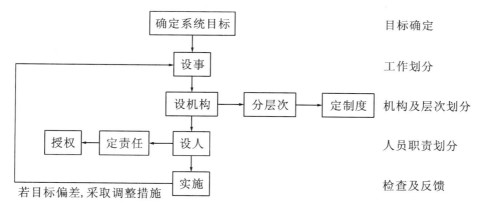

图 4-2　组织设计流程

2）组织构成因素

组织结构通常呈金字塔形，从上到下权责递减，人数递增，由管理层次、管理跨度、管理部门、管理职责四大因素组成，各因素密切相关，相互制约。在组织结构确定过程中，必须综合考虑各因素及相互间的平衡与衔接。

（1）管理层次。

管理层次是指从最高管理层到基层的分级管理的层次数量。

在通常情况下，管理层次分为决策层、协调层和执行层、操作层。决策层的任务是确定管理组织的根本目标和主要方针计划；协调层的职能主要是参谋、咨询；执行层的职能主要是组织各种具体活动内容;操作层的职能是具体操作和完成基层的具体工作任务。每个管理层次的职能不同,其人员要求、职责权限也不同。一般从组织的最高管理者到最基层的实际工作人员权责逐层递减,人数却逐层递增。在组织设计中,管理层次不宜过多,否则会造成人力和资源浪费,也会使信息传递慢、指令走样、协调困难。

(2)管理跨度。

管理跨度又称管理幅度,是指某上级管理人员所直接管理的下级人员的数量或部门数。由于个人的能力和精力是有限度的,一个上级管理人员能够直接、有效地指挥的下级的数目具有一定限度。

在组织中,某级管理人员的管理跨度的大小取决于需要该级管理人员进行协调的工作量的多少。因此,必须合理确定各级管理者的管理跨度,才能使组织高效地运作。管理跨度的弹性很大,影响因素很多,它与管理人员的性格、品德、才能、精力、授权程度以及被管理者的素质关系很大,此外还与职能难易程度、工作地点远近、工作的相似程度、工作制度和程序等客观因素有关。管理跨度过大或过小都不利于工作的开展,过大会造成管理的顾此失彼,过小则不利于充分发挥管理者的能力。

(3)管理部门。

管理部门是组织机构内部专门从事某个方面工作的单位。管理部门的划分要根据组织目标与工作内容、工作性质按合理分工的原则来确定,以形成既有互相分工又有相互配合的组织系统。组织中管理部门的合理划分对于有效地发挥组织作用是十分关键的。如果管理部门划分不合理,则会造成人浮于事,浪费人力、物力、财力。因此,在管理部门划分时应做到:适应需要,有明确的业务范围和工作量;功能专一,利于实行专业化的管理;权责分明,便于协作。

(4)管理职能。

组织设计中要确定各管理部门的职能,使各管理部门有职有责、分工明确。在具体工作中,应使纵向便于领导、检查,指挥灵活,从而达到指令传递快、信息反馈及时准确;应使横向各部门间便于联系,协调一致。

3)组织设计原则

建设工程监理组织设计的好坏,关系到监理工作的成败。在监理组织设计中,一般应遵循以下几项基本原则。

(1)目的性原则。

项目组织机构设置的根本目的,是产生组织功能,实现管理总目标。从这一根本目的出发,就要求因目标设事,因事设岗,按编制设定岗位人员,以职责定制度和授予权力。

(2)集权与分权统一的原则。

建设工程监理实行总监理工程师负责制,总监理工程师可根据工作需要将部分权力交给各子项目或专业监理工程师。在监理组织中,实际上不存在绝对的集权与绝对的分权。在监理机构中是采取集权形式还是采取分权形式,应根据工程的规模、特点、地理位置,总监理工程师的能力、精力,下属监理工程师的工作经验、能力和工作性质综合考虑确定。如工程规模小、建设地点较集中、工程难度大,则可采取相对集权的形式;如工作地点较分散、工程规模较大、工程难度较小或下属监理工程师工作经验和工作能力较强,则可采取适当的分权形式。

（3）分工协作的原则。

分工就是按照提高监理的专业化程度和工作效率的要求,把监理组织的任务目标分解成各级、各部门以及各个职位的任务和目标,明确干什么和怎么干。

有分工就必须有协作。协作包括部门之间和部门内部的协调和配合,明确各个部门之间的相互关系,工作中的沟通、联系、衔接和配合的方式,找出容易引起冲突的地方,加以协调。若协调不好,再合理的分工也不会产生最佳的整体效益。

（4）管理跨度和管理层次统一的原则。

管理跨度的大小影响着组织的管理层次,并成反比关系,即管理跨度增加,管理层次则减少。实现管理跨度与管理层次的统一,就可以建立一个规模适度、层次较少、结构简单、能高效运作的监理组织。

（5）责、权、利对应的原则。

责、权、利对应的原则就是在监理组织中明确划分职责、权力和利益（待遇）,且职责、权力、利益（待遇）是对应的关系。同等的岗位就应该赋予同等的权力,享受同样的待遇,当然做到完全对等是不可能的,但必须保证三者大致平衡。责、权、利不对应就可能损伤组织的效能,权力大于职责容易导致滥用职权,危及整个组织系统;职责大于利益容易影响管理人员的积极性、主动性和创造性,使组织缺乏活力。

（6）才能、职务相称的原则。

每项工作都应该确定完成该工作所需要的知识和技能。进行组织设计时应考察、了解每个人的知识结构、能力、特长等,使每个人的才能与其职位上的要求相适应,做到才职相称,即人尽其才,才得其用,用得其所。

（7）效益原则。

任何组织的设计都是为了获得更高的效益,监理组织设计必须坚持效益原则。在保证项目目标有效完成的前提下,力争减少管理层次,精简结构和人员,充分发挥成员的积极性,提高管理效率和效益,更好地实现组织的目标。

（8）动态弹性的原则。

为保证监理组织的高效和正常运行,组织应保持相对的稳定性。因为组织的变动必然需要一个磨合和适应的过程,这会给组织正常运作带来损害。随着监理组织内、外部条件的变化,组织应当在保持稳定性的基础上具有一定的弹性,以提高组织结构的适应性。

4.2 建设工程组织管理基本模式

建设工程项目落实的基本形式是承发包。建设工程项目的承发包与建设监理制度的实施,使工程建设形成了以业主、承建商和监理企业为三大主体的建设工程组织管理系统。三大主体在组织系统中是平等的关系,为实现工程项目的总目标而相互联合,形成工程项目建设的组织系统。而这种关系是以承包合同及委托监理合同来确立和维系的。

建设工程组织的结构形式很大程度上受工程项目承发包模式的影响。建设工程组织管理基本模式主要有平行承发包、设计/施工总分包、工程项目总承包、工程项目总承包管理等模式。

4.2.1 平行承发包模式

1) 平行承发包模式的概念

建设项目的平行承发包模式,是业主将建设工程项目的设计、施工以及设备和材料采购的任务按一定的方式进行分解,分别发包给若干个设计单位、施工单位和材料、设备供应厂商,并分别与各方签订合同。各设计单位之间、各施工单位之间、各材料及设备供应商之间的关系均是平行的。平行承发包模式如图 4-3 所示。

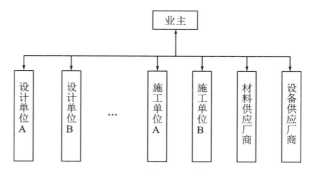

图 4-3 平行承发包模式

平行承发包模式的重点是将项目进行合理分解、分类综合,以确定每个合同的发包内容,便于择优选择承建商。在进行任务分解与确定合同数量、内容时,应考虑以下因素。

(1)建设项目情况。

建设工程项目的性质、规模、结构等是决定合同数量和内容的重要因素。建设规模大、范围广、专业多的项目的合同数量往往比规模小、范围窄、专业单一的项目多。建设项目实施时间的长短、计划安排的妥否也对合同的数量有一定影响。例如,对分期建设的两个单项工程,一般可以考虑分成两个合同分别进行发包。

（2）市场结构状况。

由于各类承建商的专业性质、规模大小、在不同市场的分布状况不同，所以，建设项目的分解发包应力求与市场结构相适应，合同任务和内容也要对市场有吸引力。中小合同对中小型承建商有吸引力，但又不妨碍大型承建商参与竞争。此外，还应按市场惯例、市场范围和有关规定来决定合同的内容和大小。

（3）贷款协议要求。

对有两个以上贷款人的情况，在拟定合同时应考虑不同贷款人可能对贷款使用范围有不同的要求、对承包人的贷款资格有不同的要求等。

2）平行承发包模式的特点

（1）有利于缩短工期。

由于设计和施工任务经过分解分别发包，设计与施工阶段有可能形成一定的搭接关系，从而缩短整个建设工程的工期。

（2）有利于控制工程质量。

整个工程经过分解分别发包给各承建商，合同约束与相互制约使每一部分能够较好地达到质量要求。如主体工程与设备安装分别由两个施工单位承包，若主体工程不合格，设备安装单位不会同意在不合格的主体上进行设备的安装，这相当于质量有了他人控制，比自控具有更强的约束力。

（3）有利于择优选择承建商。

随着市场经济的发展，建筑市场上专业性强、规模小的承建商已占有较大的比例。这种承发包模式的合同内容比较单一，合同价格较低，工程风险较小，从而使它们有可能参与竞争。这样，不论是大型承建商还是中小型承建商，都有同等的竞争机会，而业主可选择的范围是很大的，为提高择优性创造了条件。

（4）有利于繁荣建设市场。

这种平行承发包模式给各类承建商提供承包机会、生存机会，促进了建设市场的发展和繁荣。

（5）合同多，管理较为困难。

平行承发包模式合同乙方多，因项目系统内结合部位较多，使组织协调工作量增加，组织协调难度加大。因此，应重点加强合同管理的力度及部门之间的横向协调工作，沟通各种关系，使工程建设有条不紊地进行。

（6）投资控制难度大。

一是总合同价短期内难以确定，影响项目投资控制实施；二是工程招标任务量大，需控制多项合同价格，增加了投资控制的工作量及难度。

4.2.2　设计/施工总分包模式

1）设计/施工总分包模式的概念

设计/施工总分包就是业主将全部设计任务发包给一个设计单位作为设计总承包，将全部施工任务发包给一个施工单位作为施工总承包；总承包单位还可以将其任务的一部分分包给其他的承包单位,从而形成一个设计总合同、一个施工总合同以及若干个分包合同的模式。设计/施工总分包模式如图 4-4 所示。

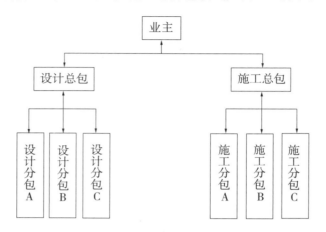

图 4-4　设计/施工总分包模式

2) 设计/施工总分包模式的特点

(1) 有利于建设工程的组织管理。

首先,由于业主只与设计总包单位或施工总包单位签订设计或施工承包合同,合同数量比平行承发包模式的要少得多,有利于合同管理。其次,由于合同数量大量减少,也使业主方的协调工作量相应减少,这样能充分发挥监理与总包单位间多层次协调的积极性。

(2) 有利于质量控制。

在质量方面,各分包方进行自控,同时又有总包方的监督及监理方的检查、认可,形成多道质量控制防线,这样对质量控制有利。但监理工程师应注意避免总包单位"以包代管"的情况,以免对工程质量控制造成不利影响。

(3) 有利于投资控制。

总包合同价格可以较早确定,有利于监理企业掌握和控制项目的总投资额。

(4) 有利于进度控制。

这种形式使总包单位具有控制的积极性,各分包单位之间也有相互制约的作用,有利于监理工程师对项目总体进度的协调与控制。

(5) 建设周期相对较长。

由于设计图纸全部完成后才能进行施工总包的招标,施工招标需要一定的时间,所以不能将设计阶段与施工阶段进行最大限度的搭接。

(6) 总包报价一般较高。

一方面,由于建设工程的发包规模较大,通常来说只有大型承建单位才具有总包的资格和能力,不利于组织有效的招标竞争;另一方面,对于分包出去的工程内容,总包单位给业主的报价中一般都需要在分包的价格基础上加收管理费用。

4.2.3 工程项目总承包模式

1）工程项目总承包模式的概念

工程项目总承包是指业主把工程设计、施工、材料和设备采购等一系列工作全部发包给一家承包公司，由其负责设计、施工和采购等全部工作，最后向业主交付一个能达到动用条件的工程，如图 4-5 所示。这种承发包模式又称"交钥匙工程"。

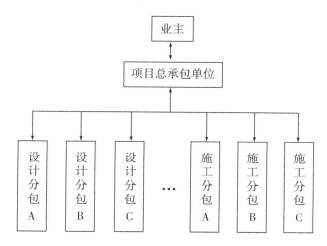

图 4-5 工程项目总承包模式

2）工程项目总承包模式的特点

（1）合同关系简单，协调工作量小。

业主与承包方之间只有一个主合同，所以合同关系大大简化。

监理工程师主要与总承包单位进行协调。有相当一部分协调工作转移到项目总承包单位内部及其与分包单位之间，这就使得监理的协调工作量大为减少，但管理难度未必能减小。

（2）有利于投资控制。

在统筹考虑设计、施工的基础上，从价值工程的角度来讲可提高项目的经济性，但这并不意味着项目总承包的价格低。

（3）有利于进度控制。

设计与施工由一个单位统筹安排，可使这两个阶段有机地结合，容易做到设计阶段与施工阶段进度上的相互搭接，缩短建设周期。

（4）合同管理难度大。

合同条款的确定难以具体化，因此容易造成较多的合同纠纷，使合同管理的难度加大，也不利于招标、发包的进行。

（5）合同价格较高,业主择优选择承包商的范围小。

在选择招标单位时,由于承包量大,工作进行较早,工程信息未知数多,所以承包方可能要承担较大的风险,所以有此能力的承包单位相对较少,合同价格较高,导致业主择优选择承包商的范围小。

（6）不利于质量控制。

原因之一是质量标准与功能要求难以做到全面、具体、明确,质量控制标准制约性受到一定程度的影响;原因之二是"他人控制"机制薄弱。

工程项目总承包模式适用于简单、明确的常规性工程,如一般性商业用房、标准化建筑等工程。对于一些专业性较强的工业建筑,如钢铁、化工、水利等工程,一般由专业性的承包公司进行项目的总承包。国际上实力雄厚的科研—设计—施工一体化公司便是从一条龙服务中直接获得项目承包资格的。

4.2.4 工程项目总承包管理模式

1）工程项目总承包管理模式的概念

工程项目总承包管理是指业主将工程项目的建设任务发包给专门从事工程建设组织管理的单位,再由其分包给若干个设计、施工单位和材料、设备供应单位,并对分包的各个单位实施项目建设的管理,如图4-6所示。

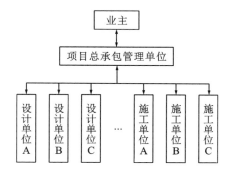

图4-6 工程项目总承包管理模式

工程项目总承包管理模式与工程项目总承包模式的不同之处在于:项目总承包管理模式下的项目总承包管理单位不直接进行设计与施工,没有自己的设计和施工力量,而是将承接的设计与施工任务全部分包出去并负责工程项目的建设管理。项目总承包模式下的项目总承包单位有自己的设计、施工力量,可直接进行设计、施工、材料和设备采购等工作。

2）工程项目总承包管理模式的特点

①工程项目总承包管理模式与工程项目总承包模式类似,对合同管理、组织协调比较有利,对进度和投资控制也较为有利。

②由于总承包管理单位与设计、施工单位是总分包关系,后者才是项目实施的基本力量,所以监理工程师对分包单位资质条件的确认工作必须认真和细致,确保万无一失。

③项目总承包管理单位自身经济实力一般比较弱,而承担的风险相对较大,因此工程项目采用这种承发包模式前应持慎重态度加以分析论证。

4.3　建设工程监理模式与实施程序

4.3.1　建设工程监理模式

为了有效地开展监理工作,保证建设工程项目总目标的顺利实现,一般应该根据不同的承发包模式来确定不同的监理委托模式。不同的委托模式又有不同的合同体系和管理特点。

1）平行承发包模式相应的监理委托模式

与平行承发包模式相适应的监理委托模式有两种类型。

①业主委托一家监理企业监理,如图 4-7 所示。这种监理模式要求监理企业具有较强的合同管理和组织协调能力,并应做好全面规划工作。监理企业的项目监理组织可以组建多个监理分支机构对各承建商分别实施监理。项目总监理工程师应做好总体协调工作,加强横向联系,保证建设监理工作的一体化。

②业主委托多家监理企业监理,如图 4-8 所示。由于业主分别与监理企业签订监理合同,所以必须由业主做好各监理企业的协调工作。采用这种模式,监理企业的监理对象单一,便于管理,但工程项目监理工作被分解,不利于监理工作的总体规划与协调控制。

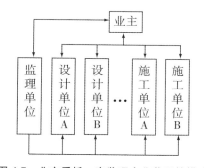

图 4-7　业主委托一家监理企业监理的模式

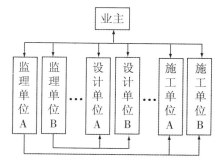

图 4-8　业主委托多家监理企业监理的模式

2）设计/施工总分包模式相应的监理委托模式

针对设计/施工总分包模式,业主可以将设计阶段和施工阶段的工作分别委托给不同的监理企业进行监理,如图 4-9 所示。业主也可以委托一家监理企业进行全过程监理,如图 4-10 所示。一般来讲,业主委托一家监理企业更易于实现对设计和施工阶段的统筹兼顾。此模式中虽然承包合同的乙方最终责任由总包单位来承担,但是监理工程师必须做好对分包单位资质的审查和确认工作。

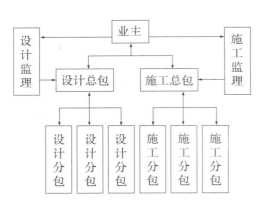
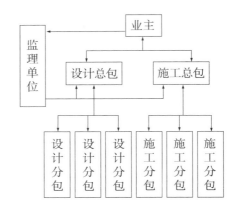

图 4-9　设计/施工总分包按阶段委托监理模式　　图 4-10　设计/施工总分包委托一家监理模式

3）工程项目总承包模式相应的监理委托模式

在工程项目总承包模式下，业主与总承包单位只签订一份总承包合同，一般宜委托一家监理企业。这种委托模式下的监理工程师要具备较全面的知识，重点要做好合同管理工作。

4）工程项目总承包管理模式相应的监理委托模式

工程项目总承包管理模式下的总承包单位一般属于管理型、"智力密集型"的企业，其主要的工作是对项目的管理。由于业主与总承包方只签订一份总承包合同，所以业主最好委托一家监理企业实施监理，这样便于监理工程师对总承包合同和总包单位的分包活动等进行管理。虽然，总承包单位和监理企业的工作均是进行工程项目管理，但两者的性质、立场、内容等均有较大的区别，不可互相取代。

4.3.2　建设工程监理工作实施的程序

委托监理合同一经签订，监理企业便可按如下程序实施监理工作。

1）确定项目总监理工程师，组建项目监理机构

监理企业应依据工程项目的规模、性质及业主对监理工作的要求，委派称职的人员担任项目总监理工程师代表监理企业全面负责该项目的监理工作。

一般来说，监理企业在承接项目监理任务时，在参与项目监理的投标、拟定监理方案以及与业主商讨和签订委托监理合同期间，就应根据工程实际情况的需要选派合适的主持者，该主持者较适合作为项目总监理工程师。一是项目的总监理工程师在承接任务阶段即已介入，比较了解业主的建设意图和对监理工作的要求；二是后续工作容易较好地衔接，便于工作开展。总监理工程师是一项建设工程的监理工作的总负责人，他对内向监理企业负责，对外向业主负责。

总监理工程师在组建项目监理机构时，应将监理大纲和签订的委托监理合同作为依据,并在规划和执行中及时进行调整。

2）编制建设工程项目监理规划

建设工程项目的监理规划,是开展建设工程监理活动的纲领性指导文件。其详细内容请参阅第 9 章。

3）制订各专业监理实施细则

为使投资、质量、进度控制顺利地进行,除应以监理规划为具体指导文件外,还应结合工程项目的实际情况,制订相应的实施性计划或细则。

4）规范化地开展建设监理工作

根据制订的监理实施细则进行监理工作的部署,规范化地开展监理工作。建设工程监理作为一种科学的项目管理制度,其规范化的特点主要体现在以下几个方面。

①监理工作具有时序性。监理的各项工作都是按计划的先后顺序展开的,从而可使监理工作能有效地达到目标而不致造成工作的无序和混乱。

②职责分工具有严密性。建设监理工作是由不同专业、不同层次的人员共同来完成的,他们之间的职责分工是严密的,这是协调和进行监理工作的前提和实现监理控制目标的重要保证。

③工作目标具有确定性。在职责分工明确的基础上,每一项监理工作应达到的具体目标都应是确定的,完成时间也是有规定的,从而能通过报表等资料对监理工作及其效果进行检查与考核。

5）参与竣工验收,签署监理意见

建设工程项目施工结束时,施工单位提出验收申请后,总监理工程师应组织专业监理工程师,依据有关法律、法规、工程建设强制性标准、设计文件及施工合同,对承包单位报送的竣工资料进行审查,并对工程质量进行竣工预验收。对存在的问题,应及时要求施工单位整改,整改完毕后由总监理工程师签署工程竣工报验单,并应在此基础上提出工程质量评估报告。工程质量评估报告应经总监理工程师和监理企业技术负责人签字。

项目监理机构应参加由建设单位组织的竣工验收,并提供相关的监理资料。经验收需要整改的,项目监理机构应要求承包单位进行整改。工程质量符合要求的,由总监理工程师会同参加验收的各方签署竣工验收报告。

6）向业主提交建设工程监理档案资料

建设工程监理工作完成后,监理企业应整理归纳监理档案资料。监理档案资料的整理必须做到真实完整、分类有序。向业主提交的监理档案资料一般应包括以下几个方面。

①设计变更、工程变更资料;

②监理指令性文件;

③各种签证资料;

④隐蔽工程验收资料和质量评定资料;

⑤监理工作总结；

⑥设备采购与设备建造监理资料；

⑦其他预约提交的档案资料。

7)做好监理工作总结

根据《建设工程监理规范》(GB/T 50319—2013)中的相关规定及工程实践,监理工作结束时,项目监理机构应向建设单位和所属的监理企业提交监理工作总结。这两份总结在内容侧重上有所不同。一般而言,监理工作总结应包括如下内容:①工程概况；②项目监理机构；③建设工程监理合同履行情况；④监理工作成效；⑤监理工作中发现的问题及其处理情况；⑥说明和建议。

向工程项目建设单位提交的监理工作总结,其内容主要侧重于:监理委托合同履行情况,监理任务、监理目标完成情况,由业主提供的供监理活动使用的办公用房、车辆、试验设施等的清单和表明监理工作终结的说明等。

向监理企业提交的监理工作总结,其内容主要侧重于:阐述监理工作在目标控制方面、委托监理合同执行方面、协调各方关系方面的经验及存在的问题和改进的意见。

4.3.3 建设工程监理实施的基本原则

监理企业受业主的委托对建设工程实施监理时,一般应遵守以下基本原则。

1)公平、独立

《建设工程监理规范》(GB/T 50319—2013)中第1.0.9条明确规定:"工程监理单位应公平、独立、诚信、科学地开展建设工程监理与相关服务活动。"工程监理单位在开展建设工程监理与相关服务时,要公平地处理工作中出现的问题,独立地进行判断和行使职权,科学地为建设单位提供专业化服务,既要维护建设单位的合法权益,也不能损害其他有关单位的合法权益。

2)责任与权力相一致

监理工程师所从事的监理活动,是根据建设监理法规和业主的委托与授权而进行的。监理工程师承担的职责应与业主授予的权限相一致。业主授予监理的权力,除应体现在业主与监理企业之间签订的建设工程委托监理合同中外,还应作为业主与承建商之间签订工程承包合同的合同条件。这样,监理工程师才能顺利地开展建设工程监理活动。总监理工程师代表监理企业全面履行建设工程监理委托合同,承担合同中确定的监理方向业主方所承担的义务和责任。因此,在委托监理合同实施中,监理企业应向总监理工程师充分授权,遵循权责一致的原则。

3)总监理工程师负责制

《建设工程监理规范》(GB/T 50319—2013)中第1.0.7条明确规定:"建设工程监理应实行总监理工程师负责制"。总监理工程师全面负责建设工程监理工作的实施。总监理工程师是工程监理企业法定代表人书面任命的项目监理机构负责人,代表工程监理单位履行建设工程监理合同。

总监理工程师负责制的内涵如下。

（1）总监理工程师是项目监理的责任主体。

责任是总监理工程师负责制的核心，它构成了监理工程师的工作压力和动力，也是确定总监理工程师权力和利益的依据，所以总监理工程师应是向业主和监理企业所负责任的承担者。

（2）总监理工程师是项目监理的权力主体。

总监理工程师负责制体现在总监理工程师全面领导建设工程的监理工作，包括组建项目监理机构，主持编制监理规划，组织实施监理活动，对监理工作进行监督、评价、总结。

4）严格监理，竭诚服务

监理工程师在监理过程中应严格坚持监理工作的原则，做到工作细致、立场公正，并为业主提供热情的服务。

严格监理，就是监理人员要按照国家政策、法规、规范和强制性标准及合同，严格把关，依照既定的程序和制度，认真履行职责，建立良好的工作作风。作为监理工程师，要做到严格监理，必须首先提高自身素质和监理业务水平。

另外，监理工程师在监理实施的过程中必须竭诚为业主服务。由于业主不精通工程建设业务，监理工程师应按照监理合同的要求全方位、多层次地为业主提供良好的服务，维护业主的正当权益，但也不能损害承建商的正当利益。

5）经济效益与社会效益并举

工程项目的经济效益是建设的出发点和归宿点，监理活动不仅应考虑业主的经济效益，也必须考虑社会效益和环境效益的有机统一。不能为谋求狭隘的经济利益，损害国家、社会的整体利益。监理工程师既应对业主负责，谋求最大的经济效益，又要对国家和社会负责，取得最佳的综合效益。只有取得了宏观经济效益、社会效益和环境效益，业主投资项目的微观经济效益才能得以实现。

6）预防为主，实事求是

工程项目在建设过程中存在很多风险，各项工作的控制必须具有预见性，并把重点放在事前控制上，努力做到"防患于未然"。因此，在制订监理规划、编制监理细则和实施监理控制过程中，对工程项目投资控制、进度控制和质量控制中可能造成失控的问题要有预见性和超前的考虑，制订相应的对策和预控措施加以防范。另外，还应考虑多个不同的措施和方案，做到"事前有预测，情况变了有对策"，避免被动，以达到事半功倍的效果。

监理工程师在监理工作中应尊重事实，以理服人。监理工程师的各项指令、判断应有事实依据，有证明、检验、试验资料，这样才具有说服力。由于经济利益或认识上的差异，监理工程师与承建商在一些问题的看法上会存在一些分歧，监理工程师不应以权压人，而应晓之以理，做到以理服人。

4.4 项目监理机构

项目监理机构是指工程监理单位派驻工程负责履行建设工程监理合同的组织机构。工程监理单位履行建设工程监理合同(实施监理)时,应在施工现场派驻项目监理机构。项目监理机构的组织形式和规模,可根据建设工程监理合同约定的服务内容、服务期限,以及工程特点、投资规模、不同阶段、技术复杂程度、环境和监理服务费用等因素综合确定。

4.4.1 建立项目监理机构的原则和步骤

项目监理机构的建立应遵循适应、精简、高效的原则,要有利于建设工程监理目标控制和合同管理,要有利于建设工程监理职责的划分和监理人员的分工协作,要有利于建设工程监理的科学决策和信息沟通。根据工程实践,建立项目监理机构一般应按如下步骤进行,如图 4-11 所示。

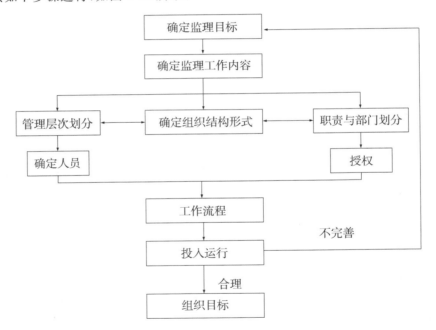

图 4-11 监理机构设立的步骤

1)确定项目监理机构目标

建设监理目标是项目监理机构设立的前提,为了使目标控制工作具有可操作性,应将建设工程监理合同中确定的监理总目标进行分解,明确划分为分解目标。

2)确定监理工作内容

根据监理目标和监理合同中规定的监理任务,明确列出监理工作内容,并进行分类、归并及组合,这是一项重要的组织工作。

对各项工作进行归并及组合应以便于进行目标控制为目的,并综合考虑监理项目的规模、性质、工期、工程复杂程度、工程结构特点、管理特点、技术特点以及监理单位自身技术水平、监理人员数量、组织管理水平等因素。

如果进行全过程监理,监理工作内容可按设计阶段和施工阶段分别归并和组合,再进一步按投资、进度、质量目标进行归并和组合。

3）项目监理机构的组织结构设计

（1）确定组织结构形式。

由于建设工程项目的规模、性质、阶段以及对监理工作的要求不同,可以按照组织设计的原则选择适应监理工作需要的监理组织结构形式。选择的组织结构形式主要应有利于项目合同管理、有利于监理目标控制、有利于决策指挥、有利于信息沟通。

（2）确定管理跨度和划分管理层次。

确定监理机构管理跨度应充分考虑建设工程的特点、监理活动的复杂性和相似性、监理业务的标准化程度、各项规章制度的制订情况、参加监理工作的人员的综合素质等问题,按监理工作实际需要确定。

项目监理机构中一般应有以下三个层次。

①决策层:由总监理工程师和其助手组成,根据工程项目委托监理合同的要求与监理活动内容进行科学化、程序化决策。

②中间控制层(协调层和执行层):由专业监理工程师组成,具体负责监理规划的落实、目标控制及合同实施管理,属承上启下的管理层次。

③作业层(操作层):由监理员组成,具体负责监理工作的操作。

（3）制订岗位职责与考核标准。

岗位职务及职责的确定,要有明确的目的性,不可因人设事。不同的岗位具有不同的职责,应根据责权一致的原则,进行适当的授权,以承担相应的职责;同时应制订相应的考核标准,对监理人员的工作进行定期或不定期考核。

（4）选派监理人员。

根据监理工作的任务,在确定相应专业和各层次人员的数量时,除应考虑监理人员个人素质外,还应考虑总体的合理性与协调性。

4）制订工作流程

为使监理工作科学、有序地进行,应按监理工作的客观规律制订工作流程,规范化地开展监理工作;可分阶段编制设计阶段监理工作流程和施工阶段监理工作流程。图 4-12 为施工阶段监理工作流程。

各阶段内还可进一步编制若干细部监理工作流程。如施工阶段监理工作流程可以进一步细化出工序交接检查程序、隐蔽工程验收程序、工程变更处理程序、索赔处理程序、工程质量事故处理程序、工程支付核签程序、工程竣工验收程序等。

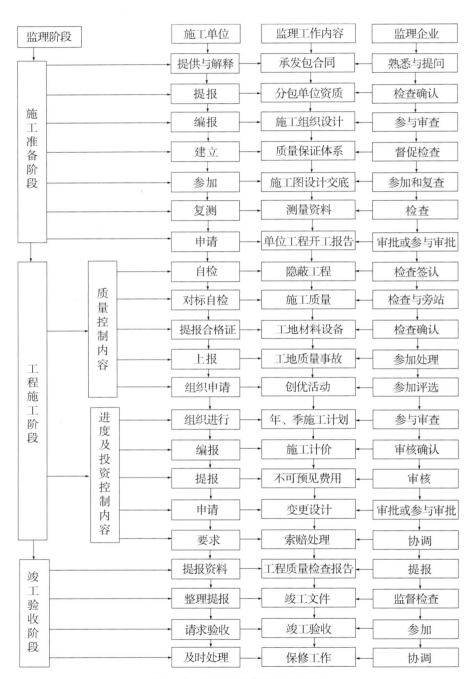

图 4-12 施工阶段监理工作流程

4.4.2　项目监理组织的形式及其特点

组织形式是组织结构形式的简称,指一个组织以什么样的结构方式去处理层次、跨度、部门设置和上下级关系。项目监理组织形式多种多样,选择适宜的监理机构组织形式对于有效地开展建设监理工作,实现建设监理总目标具有重要意义。监理机构组织形式应根据建设项目的特点、建设项目的承发包模式、业主委托的任务以及监理企业自身情况确定,通常有以下几种典型形式。

1) 直线制监理组织

直线制组织结构是最早出现的一种企业管理机构的组织形式,它是一种线性组织结构,其本质就是使命令线性化,即每一个工作部门,每一个工作人员都只有一个上级。其整个组织结构中自上而下实行垂直领导,指挥与管理职能基本上由主管领导者自己执行,各级主管人员对所属单位的一切问题负责,不设职能机构,只设职能人员协助主管人员工作。

直线制监理组织形式的主要特点如下:

①机构简单,权责分明,能充分调动各级主管人员的积极性;

②权力集中,命令统一,决策迅速,下级只接受一个上级主管的命令和指挥;

③要求总监理工程师通晓各种业务,通晓多种知识技能,成为"全能"式人物。

直线式监理组织形式主要适用于监理项目可以划分为若干相对独立的子项目的大、中型建设项目,如图 4-13 所示。总监理工程师负责整个建设项目的规划、组织和指导,并着重负责整个项目范围内各方面工作的协调。而各个子项目监理组分别负责子项目的目标值控制,具体领导现场专业或专项监理组的工作。

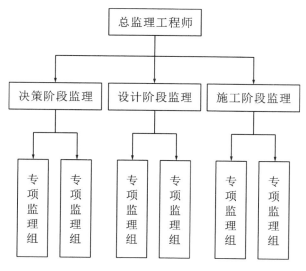

图 4-13　按子项目设立的直线制监理组织

这种形式也适用于由监理企业承担包括决策、设计和施工全过程建设工程监理任务的大、中型建设项目,此时可按建设阶段设立直线制监理组织,如图 4-14 所示。

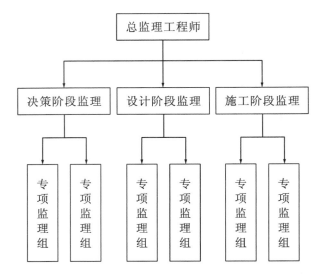

图 4-14 按建设阶段设立的直线制监理组织

对于小型建设项目,监理企业可以按专业内容设立直线制监理组织,如图 4-15 所示。这是一种比较常见的组织形式。

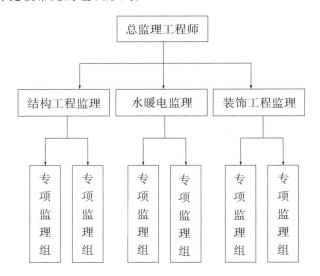

图 4-15 按专业内容设立的直线制监理组织

2)职能制监理组织

这种监理组织形式是在总监理工程师下设一些职能机构,分别从职能角度对基层监理组织进行业务管理,并在总监理工程师授权的范围内下达命令和指示。这种组织系统强调管理职能的专业化,即将管理职能授权给不同的专业部门。按职能制设立的监理组织结构的形式,如图 4-16 所示。

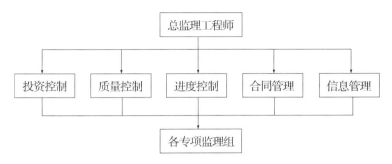

图 4-16　职能制监理组织形式

职能制监理组织的主要特点如下:

①有利于发挥专业人才的作用,有利于专业人才的培养和技术水平、管理水平的提高,能减轻总监理工程师的负担;

②命令系统多元化,各个工作部门界限也不易分清,发生冲突时协调工作量较大;

③不利于责任制的建立和工作效率的提高。

职能制监理组织形式适用于工程项目在地理位置上相对集中的工程。

3) 直线-职能制监理组织

直线-职能制监理组织系统吸收了直线制和职能制的优点,并形成了它自身的特点。直线-职能制监理组织形式如图 4-17 所示。

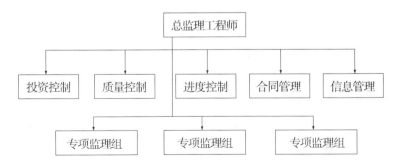

图 4-17　直线-职能制监理组织形式

直线-职能制监理组织形式的主要特点如下:

①既能保持指挥统一、命令一致,又能发挥专业人员的作用;

②管理组织结构系统比较完整,隶属关系分明;

③职能部门与指挥部门易产生冲突,信息传递路线长,不利于互通情报;

④管理人员多,管理费用高。

4）矩阵制监理组织

矩阵制组织也称目标-规划式，是美国在 20 世纪 50 年代创立的一种管理组织形式。

矩阵制监理组织由两套管理系统组成，一套是横向的职能机构系统，另一套为纵向的子项目系统，如图 4-18 所示。

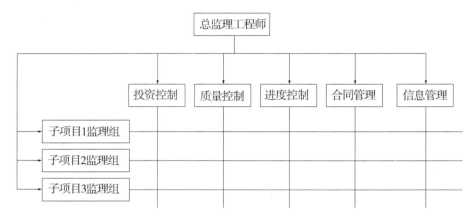

图 4-18 矩阵制监理组织形式

矩阵制监理组织形式主要特点如下：

①加强了各职能部门的横向联系，具有较大的机动性和适应性；

②把上下左右集权与分权实行最优结合；

③有利于解决复杂问题，有利于监理人员业务能力培养；

④横向协调工作量大，处理不当会产生冲突。

矩阵制监理组织形式适用于在一个组织内同时有几个项目需要完成，而每个项目又需要有不同专长的人在一起工作才能完成的工程项目。

4.4.3 项目监理机构的人员配置

项目监理机构是实施建设工程监理最根本和最关键的基层执行组织，人员配置的优劣直接决定了监理的实施效果。

在工程实践中，个别工程监理单位以低于成本价手段牟取中标，而后通过减少监理人员数量、降低监理人员素质等方式降低工程费用，这严重影响了监理工作的正常开展，极大程度上扰乱了公平竞争的市场。因此，科学、合理配置项目监理机构人员，既有利于维护建设单位和工程监理单位公平权益，也有利于优化利用工程监理单位人力资源，更好落实工程监理单位主体责任和项目总监理工程师质量安全终身责任，提升工程监理服务能力，保障工程质量安全，进而有利于发挥项目建设投资效益，提高项目建设水平。

《建设工程监理规范》(GB/T 50319—2013)仅对项目监理机构的监理人员组成

做了原则性规定，对具体的人员数量、专业结构、资格结构和年龄结构等均无细化要求。

近年来，工程监理标准化工作，特别是项目监理机构人员配置标准化工作越来越受到各级建设行政主管部门、建设单位和工程监理单位的高度重视，一些行业已建立了有关标准。但是，通过广泛调查，发现各地这类规章和标准差异性较大，不利于在全国推广使用。

为此，中国建设监理协会于 2020 年 3 月 20 日和 2021 年 3 月 24 日分别发布了《房屋建筑工程项目监理机构人员配置标准（试行）》和《市政基础设施项目监理机构人员配置标准（试行）》，并成为行业标准。工程项目类型涵盖了住宅工程、公共建筑工程、城市道路工程、给水排水工程、燃气热力工程、垃圾处理工程、地铁轻轨工程和园林景观工程。

项目监理机构的人员配置应遵循"适用、精简、高效"的原则，由总监理工程师、专业监理工程师和监理员组成，且专业配套、监理人员数量应满足建设工程监理工作需要，必要时可设总监理工程师代表。近年来，随着监理业务深度和广度的不断扩展，项目监理机构还可根据有关部门要求或建设单位提出的诸如前期建设手续办理、勘查现场管理、安全旁站等业务工作需要配备专职安全管理人员、安全巡视员、专职司机、翻译、行政文员等。

因此，工程监理单位应根据工程监理服务工作特点，综合考虑工程项目的类别、特点、规模、技术复杂程度、不同实施阶段、环境和监理工作强度、监理取费等因素，进行项目监理机构的人员配置，人员配置应满足工作需要，并应在监理规划中明确。

1）项目监理机构的人员结构

（1）合理的专业结构。

项目监理机构应由与监理项目的性质及业主对项目监理的要求相适应的各专业人员组成。

监理组织应具备与所承担的监理任务相适应的专业人员。如一般的民用建筑工程需要配备土建专业、给排水专业、电气专业、设备安装专业、装饰专业、建材专业、概预算专业等专业的人员；而公路工程则需要配备公路专业、桥梁专业、交通工程专业、测量专业、试验检测专业等专业的人员。当监理项目某些局部具有特殊性，或业主提出某些特殊的监理要求，需要借助于某种特殊的监控手段，将这些局部的、专业性很强的监控工作另委托给具有相应资质的咨询监理机构来承担，也应视为保证了人员合理的专业结构。

（2）合理的技术职称结构。

监理工作是一种高智能的管理和技术服务，但并不意味着技术职称越高越好。合理的技术职称结构是指监理组织中各专业监理人员应有与监理工作要求相称的高级职称、中级职称和初级职称。一般来说，决策阶段、设计阶段的监理，具有中级及中级以上职称的人员在整个监理队伍中应占绝大多数，初级职称人员应仅占少数。施工阶段监理人员的职称结构应以初级职称和中级职称人员为主。这里所说的初级职称是指助理工程师、助理经济师、技术员等,他们主要从事实际操作,如旁站、填写日志、现场检查、计量等。

(3)合理的年龄结构。

合理的年龄结构是指项目监理机构中的老中青人员的比例应合理。工作年限长的员工有较丰富的经验和阅历,但受到身体条件限制,进行高空作业和夜间作业时会有不便。而青年人有朝气、精力充沛,但缺乏实际经验。

项目监理机构人员的年龄结构可根据具体的监理业务内容、工程监理单位的客观实际情况,结合业主的要求和国家、地区相关的法律法规,合理配置不同年龄阶段的人员。

大量的理论与实践证明,就房屋建筑和市政基础设施项目施工阶段监理而言,如果把年龄分为三个阶段,即50~65岁、35~50岁、20~35岁,要达到监理工作的优质服务,其理想的年龄结构比例为1:2:1。

2)项目监理机构的人员数量

一般来说,影响项目监理机构人员配置数量的主要因素有以下三个方面。①工程规模。工程规模大,配置的人员就多些。②工程类别。不同类别的工程,其技术复杂程度差异较大,公共建筑工程一般比住宅工程的技术难度大,配置的人员就多些。③合同工期。同样规模的工程,合同工期短的,配置的人员就多些。

在具体工程实践中,可参考中国建设监理协会发布的《房屋建筑工程项目监理机构人员配置标准(试行)》和《市政基础设施项目监理机构人员配置标准(试行)》,结合工程特点,根据建设项目的建设规模、建设投资、建设工期、监理服务费用、不同施工阶段高峰期工作强度等进行项目监理机构人员数量的合理调整。

(1)住宅工程。

工程监理单位在按表 4-1 配置住宅工程项目监理机构人员时,应根据建设项目基础、主体结构形式、不同施工阶段、监理工作具体内容和范围等,科学合理、有效均衡地设置项目监理机构岗位、配置相应人员数量。

表 4-1 住宅工程项目监理机构人员配置标准

总建筑面积(M,万平方米)		各岗位人员配置数量(人)			
		总监理工程师	专业监理工程师	监理员	合计
$M \leqslant 6$	单栋	*	1	0~1	2~3
	多栋	*	1	0~2	2~4
$6 < M \leqslant 12$		*	1~2	2~3	4~6
$12 < M \leqslant 20$		1	2~3	3~5	6~9
$20 < M \leqslant 30$		1	3~6	5~8	9~15

续表

总建筑面积（M，万平方米）	各岗位人员配置数量（人）			
	总监理工程师	专业监理工程师	监理员	合计
$30 < M \leqslant 50$	1	6～9	8～12	15～22
$50 < M \leqslant 80$	1	9～12	12～16	22～29
$M > 80$	建筑面积每增加 3 万平方米，需增加专业监理工程师 1 名，增加监理员 1 名			

注 1：本表中住宅工程是指：住宅小区建筑面积 6 万平方米以下、单项工程 14 层以下；住宅小区 6 万平方米以上 12 万平方米以下、单项工程 14 层以上 28 层以下；住宅小区建筑面积 12 万平方米以上、单项工程 28 层以上的住宅类建设工程。

注 2：本表中项目监理机构人员数量是基于正常合理施工工期的建设工程项目在施工高峰期的状况而规定。对于非正常合理施工工期、非施工高峰期的，可由工程监理单位与建设单位在合同条款中约定或通过协商议定，调整本表人员配置数量。

注 3：＊表示总监理工程师兼职。下同。

注 4：本表仅针对施工阶段监理人员的配置要求，不包含项目前期阶段、工程准备阶段及项目运营阶段的相关服务工作。下同。

（2）公共建筑工程。

①一般公共建筑（Ⅰ）。

一般公共建筑（Ⅰ）是指具备使用上公共开放性、功能多样性、人流交通大量性、建筑结构复杂性、建筑风格时代性等特点的单体或群体建筑。

工程监理单位在按表 4-2 所列工程概算投资额配置项目监理机构人员数量时，应充分考虑一般公共建筑（Ⅰ）建设标准高、专业种类多、建设周期长、社会影响大、公众关注度高等特点。

表 4-2　一般公共建筑工程（Ⅰ）项目监理机构人员配置标准

工程概算投资额（N，亿元）	各岗位人员配置数量（人）			
	总监理工程师	专业监理工程师	监理员	合计
$N \leqslant 0.3$	＊	1	0～1	2～3
$0.3 < N \leqslant 0.5$	＊	1	1～2	3～4
$0.5 < N \leqslant 1$	＊	1～2	2～3	4～6
$1 < N \leqslant 3$	＊	2～3	3～4	6～8
$3 < N \leqslant 6$	1	3～5	4～5	8～11
$6 < N \leqslant 10$	1	5～6	5～9	11～16

续表

工程概算投资额(N,亿元)	各岗位人员配置数量(人)			
	总监理工程师	专业监理工程师	监理员	合计
N>10	工程概算投资额每增加 1.5 亿,需增加专业监理工程师 1 名,增加监理员 1 名			

注:本表中一般公共建筑(Ⅰ)是指建筑层数 14 层以下、单栋建筑面积 1 万平方米以下;建筑层数 14 层以上28 层以下,单栋建筑面积 1 万平方米以上 3 万平方米以下;建筑层数 28 层以上、单栋建筑面积 3 万平方米以上的办公楼、写字楼、宾馆、酒店、教学实验楼、文化体育场馆、博物馆、图书馆、科技馆、艺术馆、会展中心、医疗建筑及大中型商业综合体等。

②一般公共建筑(Ⅱ)。

一般公共建筑(Ⅱ)是指一般状态下生产的单层和多层工业厂房建筑以及仓储类建筑。单层工业厂房建筑一般指机械、冶金、纺织、化工等行业厂房;多层工业厂房建筑一般指轻工、电子、仪表、通信、医药等行业厂房。一般公共建筑工程(Ⅱ)人员配置见表 4-3。

表 4-3　一般公共建筑工程(Ⅱ)项目监理机构人员配置标准

工程概算投资额(N,亿元)	各岗位人员配置数量(人)			
	总监理工程师	专业监理工程师	监理员	合计
N≤0.3	*	1	0~1	2~3
0.3<N≤0.5	*	1	1~2	3~4
0.5<N≤1	*	1~2	2~3	4~6
1<N≤3	*	2~3	3	6~7
3<N≤6	1	3~4	3~5	7~10
6<N≤10	1	4~6	5~8	10~15
N>10	工程概算投资额每增加 2 亿,需增加专业监理工程师 1 名,增加监理员 1 名			

注:本表中一般公共建筑(Ⅱ)本表中不包含爆炸和火灾危险性生产厂房,处于恶劣环境下(如多尘、潮湿、高温或有蒸汽、震动、烟雾、酸碱腐蚀性气体、有辐射性物质)生产厂房等。

(3)城市道路工程。

城市道路工程是指城市快速路、主干路、城市互通式或分离式立交桥、城市桥梁、城市隧道以及次干路、支干路、人行天桥、地下通道工程等。城市道路工程人员配置见表 4-4。

城市道路工程中隧道工程、桥梁(互通式、分离式立交桥)工程,存在着一定的专业技术复杂性和工作强度差异性,人员配置宜在表 4-4 相应投资规模区间人员配置基础上增加 1 名专业监理工程师和 1 名监理员。

表 4-4　城市道路工程项目监理机构人员配置标准

工程概算投资额（N,亿元）	各岗位人员配置数量（人）			
	总监理工程师	专业监理工程师	监理员	合计
N≤0.3	*	1	0～1	2～3
0.3＜N≤1	*	1	1～2	3～4
1＜N≤2	*	2	1～3	4～6
2＜N≤3	1	2	3～5	6～8
3＜N≤5	1	2～3	5～6	8～10
5＜N≤7	1	3～4	6～8	10～13
7＜N≤10	1	4～6	8～9	13～16
N＞10	工程概算投资额每增加 1.5 亿,需增加专业监理工程师 1 名,增加监理员 1 名			

（4）给水排水工程。

给水排水工程是指城市公用事业的给水排水工程,主要包括给水排水管线工程、污水处理工程、污水泵站、雨水泵站、给水厂工程等。

工程监理单位应依照表 4-5 配置项目监理机构人员,同时结合给水排水工程特点、专业技术要求、不同施工阶段配备相关专业的专业监理工程师。

表 4-5　给水排水工程项目监理机构人员配置标准

工程概算投资额（N,亿元）	各岗位人员配置数量（人）			
	总监理工程师	专业监理工程师	监理员	合计
N≤0.1	*	1	—	2
0.1＜N≤0.3	*	1	0～1	2～3
0.3＜N≤0.5	*	1	1～2	3～4
0.5＜N≤1	1	1～2	2	4～5
1＜N≤2	1	2～3	2～3	5～7
2＜N≤4	1	3～4	3～4	7～9
N＞4	工程概算投资额每增加 1 亿,需增加专业监理工程师 1 名			

（5）燃气热力工程。

燃气热力工程是指供热管网工程，换热站工程，城市高、中、低压燃气管网、调压站、液化气贮罐场（站）等。

工程监理单位应依照表 4-6 配置项目监理机构人员，同时结合燃气热力工程特点、专业技术要求、不同施工阶段配备相关专业的专业监理工程师。

表 4-6 燃气热力工程项目监理机构人员配置标准

工程概算投资额（N，亿元）	各岗位人员配置数量（人）			
	总监理工程师	专业监理工程师	监理员	合计
0.1＜N≤0.3	＊	1	—	2
0.3＜N≤0.5	＊	1	0～1	2～3
0.5＜N≤1	＊	1～2	1～2	3～5
1＜N≤2	1	2	3～4	6～7
N＞2	工程概算投资额每增加 2 亿，专业监理工程师增加 1 名，监理员增加 2 名			

（6）垃圾处理工程。

垃圾处理工程分为垃圾焚烧工程和垃圾填埋工程两种类型。其中，垃圾焚烧工程在不同施工阶段涉及工程专业差异性较大，工程监理单位应根据不同施工阶段专业要求，调整配置相应专业的专业监理工程师。垃圾处理工程人员配置见表 4-7。如遇到建设项目处于复杂场地状况，应根据项目实际情况适当增加项目监理机构监理人员配置。

（7）地铁轻轨工程。

地铁轻轨工程一般分为地下区间（地铁）工程和地上区间（轻轨）工程。项目监理机构应根据不同施工区间和站房特点、工程技术复杂程度等，在满足监理规范规定的工作内容基础上配置项目监理机构人员。人员配置详见表 4-8。

项目监理机构人员配置仅考虑地铁轻轨工程中的土建结构工程，未包含与地铁轻轨工程有关的机电、信号、铺轨、施工安全预警服务和站区精装修、通风空调、给水排水、建筑电气等工作内容。

轻轨工程与同等投资规模地铁盾构工程相比，其施工占线长、场地作业复杂程度高、协调工作量大、监理工作强度较地铁盾构区间大，项目监理机构人员数量应适当增加。投资规模在 5 亿以下的，按表 4-8 所列人数，每个投资区间专业监理工程师增加 1 名、监理员增加 1 名；投资规模在 5 亿以上，按表 4-8 所列人数，每个投资区间专业监理工程师增加 1 名、监理员增加 2 名。

表 4-7　垃圾处理工程项目监理机构人员配置标准

工程类别	工程规模（吨/日）	土建阶段				安装阶段				调试阶段				竣工验收阶段			
		总监	专监	监理员	小计	总监	专监	监理员	小计	总监	专监	监理员	小计	总监	专监	监理员	小计
垃圾填埋工程	500 以下	*	1	0～1	2～3	*	2	0～1	3～4	*	1	1	3	*	0	1	2
	500～1200	*	1	1～2	3～4	*	1～2	2～3	4～6	*	1	1	3	*	1	1	3
	1200～2000	1	1～2	2～3	4～6	1	2～3	2～3	5～7	1	2	1	4	1	2	1	4
	2000～3000	1	2～3	3～4	6～8	1	3	3～4	7～8	1	2	1	4	1	2	1	4
	3000～5000	1	3～4	5～6	9～11	1	3～4	5～6	9～11	1	3	1	5	1	3	1	5
	5000 以上	工程规模每增加 1000 吨/日，增加专业监理工程师 1 名，增加监理员 1 名															
垃圾焚烧工程	500 以下	*	1	1～2	3～4	*	2～3	1	4～5	*	1	1	3	*	0	1	2
	500～1200	1	2	1～2	4～5	1	3～4	2～3	6～8	1	2	1	4	1	2	1	4
	1200～2000	1	2～3	2～3	5～7	1	4～5	3～4	8～10	1	4	1	6	1	4	1	6
	2000～3000	1	3～4	3～5	7～10	1	5～6	3～5	9～12	1	4	2	7	1	4	1	6
	3000～5000	1	4～5	5～8	10～14	1	6～8	5～7	12～16	1	5～6	2	8～9	2	4	2	7
	5000 以上	工程规模每增加 1000 吨/日，增加专业监理工程师 1 名，增加监理员 1 名															

表 4-8 地铁轻轨工程项目监理机构人员配置标准

工程概算投资额(N,亿元)	各岗位人员配置数量(人)			
	总监理工程师	专业监理工程师	监理员	合计
N<1	*	1~2	1~2	3~5
1<N≤2	*	2~3	2~3	5~7
2<N≤3	1	3~4	3~4	7~9
3<N≤4	1	4~5	4~5	9~11
4<N≤5	1	5~6	5~6	11~13
5<N≤7	1	6~7	6~8	13~16
7<N≤10	1	7~9	8~10	16~20
10<N≤15	1	9~11	10~13	20~25
15<N≤20	1	11~13	13~15	25~29
N>20	投资规模每增加 2 亿,专业监理工程师增加 1 名、监理员增加 1 名			

(8)园林景观工程。

风景园林工程项目监理机构人员配置应针对其工程专业特点、不同工程类别、不同工程规模,并结合不同区域、不同季节等因素进行综合考虑。人员配置见表 4-9。

表 4-9 园林景观工程项目监理机构人员配置标准

工程类别	工程规模	各岗位人员配置数量(人)			
		总监理工程师	专业监理工程师	监理员	合计
城市道路绿化工程(长度 L,千米)	L≤3	*	1	—	2
	3<L≤4.5	*	1	1	3
	4.5<L≤6	*	1	2	5
	6<L≤7.5	*	1	3	6
	7.5<L≤10	*	1	4	6
	L>10	1	1	$2+(L-10)/1.5$	$4+(L-10)/1.5$
绿地、片林(面积 S,万平方米)	S≤4	*	1	—	2
	4<S≤8	*	1	1	3
	8<S≤12	*	1	1	3
	12<S≤16	1	1	2	4
	16<S≤20	1	1	3	5
	S>20	1	2	$2+(S-20)/4$	$5+(S-20)/4$

续表

工程类别	工程规模	各岗位人员配置数量（人）			
		总监理工程师	专业监理工程师	监理员	合计
市政广场、综合性公园（面积 S，万平方米）	$S \leqslant 2.5$	*	1	$0 \sim 1$	$2 \sim 3$
	$2.5 < S \leqslant 5$	*	1	$1 \sim 2$	$3 \sim 4$
	$5 < S \leqslant 7.5$	1	$1 \sim 2$	2	$4 \sim 5$
	$7.5 < S \leqslant 10$	1	$2 \sim 3$	$2 \sim 3$	$5 \sim 6$
	$S > 10$	1	3	$1 + (S - 10)/2.5$	$5 + (S - 10)/2.5$

（9）项目监理机构的人员调换和兼任。

在项目监理机构的实际运行中，通常会出现人员调换的现象，主要原因有工程监理单位原因、建设单位或行政主管部门要求和其他特殊原因。员工生病、特殊长期事假、离职、退休和工程监理单位经营战略调整、项目监理机构内部考核调岗等属于工程监理单位原因。建设单位或行政主管部门发现项目监理机构人员不符合从业人员要求或不能有效履行岗位职责，可要求工程监理单位更换。工程监理单位更换、调整项目监理机构人员，应征得有关方面同意并做好交接工作，保持建设工程监理工作的连续性和稳定性。

①总监理工程师的更换和兼任。

《建设工程监理规范》（GB/T 50319—2013）中 3.1.4 条规定：工程监理单位调换总监理工程师时，应征得建设单位书面同意。《房屋建筑工程监理工作标准（试行）》中 3.1.1 条、《城市道路工程监理工作标准（试行）》中 4.1.4 条和《城市轨道交通工程监理规程（试行）》中 3.1.7 条规定：监理单位更换总监理工程师时，应提前 7 天向建设单位书面报告，经建设单位同意后更换。

《建设工程监理规范》（GB/T 50319—2013）中 3.1.5 条规定：一名注册监理工程师可担任一项建设工程监理合同的总监理工程师，当需要同时担任多项建设工程监理合同的总监理工程师时，应征得建设单位同意，且最多不得超过三项。《房屋建筑工程项目监理机构人员配置标准（试行）》中 3.0.2 条、《市政基础设施项目监理机构人员配置标准（试行）》中 3.0.6 条中规定：当总监理工程师兼任多个项目总监理工程师时，总监理工程师兼职项目应设总监理工程师代表，并由总监理工程师书面授权行使总监理工程师部分职责。

②专业监理工程师调换和兼任。

《建设工程监理规范》（GB/T 50319—2013）中 3.1.4 条规定：调换专业监理工程师时，总监理工程师应书面通知建设单位。《房屋建筑工程监理工作标准（试行）》中 3.1.1 条规定：调换专业监理工程师时，总监理工程师应提前 48 小时书面通知建设单位。

在工程实践中，会出现部分专业监理工程师在多个项目兼任的情况，如房屋建筑工程中的水、暖、气、电专业监理工程师。相关法律、法规和规范、标准中虽没有明确条文禁止或限制,但应根据监理合同约定和项目实际情况,合理调配人员,避免因现场监理时间无法保障或监理工作强度过大而出现监理效果减弱的情况。

（10）新时代要求。

随着时代进步和科学技术发展,移动互联网、大数据、云计算等技术在工程监理工作得到广泛应用,工程建设管理、建造技术＋互联网＋BIM 愈来愈普遍,单纯依靠项目监理机构人员数量增加而提升监理服务质量,已经不能适应当前和未来监理服务要求,工程监理单位应在提升项目监理机构人员专业能力、执业能力（即"精前端"）的同时,利用数字化管理系统整合专业性人才和稀缺性人才资源（即"强后台"）,从而为建设单位提供有高附加值的工程监理服务。

4.4.4　项目监理机构各类人员的职责

《建设工程监理规范》(GB/T 50319—2013)3.2.1～3.2.4 条对总监理工程师、总监理工程师代表、专业监理工程师、监理员的基本职责做了详细的规定。中国建设监理协会发布的《房屋建筑工程监理工作标准(试行)》《城市道路工程监理工作标准(试行)》和《城市轨道交通工程监理规程(试行)》等相关文件对其进行了细化和补充。

在具体的建设工程监理实施过程中,项目监理机构还应针对建设工程实际情况,明确各岗位监理人员的职责,制订具体的监理工作计划,并根据实施情况进行必要的调整。

1）总监理工程师职责

①确定项目监理机构人员及其岗位职责;

②组织编制监理规划,审批监理实施细则;

③根据工程进展及监理工作情况调配监理人员,检查监理人员工作;

④组织召开监理例会;

⑤组织审核分包单位资格;

⑥组织审查施工组织设计、(专项)施工方案;

⑦审查开复工报审表,签发工程开工令、暂停令和复工令;

⑧组织检查施工单位现场质量、安全生产管理体系的建立及运行情况;

⑨组织审核施工单位的付款申请,签发工程款支付证书,组织审核竣工结算;

⑩组织审查和处理工程变更;

⑪调解建设单位与施工单位的合同争议,处理工程索赔;

⑫组织验收分部工程,组织审查单位工程质量检验资料;

⑬审查施工单位的竣工申请,组织工程竣工预验收,组织编写工程质量评估报告,参与工程竣工验收;

⑭参与或配合工程质量安全事故的调查和处理;

⑮组织编写监理月报、监理工作总结,组织整理监理文件资料。

在工程实践中,总监理工程师除按《建设工程监理规范》(GB/T 50319—2013)规定履行相应职责外,还应履行下列职责:

①审阅监理日志;

②参加危大工程专家论证会议和专题会议;组织建立危大工程安全管理监理档案;组织危大工程专项验收,签署验收意见;

③组织监理人员参加设计交底和图纸会审会议,签认会议纪要;

④组织审查、审核和签认施工单位提交的采用新材料、新工艺、新技术、新设备的论证材料及相关验收标准;

⑤配合质量投诉调查和处理;

⑥组织实施向有关主管部门报告。

2)总监理工程师代表职责

在下列情况下项目监理机构可设置总监理工程师代表:①工程规模较大、专业较复杂,总监理工程师难以处理多个专业工程时,可按专业设总监理工程师代表;②一个建设工程监理合同中包含多个相对独立的施工项目时,可按施工合同段设总监理工程师代表;③工程规模较大、地域比较分散时,可按工程地域设总监理工程师代表;④当总监理工程师兼任多个项目总监理工程师时,总监理工程师兼职项目应设总监理工程师代表。

总监理工程师可将部分监理工作内容授权给总监理工程师代表完成。但总监理工程师不得将下列工作委托给总监理工程师代表。

①组织编制监理规划,审批监理实施细则。

②根据工程进展和监理工作情况安排监理人员进场,调配监理人员(包括调换不称职监理人员)。

③组织审查施工组织设计、(专项)施工方案和生产安全事故应急预案等;参加超过一定规模的危大工程专项施工方案专家论证会;参与组织危大工程验收。

④签发开工令、工程暂停令和复工令。

⑤签发工程款支付证书,组织审核竣工结算。

⑥调解建设单位与施工单位的合同争议,处理工程索赔。

⑦审查施工单位的竣工申请,组织工程竣工预验收,组织编写工程质量评估报告,参与工程竣工验收。

⑧参与或配合工程质量、安全事故及质量投诉的调查和处理。

3)专业监理工程师职责

①参与编制监理规划,负责编制本专业监理实施细则;

②审查施工单位提交的涉及本专业的报审文件,并向总监理工程师报告;

③参与审核分包单位资格;

④指导、检查监理员工作,定期向总监理工程师报告本专业监理工作实施情况;

⑤检查进场的工程材料、构配件、设备的质量;

⑥验收检验批、隐蔽工程、分项工程,参与验收分部工程,参与工程竣工预验收和竣工验收;

⑦处置发现的质量问题和安全事故隐患;

⑧进行工程计量;

⑨参与工程变更的审查和处理;

⑩组织编写监理日志,参与编写监理月报,收集、汇总、参与整理监理文件资料。

在工程实践中,专业监理工程师除按《建设工程监理规范》(GB/T 50319—2013)规定履行相应职责外,还应履行下列职责:

①参与审查施工单位现场质量、安全生产管理体系建立情况,检查其运行情况;

②参加涉及本专业的危大工程专项施工方案专家论证会,巡视检查危大工程实施情况,参与专项验收,签署验收意见;

③巡视工程质量、进度和现场安全文明施工情况,检查施工单位安全文明施工及安全措施费用的使用情况;

④审查施工单位提交的涉及本专业采用新材料、新工艺、新技术、新设备的论证材料及相关验收标准;

⑤复核本专业的施工测量放线成果;

⑥签发监理通知单,参与编写工程质量评估报告,参与审核本专业的工程竣工结算,参与编写监理工程总结。

4) 监理员职责

①检查施工单位投入工程的人力、主要设备的使用及运行状况;

②进行见证取样;

③复核工程计量有关数据;

④检查工序施工结果;

⑤发现施工作业中的问题,及时指出并向专业监理工程师报告。

在工程实践中,监理员除按《建设工程监理规范》(GB/T 50319—2013)规定履行相应职责外,还应履行下列职责:

①参与检查本专业工程材料、构配件、设备的进场质量;

②参与检验批、隐蔽工程、分项工程验收;

③记录施工现场作业情况,检查施工单位专职安全生产管理人员、质量员的到岗履职情况;

④参与巡视或旁站工作,记录监理工作过程,汇总后报专业监理工程师。

4.4.5 监理设施

项目监理机构有效开展监理活动,离不开充足、有效的物质条件,这包括现场办公和生活设施、交通工具、通信设施、安全卫生防护用品、监理工器具等。

1）监理设施配备

监理设施的配备应在建设工程监理合同中予以明确,配置的类型和数量应满足监理工作有效开展的需求。在工程实践中,监理设施可由建设单位提供或工程监理单位自行配备。通常来说,现场办公和生活设施一般由建设单位提供,交通工具、通信设施、安全卫生防护用品、监理工器具等一般由工程监理单位自行配备。

工程监理单位应按照建设工程监理合同约定,按项目分项工程划分情况配备满足项目监理机构工作需要的常规检测设备、仪器和工器具,配置种类、数量应满足监理工作正常开展,配置标准应参考中国建设监理协会 2020 年发布的《监理工器具配置标准(试行)》。工程监理单位宜采用信息化、智慧化管理系统和无人机飞检等手段提升监理服务水平。

工程监理单位应当依法依规为监理人员办理工伤保险,并缴纳工伤保险费。监理单位应为监理人员提供符合国家规定的劳动安全卫生条件和必要的劳动防护用品。应当保障监理人员在工作场所内的生命安全和身体健康。

2）监理设施使用与管理

①对于建设单位提供的设施,项目监理机构应登记造册,妥善使用和保管,按监理合同约定时间移交建设单位;

②项目监理机构应建立完善的监理设施使用和管理制度;

③工程监理单位应对使用监理工器具的相关人员进行培训;

④项目监理机构使用工器具前应对其质量的完好性、有效性进行检查,使用时应做日常维护保养;

⑤建立工器具统计台账、检定校核台账、使用台账。

4.5　建设工程监理组织协调

建设监理目标的实现,需要监理工程师有较强的专业知识和对监理程序的有效执行,还要有较强的组织协调能力。通过组织协调,使得影响项目监理目标实现的各个方面处于统一体中,使得项目系统结构均衡,使得监理工作实施和运行过程顺利。

4.5.1　组织协调的概念

协调就是联结、联合、调和所有的活动及力量。协调的目的是力求得到各方面协助,促使各方协同一致,齐心协力,以实现预定目标。协调作为一种管理方法贯穿于整个项目和项目管理过程中。

项目系统是由若干相互联系而又相互制约的要素有组织、有秩序地组成的具有特定功能和目标的统一体。组织系统的各要素是该系统的子系统,项目系统就是一个由人员、物质、信息等构成的人为组织系统。用系统方法分析项目协调时可将其分为三大类:一是"人员/人员界面";二是"系统/系统界面";三是"系统/环境界面"。

项目组织是由各类人员组成的工作班子。由于每个人的性格、习惯、能力、岗位、任务、作用不同,即使只有两个人在一起工作,也有潜在的人员关系问题或危机。这种人和人之间的间隔,就是所谓的"人员/人员界面"。

项目系统是由若干个子项目组成一个完整体系,子项目即子系统。由于子系统的功能不同、目标不同,所以容易产生各自为政和相互推诿的现象。这种子系统和子系统之间的间隔,就是所谓的"系统/系统界面"。

项目系统是一个典型的开放系统。它具有环境适应性,能主动地从外部世界取得必要的能量、物质和信息。在"取"的过程中,不可能没有障碍和阻力。这种系统与环境之间的间隔,就是所谓的"系统/环境界面"。

工程项目建设协调管理就是在"人员/人员界面""系统/系统界面""系统/环境界面"之间,对所有的活动及力量进行联结、联合、调和的工作。系统方法强调,要把系统作为一个整体来研究和处理,因为总体的作用规模要比各子系统的作用规模之和大。为了顺利实现工程项目建设系统目标,必须重视协调管理,发挥系统整体功能。在工程项目建设监理中,要保证项目的各参与方围绕项目开展工作,使项目目标顺利实现,组织协调最为重要、最为困难,做好组织协调工作是监理工作取得成功的关键;只有通过积极地组织协调,才能实现整个系统全面协调的目的。

建设工程项目包含三个主要的组织系统,即项目业主、承建商和监理。而整个建设项目又处于社会的大环境中,项目的组织协调工作包括系统的内部协调,即项目业主、承建商和监理之间的协调,也包括系统的外部协调,如与政府部门、金融组织、社会团体、服务单位、新闻媒体以及周边群众等的协调。

组织协调的内容很多,大致可分为以下几种。

①人际关系的协调。包括项目监理机构内部的人际关系、项目组织与项目监理机构的人际关系、项目监理机构与关联单位的人际关系。主要解决人员和人员之间在工作中的联系和冲突。

②组织关系的协调。主要解决监理机构内部的分工与配合问题。

③供求关系的协调。主要解决监理实施中所需人力、资金、设备、材料、技术、信息等的供求平衡问题。

④配合关系的协调。包括与业主、设计单位、施工单位、材料和设备供应单位,以及与政府有关部门、社会团体、科学研究单位、工程毗邻单位之间的协调。主要解决配合中的同心协力问题。

⑤约束关系的协调。主要是了解和遵守国家及地方政策、法规、制度方面的制约规定,求得执法部门的指导和许可。

4.5.2 组织协调工作内容

1）项目监理机构内部的协调

（1）项目监理机构内部人际关系的协调。

总监理工程师在项目监理机构内部的协调工作的重点是人员安排上要量才录用，配置上应注意能力与性格互补，确立明确的岗位职责制度，实事求是地评价监理人员的工作成绩，营造团结、和谐的工作氛围。

（2）项目监理机构内部组织关系的协调。

协调的重点是明确机构内各部门及监理人员的责权及相互关系，建立信息沟通制度，强化内部组织严密性与管理科学性。

（3）项目监理机构内部供需关系的协调。

协调的重点是发挥计划的指导作用，使人、财、物供求平衡，合理配置。

2）与业主的协调

建设监理是受业主的委托而独立、公平进行的工程项目监理工作。监理实践证明，监理目标的顺利实现与业主有很大的关系。

我国于1997年正式、全面推行建设工程监理制度，二十余年来监理事业取得了巨大成就。但在实践中，仍然存在如业主对监理制度认识不透彻、行为不规范等现象。这主要体现在：一是沿袭计划经济时期的基建管理模式，搞"大业主，小监理"，一个项目，往往是业主方的管理人员要比监理人员多或管理层次多，对监理工作干涉多，并插手监理人员的具体工作；二是不把合同中规定的权力交给监理企业，致使总监理工程师有职无权，发挥不了作用；三是科学管理意识差，在项目目标确定上压工期、压造价，在项目实施过程中变更多，给监理工作中的质量、进度、投资控制带来困难。因此，与业主的协调是监理工作的重点和难点。

监理工程师可以从以下几方面加强与业主的协调工作。

①监理工程师首先要了解项目总目标、了解业主的意图。对于未能参加项目决策的监理工程师，必须了解项目构思的基础、起因、出发点，了解决策背景，否则可能对监理目标及所要完成的任务的理解不完整，会给工作造成很大的困难，所以，必须花大力气来研究业主的意图，研究项目目标。

②利用工作之便做好监理宣传工作，增进业主对监理工作的了解，特别是对项目管理各方职责及监理程序的了解；主动帮助建设单位处理项目中的事务性工作，以自己规范化、标准化、制度化的工作去影响和促进双方工作的协调一致。

③尊重业主，尊重业主代表，让业主一起投入项目全过程。尽管有预定的目标，但项目实施必须执行业主的指令，使业主满意，对业主提出的某些不适当的要求，只要不属于原则性问题，都可先执行，然后利用适当时机，采取适当方式加以说明或解释；对于原则性问题，可采取书面报告等方式说明原委，尽量避免发生误解，以使项目顺利实施。

3) 与承建单位的协调

（1）协调的原则。

①坚持原则，实事求是，严格按规范、规程办事。监理工程师应该意识到自己是提供监理服务的，尽量少对承建单位行使处罚权，杜绝以处罚相威胁，从自身做起，维护各方利益的一致性和项目总目标这个大局；监理工程师应鼓励承建单位将项目实施状况、实施结果和遇到的困难及意见向他汇报。双方了解得越多越深刻，监理工作中的对抗和争执就越少。

②注重语言艺术和感情交流。协调不仅是方法问题、技术问题，也是语言艺术和感情交流问题。尽管有时协调意见是正确的，但由于方式或表达不妥，使问题激化。良好的协调往往能够起到事半功倍的效果，令各方满意。

（2）施工阶段的协调工作内容。

施工阶段的协调工作包括解决进度、质量、中间计量与支付签证、合同等方面的问题。

①处理好与承建单位项目经理的关系。从某种意义上来理解，监理工程师与项目经理的关系是一种"合作者"的关系，因为大家的目的都是建设好工程。但由于所处位置不同，所以利益也就不一样。监理工程师和项目经理在项目建设初期，都在观察对方，寻求配合途径。对监理工程师来说，此时要认真研究项目经理，观察项目经理的工作能力，从而找出一种适宜的方式处理与项目经理的关系。

从承建单位项目经理的角度来说，他最希望监理工程师是公正的、通情达理并容易理解别人的。他希望从监理工程师处得到明确的指示，并且监理工程师能够对他们所询问的问题给予及时的答复。他希望监理工程师的指示能够在他们工作之前发出，而不是在他们工作之后。这些心理对监理工程师来说，应该非常清楚。项目经理最为反感本本主义者以及工作方法僵硬的监理工程师。一个懂得坚持原则，又善于理解承建单位项目经理的意见，工作方法灵活，随时可能提出或愿意接受变通办法的监理工程师肯定是受欢迎的。

②工程进度问题的协调。对于工程进度问题的协调，监理人员应考虑到影响工程进度因素的错综复杂性，最好综合考虑业主的计划和承建单位的实际情况，做到进度、质量、投资、安全等方面的平衡，以求达到最优化调控。

③工程质量问题的协调。工程质量控制是监理合同中最主要的内容，监理人员应该按照工程质量验收标准，实行监理工程师质量认可签字制度。工程主要材料、半成品、成品、建筑构配件、器具和设备等进场使用时做必要的验收，做好见证取样送检的工作。对工序和工序交接实行报验签证；对不合格的工程部位不予验收签字，也不予计算工程量，不予支付进度款。对于工程中出现的质量问题可以采取组织、经济、合同等措施解决。

④工程合同争议的协调。对于工程中的合同纠纷，监理工程师应首先协商解

决，若协商不成可向合同管理机关申请调解，或采用仲裁及诉讼手段。

⑤处理好人际关系。在监理过程中，监理工程师及其他工作人员处于十分特殊的位置，因此，监理工程师及其他工作人员必须善于处理各种人际关系，既要严格遵守职业道德，也要利用各种机会增进与各方面人员的友谊与合作，以利于工程的进展。处理好与承建单位的关系，要坚持"用心思考、以德维系、以法规范"的工作原则。一忌不讲原则，一团和气；二忌不顾礼节，高高在上；三忌不出主意，光挑毛病；四忌不担责任，推脱问题；五忌不看成绩，凡事挑剔；六忌不懂装懂，生搬硬套；七忌不讲立场，腐化堕落。

4）与设计单位的协调

设计企业为工程项目建设提供图纸，做出工程概算，以及进行设计修改等工作，是工程项目建设主要参与单位之一。监理单位必须协调设计单位的工作，以加快工程进度、确保质量、降低消耗。

①真诚尊重设计单位的意见。

②施工中发现设计问题，应及时按工作程序向设计单位提出，以免造成大的直接损失。

③注意信息传递的及时性和程序性。监理工程师联系单、设计单位申报表或设计变更通知单的传递，要按设计单位（经业主同意）→监理单位→承建商的程序进行，并做好设计变更管理。

5）与政府部门及其他单位的协调

一个工程项目的开展，还存在政府部门及其他单位的影响，如金融组织、社会团体、服务单位、新闻媒介等，对工程项目起着一定的或决定性的控制、监督、支持、帮助作用，这些关系若协调不好，工程项目实施可能受阻，因此协调的重点是运用请示、报告、汇报、送审、取证、说明等方法和手段，实现问题的及时化解。

4.5.3　组织协调的方法

协调的方式可采取口头交流、会议和监理书面通知等。对可能发生的问题和处罚，可事前口头提醒或书面通知，督促其改进。会议协调是施工阶段开展组织协调工作的一种重要方式，监理工程师通过会议对工作进行协调检查，并落实下一阶段的任务。因此，要充分利用会议协调方法。在实践中，常用的会议协调法包括第一次工地会议、工地例会和专题现场协调会。

1）第一次工地会议

在项目开工之前，由建设单位主持召开的第一次工地会议是建设单位、工程监理单位和施工单位对各自人员及分工、开工准备、监理例会的要求等情况进行沟通和协调的会议。总监理工程师及有关监理人员均应参加，会上总监理工程师应介绍监理工作的目标、范围和内容，项目监理机构及人员职责分工，监理工作程序、方法和措施等。

会议纪要由项目监理机构负责整理,与会各方代表会签。

2)工地例会

项目实施期间应定期举行工地例会,会议由总监理工程师主持,参加者应有总监理工程师代表及有关监理人员、承建单位的授权代表及有关人员、建设单位代表及有关人员。工地例会召开的时间应根据工程进展情况适时安排,一般有周、旬、半月和月度例会等。工程监理中的许多信息和决定是在工地例会上产生和传递的,协调工作大部分也是在此进行的,因此开好工地例会是工程监理的一项重要工作。

工地例会的主要内容包括以下几点:

①检查上次例会议定事项的落实情况,分析事项未落实的原因;

②检查分析工程项目进度计划完成情况,提出下一阶段进度目标及其落实措施;

③检查分析工程项目质量状况,针对存在的质量问题提出改进措施;

④检查工程量核定及工程款支付情况;

⑤处理需要协调的有关事项;

⑥其他有关事宜。

工地例会的会议纪要是很重要的文件。会议纪要是监理工作指令文件的一种,要求记录真实、准确。会议纪要应由项目监理机构负责起草,并经与会各方代表会签。会议纪要的内容包括:会议地点及时间;出席者姓名、职务及他们代表的单位;会议中发言者的姓名及其发言的主要内容;决定事项;诸事项分别由何人何时执行。

工地例会举行次数较多,要防止流于形式。监理工程师可根据工程进展情况确定分阶段的例会协调要点,满足监理目标控制的需要。例如,对于建筑工程,基础施工阶段主要是交流支护结构、桩基础工程、地下室及防水工程施工等工作质量监控情况;主体阶段主要是研究质量、进度、文明生产情况;装饰阶段主要是考虑土建、水电、装饰等多工种协作问题及围绕质量目标进行工程预验收、竣工验收等内容。对例会要点要进行预先筹划,使会议内容丰富,针对性强,真正发挥其协调作用。

3)专题现场协调会

对于一些工程中的重大问题,以及不宜在工地例会上解决的问题,根据工程项目需要,可召开由有关人员参加的现场协调会,如对设计交底、施工方案或施工组织设计审查、材料供应、复杂技术问题、重大工程质量事故的分析和处理、工程延期、费用索赔等的磋商,提出解决办法,并要求各方及时落实。

专题会议一般由总监理工程师或监理工程师主持召开。

参加专题会议的人员应根据会议的内容确定,除建设单位、承建单位和监理企业的有关人员外,还可以邀请设计人员和有关部门人员参加。

由于专题会议研究的问题重大,又较复杂,因此会前应与有关单位一起,做好充分的准备,如进行调查、收集资料,以便介绍情况。有时为了在会议上达成共识,避免在会议上形成冲突或僵局,或为了更快地达成一致,可以先将议程发给各位参加者,并可以就议程与一些主要人员进行预先磋商,这样才能在有限的时间内,让有关人员充分地研究并得出结论。在会议过程中,主持人应能驾驭会议局势,防止不正常的干扰影响会议的正常秩序。应善于发现和抓住有价值的问题,集思广益,补充解决方案。应通过沟通和协调,使大家意见一致,使会议富有成效。会议的目的是使大家协调一致,同时要争取使各方面心悦诚服地接受协调,以积极的态度完成工作。对于专题会议,应有会议记录和会议纪要,作为监理工程师发出的相关指令文件的附件或存档备查的文件。

【思考题】

1. 什么是组织?组织结构与职务、职权有哪些关系?
2. 组织设计要遵循哪些基本原则?组织活动的基本原理是什么?
3. 工程项目承发包模式有哪些?它们的特点及与之相应的监理模式是什么?
4. 建立项目监理组织有哪些主要步骤?各监理组织形式有什么特点?
5. 各类监理人员的职责分别是什么?
6. 监理协调工作有哪些方法?这些方法各自有什么要点?

【案例分析】

案例 1: 某化工厂建设项目分两期工程建设,业主与某监理公司签订了监理委托合同,委托工作范围包括一期工程施工阶段监理和二期工程设计及施工阶段的监理。总监理工程师在该项目上配备了设计阶段监理工程师 8 人,施工阶段监理工程师 20 人,并分设计阶段和施工阶段制订了监理规划。子项目监理工程师小杨在一期工程的施工监理中发现承包方未经申报,擅自将催化设备安装工程分包给某工程公司并进场施工,立即向承包方下达了停工指令,要求承包方上报分包单位资质材料。承包方随后送来了该分包单位资质证明,小杨审查后向承包方签署了同意该分包单位分包的文件。小杨还审查了承包方送来的催化设备安装工程施工进度的保证措施,并提出改进建议。承包方反映由于业主供应的部分材料尚未到场,有些保证措施无法落实会影响工程进度。小杨说:"我负责给你们协调,我去施工现场巡视一下,然后去找业主。"

问题如下。

1. 该项目的监理公司应该派出几名总监理工程师?为什么?总监理工程师建立项目监理机构应该选择什么结构形式?

2. 根据监理人员的职责分工,指出小杨的工作哪些是履行了自己的职责,哪些不属于他应该履行的职责?不属于他履行的职责应该由谁来履行?

案例 2: 某桥梁工程使用世界银行贷款,工程项目施工经公开招标,由 A 公司总承包,由 B 监理公司进行施工阶段监理,并签订了监理合同和施工承包合同。监理机构在该项目总监理工程师的主持下制订了监理规划,内容如下:

（1）工程概况。

（略）

（2）监理工作范围。

（略）

（3）监理工作内容。

其中部分内容如下：编写设计要求文件；验收设计文件；编制项目施工总进度计划；审查施工单位提交的施工组织设计文件；实施施工阶段的"三控三管一协调"的工作。

（4）监理工作目标。

（略）

（5）监理工作依据。

（略）

（6）项目监理机构的组织形式。

（略）

（7）项目监理机构的人员配备计划。

（略）

（8）项目监理机构人员岗位职责。

其中部分职责如下：①审查承包商提交的各专业施工计划、方案、申请、变更；②核查进场材料、设备、构配件的原始凭证、检测报告等质量证明文件及其质量情况；③审核签认质量检验评定资料；④主持整理工程项目监理资料；⑤检查承包商投入工程项目的人力，材料，主要设备及其使用、运行状况，并做好检查记录；⑥做好监理日记。

问题如下。

1. 在监理规划的内容中，请指出哪些项目不妥，并说明原因。

2. 在组建项目监理机构过程中，有以下工作要做，请按工作的先后顺序排列。

①制订监理各部门的任务、工作职责分工表；

②确定实现监理工作目标的活动和工作；

③将各部门上下左右联系起来，形成组织结构；

④将各项活动和工作分类，形成部门；

⑤制订监理工作流程；

⑥明确监理目标和任务；

⑦制订监理信息流程。

3. 若本项目监理机构由总监理工程师，质量、进度、投资、合同方面的专业监理工程师若干人，监理员若干人组成，在监理规划中所列的部分人员岗位职责中，哪些是总监理工程师的职责？哪些是专业监理工程师的职责？哪些是监理员的职责？

案例3： 某监理单位承担了某工程施工阶段的监理任务，该工程由施工单位甲总承包，施工单位乙分包，施工单位乙的分包资质已经建设方同意并由监理单位审查合格。

事件 1:施工过程中专业监理工程师在熟悉图纸时发现混凝土浇筑工程中有违反国家相关规范的情形,并及时向总监理工程师汇报说明。总监理工程师在确认后随即向设计单位致函要求修改设计方案。设计单位经研究后口头同意监理方的修改意见,总监理工程师随即将更改内容写成监理指令通知施工方执行。

事件 2:在施工过程中专业监理工程师发现施工单位乙分包的工程存在质量安全隐患,总监理工程师随即向总包施工单位甲和分包施工单位乙发出整改通知,施工单位甲回函称分包施工单位乙是经由建设方同意进行分包的,所以本单位不承担该部分施工质量问题。

事件 3:专业监理工程师在对工程巡视的过程中发现施工单位在使用未经报验的建筑材料,如果继续施工,该部分工程后续将被隐蔽,因此立即对施工单位下达了停工令,同时指示施工单位对该批次材料进行报验,并向总监理工程师汇报。总监理工程师对该工序停工予以确认,并在规定时间内将情况上报给了建设单位。后经检验该批次材料符合设计和规范要求并可以使用,随即总监理工程师给施工单位签署复工通知。

问题如下。

1. 请指出事件 1 中总监理工程师的行为是否有不妥之处？为什么？总监理工程师应该如何正确处理？

2. 事件 2 中施工单位甲的回复是否妥当？为什么？总监理工程师签发的整改通知是否妥当？为什么？

3. 事件 3 中专业监理工程师的操作是否正确？为什么？如不正确应该如何正确操作？

第5章 建设工程监理目标控制

【本章要点】

本章主要介绍建设工程监理目标以及目标控制的基本原理,主动控制与被动控制的特点,建设工程项目进度控制、质量控制、投资控制的内容及相互之间的关系,设计阶段和施工阶段的特点,设计阶段、施工招标阶段、施工阶段目标控制的具体任务。要求学生掌握控制类型、建设工程三大目标之间的关系、建设工程三大目标控制的含义;熟悉控制程序及其基本环节、目标的确定,目标控制的任务和措施;了解建设工程目标的分解、建设工程设计阶段和施工阶段的特点。

5.1 目标控制概述

5.1.1 控制流程和基本环节

1) 控制流程

不同的控制系统虽有自己的特点,但也存在许多共性。建设工程目标控制的流程如图 5-1 所示。

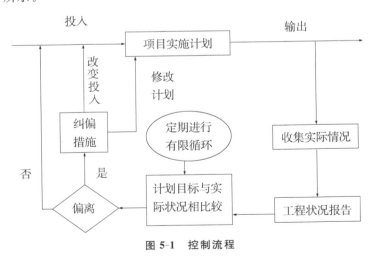

图 5-1 控制流程

从图中可以看出,控制开始前应制订明确的目标,即应事先制订计划。工程开始实施后,要按计划要求投入所需的人力、材料、设备、机具等。计划开始运行后,不断输出实际的工程状况,受外部环境和内部系统的各种因素的影响,实际输出的投资、进度、质量可能偏离计划目标。为了最终实现计划目标，控制人员要收集工程实际情况和其他有关工程信息，将其进行整理、分类和综合，提出工程状态报告。控制部门根据工程状态报告将项目实际的投资、进度、质量状况与相应的计划目标进行比较，确定是否偏离了计划。如果计划运行正常，那么就按原计划继续运行；如果实际输出的投资、进度、质量状况已经偏离计划目标，或者预计将要偏离，就须采取纠偏措施，或改变投入，或修改计划，使计划呈现一种新状态。而任何控制措施都不可能一劳永逸，原有的矛盾和问题解决了，还会出现新的矛盾和问题，需要不断地进行控制，这就是动态控制原理。上述控制过程是一个不断循环的过程，直到工程建成交付使用，因而建设工程的目标控制是一个有限循环过程，控制贯串项目的整个建设过程，所以，图 5-1 也称为动态控制原理图。

2）控制流程的基本环节

图 5-1 所示的控制流程可以进一步抽象为投入、转换、反馈、对比、纠偏五个基本环节，如图 5-2 所示。因此，投入、转换、反馈、对比、纠偏各项工作就成了控制过程中的基本环节性工作。

图 5-2　控制流程的基本环节

（1）投入——按计划要求投入。

控制流程从投入开始。对于建设工程的目标控制流程来说，投入首先涉及传统的生产要素，包括人力（管理人员、技术人员、工人）、建筑材料、工程设备、施工机具、资金等，此外还包括施工方法、信息等。工程实施计划本身就包含着有关投入的计划。一项计划能否顺利地实现，基本条件是能否按计划所要求的人力、财力、物力进行投入。计划确定的资源数量、质量和投入的时间是保证计划实施的基本条件，也是实现计划目标的基本保障。因此，要使计划能够正常实施并达到预计目标，就应当保证能够将质量、数量符合计划要求的资源按规定时间和地点投入到工程建设中去。例如，监理工程师在每项工程开工之前，要认真审查承建商的人员、材料、机械设备等准备情况，保证与批准的施工组织计划一致。监理工程师如果能够把握住对"投入"的控制，也就把握住了控制的起点要素。

（2）转换——做好转换过程的控制工作。

转换是指工程项目由投入到产出的过程，也是工程建设目标实现的过程。在转换过程中，计划的运行往往受到来自外部环境和内部各因素的干扰，造成实际工程状况偏离计划轨道。同时，计划本身存在着不同程度的问题，造成期望输出和实际输出出现偏离。

因此,监理工程师应当做好"转换"环节的控制工作。具体工作主要有:跟踪了解工程进展情况,掌握工程转换的资料,为分析偏差原因、确定纠偏措施提供可靠的依据;对于可以及时解决的问题,采取"即时控制"措施,发现偏离,及时纠偏,避免"积重难返"。

(3)反馈——控制的基础工作。

即使是制订得非常完善的计划,控制人员也难以对它运行的结果有十足的把握。因为在计划实施过程中,实际情况的变化是绝对的,不变是相对的。每个变化都会对预定目标的实现带来一定的影响。所以,控制人员、控制部门对每项计划的执行结果是否达到要求都十分关注。例如,外界环境是否与所预料的一致,执行人员是否能切实按计划要求实施,执行过程会不会发生错误等。因此,必须在计划与执行之间建立密切的联系,及时捕捉工程信息并反馈给控制部门。

反馈给控制部门的信息应既包括已经发生的工程概况、环境变化等信息,还包括对未来工程预测的信息。信息反馈的方式可以分成正式和非正式两种。正式信息反馈是指以书面方式报告工程状况,它是控制过程中应当采用的主要反馈方式;非正式信息反馈主要指以口头方式反馈信息。在具体工程监理业务实施期间,非正式信息反馈应当转化为正式信息反馈。无论是正式信息反馈,还是非正式信息反馈,都应当满足全面、准确、及时的要求。

控制部门需要什么信息,取决于监理工作的需要。为使信息反馈能够有效配合控制的各项工作,使整个控制过程流畅地进行,需要设计信息反馈系统。它可以根据需要建立信息来源和供应程序,使每个控制部门和管理部门都能及时获得他们所需要的信息。

(4)对比——确定是否发生偏离。

对比是将实际目标值与计划目标值进行比较,以确定是否产生偏差以及偏差的大小。进行对比工作,首先要确定实际目标值。这是在各种反馈信息的基础上,进行分析、综合,形成与计划目标相对应的目标值。然后将这些目标值与衡量标准(计划目标值)进行对比、判断。如果存在偏差,还要进一步判断偏差的程度;同时,还要分析产生偏差的原因,以便找到消除偏差的措施。在对比工作中,要注意以下几点。

①理解目标实际值与计划值的内涵。目标的实际值与计划值是两个相对的概念。从目标形成的时间来看,在前者为计划值,在后者为实际值。以投资目标为例,有投资估算、设计概算、施工图预算、合同价、结算价等表现形式。其中,投资估算相对于其他的投资值而言是目标值;结算价相对于其他的投资值则均为实际值;而设计概算相对于投资估算为实际值,相对于施工图预算则为计划值。

②正确选择比较的对象。在实际工作中,最为常见的是相邻两种目标值之间的比较。如投资估算与设计概算之间的比较。除结算价以外各种投资值之间的比较都是一次性的,而结算价与设计概算的比较则是经常性的,一般是定期比较。

③建立目标实际值与计划值之间的对应关系。为了能够进行目标实际值与计

划值的比较,必须建立目标实际值与计划值之间的对应关系。基于以上原因,要求目标分解的原则和方法必须相同,以便能够在相应的层次上进行目标实际值与计划值的比较。

④确定衡量目标偏离的标准。要正确判断某一目标是否发生偏差,就要预先确定衡量目标偏离的标准。偏离就是指那些需要采取纠偏措施的情况。凡是判断为偏离的,就是那些已经超过了"度"的情况。因此,对比之前必须确定衡量目标偏离的标准。这些标准可以是定量的,也可以是定性的,还可采用定量与定性相结合的方式。例如,某网络进度计划在实施过程中,发现其中一项工作比计划要求拖延了一段时间。如果这项工作是关键工作,或者虽然不是关键工作,但它拖延的时间超过了它的总时差,那么这种拖延肯定会影响计划工期,判断为产生了偏离,需要采取纠偏措施。如果它既不是关键工作,又未超过总时差,它的拖延时间小于它的自由时差或者虽然大于自由时差但并未对后续工作造成大的影响,就可认为尚未产生偏离。

(5) 纠偏——取得控制效果。

纠偏是对于偏离的情况采取措施加以处理的过程。偏离根据其程度不同可分为轻度偏离、中度偏离和重度偏离。应根据偏离的程度和产生偏离的原因,有针对性地采取措施来纠正偏离。具体可以分为以下三种情况进行纠偏。

①对于轻度偏离情况采取直接纠偏,即不改变原定目标的计划值,基本不改变原定的实施计划,在下一个控制周期内,使目标的实际值控制在计划值范围内。例如,某桥梁工程五月的实际进度比计划进度拖延了两天,则在六月中适当增加人力、施工机械和设备的投入量即可使实际进度恢复到计划状态。

②对于中度偏离情况采取不改变总目标的计划值,调整后期实施计划的方法进行纠偏。由于目标实际值偏离计划值的情况已经比较严重,不可能通过直接纠偏的方法在下一个控制周期内恢复到计划状态,所以必须调整后期实施计划。例如,某桥梁工程施工计划工期为 8 个月,在施工进行到第 4 个月时,工期已经拖延 1 个月。此时,通过调整后期施工计划,最终按计划完成该工程,还是可能的。

③对于重度偏离情况,则要分析偏离原因,重新确定目标的计划值,并据此重新制订实施计划进行纠偏。如果确认原定计划已经不可能实现,那就要重新确定目标的计划值,然后根据新目标制订新计划,使工程在新的计划状态下运行。例如,某桥梁工程施工计划工期为 8 个月,在施工进行到第 4 个月时,工期已经拖延 2 个月。这时,不大可能在以后 4 个月内完成 6 个月的工作量,工期拖延基本已成事实。如果重新制订计划,最终用 9 个月建成该工程,后期进度控制的效果还是比较理想的。

总之,投入、转换、反馈、对比和纠偏工作构成一个循环链,缺少某一工作,循环就不健全;同时,任何一项工作不到位,都会影响后续工作和整个控制过程。

5.1.2 控制的类型

由于控制方式和方法不同,控制可分为多种类型。例如,按照被控系统全过程的不同阶段,控制可划分为事前控制、事中控制和事后控制。事前控制即在投入阶段对被控系统进行控制,又称为预先控制;事中控制是在转化过程阶段对被控系统进行控制,又称为过程控制;事后控制是在产出阶段对系统进行控制。按照纠偏措施或控制信息的来源,控制可分成前馈控制和反馈控制。按照控制过程是否形成闭合回路,控制可分为开环控制和闭环控制。从建设工程监理的角度来看,控制活动可分为两类,即主动控制和被动控制。

1) 主动控制

(1) 主动控制的含义。

主动控制就是预先分析目标偏离的可能性和程度,并采取各项预防措施,以尽可能减少甚至避免计划值与实际值的偏离,从而实现计划目标。

主动控制是一种面对未来的控制。它可以解决控制过程中的时滞问题,尽最大可能避免陷入偏差已经成为事实的被动局面,从而使控制更为有效。

主动控制是一种前馈式控制。当它根据所掌握的可靠信息分析预测得出系统输出将要偏离计划目标时,就制订纠偏措施并向系统输入,以使系统不发生目标偏离。

主动控制是一种事前控制。它必须在事情发生之前采取控制措施。

(2) 主动控制措施。

控制人员可以采取多种方法来分析和预测目标偏离的可能性,以便采取相应的预防措施来防止目标偏离。

①加强信息的收集、整理和研究工作,疏通信息流通渠道,为预测工程未来发展状况提供全面、及时、可靠的信息。

②努力将各种影响目标实现和计划执行的潜在因素揭示出来,为风险分析和管理提供依据,并在计划实施过程中做好风险管理工作。

③做好计划的可行性分析,保障工程的实施能够有足够的时间、空间、人力、物力和财力,并在此基础上力求使计划优化。因为计划制订得越明确、完善,就越能设计出有效的控制系统,同时也就能使控制产生更好的效果。

④制订计划应留有余地,这样就可以避免那些经常发生又不可避免的干扰对计划的影响,使管理人员处于主动地位。

⑤制订必要的备用方案,以预防可能出现的影响目标或计划实现的情况。一旦发生这些情况,则有应急措施做保障,从而可以减少偏离量,或避免发生偏离。

⑥建立高效的组织机构,把目标控制的任务与管理职能落实到适当的机构和人员,做到职权与职责明确,以便全体成员能够通力协作,为实现目标而共同努力。

2) 被动控制

(1) 被动控制的含义。

被动控制是指当系统按计划进行时,对计划的实施进行跟踪,把它输出的工程信息进行加工、整理,再传递给控制部门,控制人员从中发现问题,找出偏差,确定解决问题和纠正偏差的方案,然后回送给计划实施系统付诸实施,保证计划目标一旦出现偏离就能得以纠正。

被动控制是事中、事后控制,也是反馈控制。在管理过程中,会经过发现偏差、分析产生偏差的原因、研究确定纠偏方案、预计纠偏方案的成效、落实并实施方案、收集实际实施情况、对实施的实际效果进行评价、将实际效果与预期效果相比较、找出偏差这些步骤,以上过程形成闭合回路。因此,被动控制同时也是一种闭环控制,即循环控制,如图 5-3 所示。

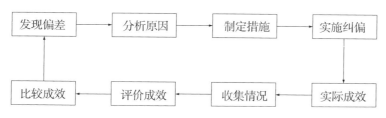

图 5-3　被动控制的闭合回路

（2）被动控制的特点及局限性。

被动控制的特点是根据系统的输出来调节系统的再输入和输出,即根据过去的操作情况,去调整未来的行为。这种特点一方面决定了它在监理控制中具有较高的应用价值;另一方面也决定了它自身的局限性。首先,表现在反馈信息的检测、传输和转换过程中,会存在不同程度的"时滞"。这种时滞表现在三方面:一是当系统运行出现偏差时,检测系统常常不能及时发现,有时等到问题严重时,才能引起注意;二是对反馈信息的分析、处理和传输,常常需要大量的时间;三是在采取了纠偏措施,即系统输入发生变化后,其输出并不立即改变,需要等待一段时间。

其次,由于被动控制是通过不断纠正偏差来实现的,这种偏差对控制工作来说就是一种损失。可以说,监理过程中的被动控制总是以某种程度上的损失为代价的。

要克服这些局限性,除了提高控制系统本身的反馈效率之外,最根本的方法就是在进行被动控制的同时,加强主动控制。

3）主动控制与被动控制的关系

主动控制和被动控制对监理工程师而言缺一不可,它们相辅相成,都是实现项目目标必须采用的控制方式。认为具备一定控制经验的监理人员,在控制阶段可只采取主动控制措施,而那些没有控制经验的监理人员只可采用被动控制措施,这种认识是片面的。主动控制虽然比被动控制的效果好,但是,仅仅采取主动控制措施是不现实的,因为工程建设过程中有许多风险因素（如政治、社会、自然因素等）是不可预见甚至是无法防范的。并且,采取主动控制措施往往要耗费一定的资金和时间,对于发生概率小且发生后损失也不大的情况,有时可能是不经济的。而特定情况下,被动控制可能是最佳选择。因此,最有效的控制是把主动控制和被动控制紧密结合起来,力求加大主动控制在控制过程中的比例,同时进行必要的被动控制。主动控制与被动控制相结合的关系如图 5-4 所示。所谓主动控制与被动控制相结合,就是要求监理工程师在进行目标控制的过程中,既要实施前馈控制又要实施反馈控制,既要根据实际输出的工程信息又要根据预测的工程信息实施控制,并将它们有机融合在一起。

图 5-4　主动控制与被动控制的结合关系

控制工作的任务就是要通过各种途径找出偏离计划的差距,以便纠正潜在偏差和实际偏差,确保计划取得成功。要做到:第一,不仅从被控系统内部获得工程信息,还要从外部环境获得有关信息;第二,把握住输入这道关,即输入的纠偏措施既应有纠正可能发生偏差的措施,又应有纠正已经发生偏差的措施。

需要说明的是,虽然在建设工程实施过程中,仅仅采取主动控制是不可能的,有时也是不经济的,但不能因此而否定主动控制的重要性。应牢固确立主动控制的思想,认真研究并制订多种主动控制措施,尤其要重视那些基本上不需要耗费资金和时间的主动控制措施,如组织、经济、合同方面的措施,这对于提高建设工程目标控制的效果意义重大。

5.1.3　目标控制的前提工作

1）目标规划和计划

要进行目标控制,首先必须对目标进行合理的规划并制订相应的计划。只有制订出明确、具体、全面的目标规划和计划,才可能取得理想的目标控制的效果。

（1）目标规划和计划与目标控制的关系。

建设工程各阶段的基本工作、目标规划、目标控制之间的关系如图 5-5 所示。

从图 5-5 可以看出,目标规划需要反复进行多次,这跟目标规划和计划与目标控制的动态性相一致,而且目标规划和计划与目标控制之间表现出一种交替出现的循环关系。

（2）目标控制的效果在很大程度上取决于目标规划和计划的质量。

如果目标规划和计划制订得不合理,不仅难以客观地评价目标控制的效果,而且可能使目标控制人员丧失信心,难以发挥他们在目标控制工作方面的主动性、积极性和创造性,从而严重降低目标控制的效果。目标规划和计划制订得越明确、越完善,目标控制的效果就越好。

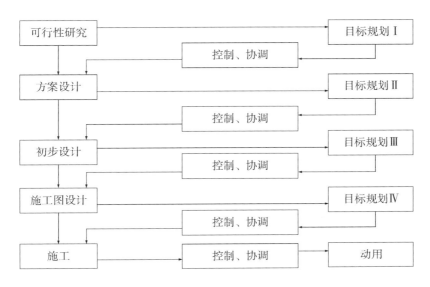

图 5-5　各阶段基本工作、目标规划与目标控制之间的关系

2）组织

建立合理而有效的组织是目标控制的重要保证。目标控制的组织机构的架构越合理,任务分工越明确、越完善,目标控制的效果就越好。

5.2　建设工程监理目标控制

5.2.1　建设工程目标系统

投资、进度、质量三大目标构成了建设工程的目标系统。建设工程监理的中心工作是进行工程项目的目标控制,即对工程项目的投资目标、进度目标、质量目标实施控制。为了有效地进行目标控制,必须正确认识和处理投资、进度、质量三大目标之间的关系,合理确定和分解这三大目标。

1）建设工程三大目标之间的关系

不同的项目,其质量、工期、投资目标均不同。对于确定的项目,在各因素均已相对明确的情况下,三大目标之间存在相互依存、相互制约的关系,即三大目标两两之间存在着对立统一的关系。如果采取某种措施可以同时实现其中两个目标(如既要质量好,又要工期短),则该两个目标之间就存在统一的关系;如果只能实现其中一个要求(如工期短),而另一个要求不能实现(如质量差),则该两个目标(即工期和质量)之间就存在对立的关系。在项目实体的形成过程中,多变的因素将会对三大目标的实现造成更大的干扰。以下就具体分析建设工程三大目标之间的关系。

（1）建设工程三大目标之间存在对立的关系。

建设工程投资、进度、质量三大目标之间的关系存在着对立的一面。例如,在通常情况下,如果业主对工程质量有较高要求,那么就要投入较多的资金和花费较长的建设时间;如果要抢时间、争速度完成工程项目,把工期目标定得很高,那么投资就要相应地提高,或者质量要求适当下降;如果要降低投资、节约费用,那么势必要考虑降低项目的功能要求和质量标准。所有这些表现都反映了工程项目三大目标关系存在着对立的一面。

由于工程项目的投资目标、进度目标和质量目标存在着对立关系,所以,对一个工程项目,通常不能说某个目标最重要。同一个工程项目,在不同的时期,三大目标的重要程度可以不同。对监理工程师而言,应把握住特定条件下工程项目三大目标的关系及重要顺序,恰如其分地对整个目标系统实施控制。

（2）建设工程三大目标之间存在统一的关系。

建设工程投资目标、进度目标、质量目标之间的关系还存在着统一的一面。例如,适当增加投资的数量,可为加快进度提供经济条件,就可以加快项目建设速度,缩短工期,使项目提前动用,尽早收回投资,项目全寿命经济效益得到提高;适当提高项目功能要求和质量标准,虽然会造成一次性投资的提高和工期的增加,但可能节约项目动用后的运营费和维修费,降低产品成本,从而获得更好的投资经济效益;在工程实施过程中如果严格控制质量,保证工程实现预定的功能和质量要求,不仅可减少返工费用,而且可以减少投入使用后的维修费用,同时严格控制质量还能起到保证进度的作用。这一切都说明了工程项目投资、进度、质量三大目标的关系之中存在着统一的一面。

明确了三大目标之间的关系,监理工程师在确定和控制建设工程目标时,应注意以下事项。

①掌握客观规律,充分考虑制约因素。例如,缩短工期提前发挥的投资效益,有时会超过加快进度所需要增加的投资,而且加快进度、缩短工期会受到技术、环境等因素的制约,不可能无限制地缩短工期。

②应客观估计将来可能的收益。在通常情况下当前的投入是现实的,其数额也是较为确定的。而未来的收益却是预期的、不确定的,因此对未来的、可能的收益不宜过于乐观。

③建设工程三大目标是对立统一关系,如图5-6所示。监理工程师在进行目标规划时,要注意统筹兼顾,合理确定投资、进度、质量三个目标的标准,力求三大目标的统一。

④追求目标系统的整体效果。在实施目标控制时,要以实现系统目标作为衡量目标控制效果的标准,针对整个目标系统实施控制,防止发生盲目追求单一目标而冲击或干扰其他目标的现象。例如,实际工期拖延了,能否通过罚款得到费用方面的补偿;投资增加了,能否缩短工期,使项目提前投产。

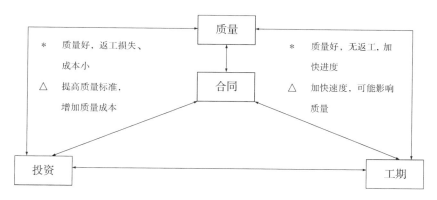

图 5-6　项目三大目标辩证统一关系

注:∗—统一关系;△—对立关系

2）建设工程目标的确定

（1）建设工程目标确定的依据。

建设工程不同阶段情况不同,目标确定的依据也不同。一般来说,在施工图完成之后,目标规划的依据比较充分,目标规划的结果也比较可靠。对于施工图设计完成以前的各个阶段,建设工程数据库具有十分重要的作用。

建立建设工程数据库,至少要做好以下几方面的工作。

①对建设工程按照一定的标准进行分类;

②对各类建设工程结构体系进行统一分类;

③数据既要有一定的综合性,又要能反映建设工程的基本情况和特征。

（2）建设工程数据库的应用。

要确定拟建工程的目标,必须明确该工程的基本技术要求。然后,在建设工程数据库中检索并选择尽可能相近的建设工程,将其作为确定该拟建工程目标的参考对象。同时,认真分析拟建工程的特点,找出拟建工程与已建类似工程之间的差异,定量分析这些差异对拟建工程的影响,最后据此确定拟建工程的各项目标。

另外,由于建设工程数据库中的数据都是历史数据,还应考虑时间因素和外部条件的变化,采取适当的方式进行调整。

3）建设工程目标的分解

建设工程项目实施时间较长,为了在建设工程实施过程中有效地进行目标控制,仅有总目标还不够,应将总目标进行适当分解。

（1）目标分解的原则。

建设工程目标的分解应遵循以下几个原则。

①有粗有细,区别对待。根据建设工程目标的具体内容、作用和已有数据,目标分解的粗细程度应当有区别。例如,在建设工程的总投资构成中,有些费用数额大,占总投资的比例大,对这些费用应尽可能分解得详细一些;而有些费用则相反,对这些费用则可以分解得粗糙一些。总之,对不同工程目标的分解层次或深度,不必强

求一致,要根据目标控制的实际需要来确定。

②按工程部位分解。这是因为建设工程的建造过程也是工程实体的形成过程,这样分解比较直观,而且可以将投资、进度、质量三大目标联系起来,也便于分析偏差原因。

③能分能合。这要求建设工程的总目标能够自上而下逐层分解,也能够根据需要自下而上逐层综合。这一原则实际上是要求目标分解要有明确的依据并采用适当的方式,避免目标分解的随意性。

④有可靠的数据来源。如果数据来源不可靠,会导致分目标不合理,不能作为目标控制的依据。因此,目标分解的深度应当以能够取得的可靠数据为依据,并不是越深越好。

⑤目标分解结构与组织分解结构相对应。目标控制必须有组织措施加以保障,要落实到具体的机构和人员。只有使目标分解结构与组织分解结构相对应,才能进行有效的目标控制。

(2)目标分解的方式。

建设工程的总目标可以按照不同的方式进行分解。其中,按工程内容分解是建设工程目标分解的最基本方式,适用于投资、进度、质量三个目标的分解,但三个目标分解的深度不一定完全一致。一般将投资、进度、质量三个目标分解到单项工程和单位工程比较容易,而且其结果也比较合理和可靠。至于是否分解到分部工程和分项工程,一方面取决于工程进度、资料的详细程度以及设计所达到的深度等,另一方面取决于目标控制工作的需要。

对建设工程投资、进度、质量三个目标而言,进度目标和质量目标的分解方式较为单一,而投资目标的分解方式较多,它除了可按工程内容分解,还可按总投资构成内容和资金使用时间分解。

5.2.2 建设工程目标控制的含义

1)建设工程投资控制的含义

(1)建设工程投资控制的目标。

建设工程投资控制的目标,就是在建设工程实施过程中采取投资控制措施,在满足进度和质量要求的前提下,力求把建设工程实际投资控制在计划投资额以内。这一目标可用图 5-7 表示。

实际投资不超过计划投资,可能表现为以下几种情况。

①在投资目标分解的各个层次上,实际投资均不超过计划投资。

②在投资目标分解的较低层次上,实际投资在有些情况下超过计划投资,在大多数情况下不超过计划投资,因而在投资目标分解的较高层次上,实际投资不超过计划投资。

③实际总投资未超过计划总投资,在投资目标分解的各个层次上,都出现实际

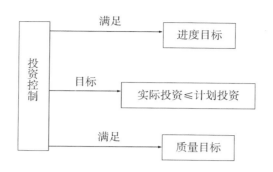

图 5-7　投资控制的含义

投资超过计划投资的情况,但在大多数情况下实际投资未超过计划投资。

第①种情况是最理想的,第②种、第③种情况虽然存在实际投资超过计划投资现象,但建设工程的实际总投资未超过计划总投资,结果令人满意。

（2）系统控制。

由项目的三大目标组成的目标系统,是相互制约、相互影响的,其中任何一个目标的变化,势必会引起另外两个目标的变化。投资控制是与进度控制和质量控制同时进行的,在实施投资控制的同时需要满足预定的进度目标和质量目标。因此,在投资控制的过程中,要协调好与进度控制和质量控制的关系,做到三大目标控制的有机配合和相互平衡,不能片面强调投资控制。

当采取某项投资控制措施时,如果对进度目标和质量目标产生不利的影响,就要考虑是否采取其他措施。目标系统控制的目标就是要实现三大目标控制的统一。例如,采用限额设计进行投资控制时,一方面要力争将工程总投资估算额控制在投资限额之内,另一方面要保证工程预定的功能、使用要求和质量标准。

（3）全过程控制。

建设工程实施的全过程包括设计准备阶段、设计阶段（可分为初步设计阶段、技术设计阶段和施工图设计阶段）、招标阶段、施工阶段以及竣工验收和保修阶段。虽然投资控制应贯串于工程建设的全过程,但必须紧抓对投资影响明显的阶段。

对项目投资影响最大的阶段,是技术设计结束前的初步设计阶段。在初步设计阶段,影响项目投资的可能性为 $75\%\sim95\%$；在技术设计阶段,影响项目投资的可能性为 $35\%\sim75\%$；在施工图设计阶段,影响项目投资的可能性则为 $5\%\sim35\%$。显然,项目投资控制的重点在于设计阶段。

累计投资和节约投资可能性的特征可用图 5-8 表示。从图中可以看出,在建设工程实施过程中,累计投资在项目决策、设计阶段和招标阶段缓慢增加,进入施工阶段后则迅速增加,到施工阶段后期,累计投资的增加又变得平缓。但是,节约投资的可能性从设计阶段到施工开始前迅速降低,其后就基本平缓了。建设工程的实际投资虽然主要发生在施工阶段,但节约投资的可能性却主要在施工阶段以前的各阶段,尤其是设计阶段。

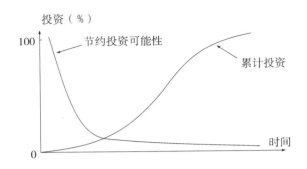

图 5-8 累计投资和节约投资可能性曲线

因此,投资目标的全过程控制要求从设计阶段就开始进行,并将投资控制工作贯串于建设工程实施的全过程,直至整个工程建成且延续到保修期结束。同时,还要特别强调早期控制的重要性,因为越早进行控制,投资控制的效果越好,节约投资的可能性越大。

(4)全方位控制。

投资目标的全方位控制主要是指对按总投资构成内容分解的各项费用进行控制,即对建筑安装工程费、设备和工器具购置费以及工程建设其他费用均进行控制。在对建设工程投资进行全方位控制时,应注意几个问题。第一,不同建设工程的各项费用占总投资的比例不同,在进行投资控制时应该抓住主要矛盾、有所侧重。例如,普通民用建筑工程的工程费用占总投资比例大,则把对建筑工程费的控制作为投资控制重点。又如,工艺复杂的工业项目的费用以设备购置费为主,应把设备购置费作为投资控制重点。第二,应该根据各项费用的特点,选择适当的控制方式。例如,设备购置费用有时需要较长的订货周期和一定数额的定金,此时投资控制应考虑利息的支付。第三,认真分析建设工程及其投资构成的特点,了解各项费用的变化趋势和影响因素。例如,根据我国的统计资料,工程建设其他费用一般不超过总投资的 10%。但对于具体的建筑工程来说,可能与这个比例相差较大,上海的南浦大桥拆迁费高达 4 亿元人民币,约占总投资的一半,说明它不符合统计资料的规律,应高度重视对这部分投资的控制。

2) 建设工程进度控制的含义

(1)建设工程进度控制的目标。

建设工程进度控制的目标可表达为通过有效的进度控制工作和具体的进度控制措施,在满足投资和质量要求的前提下,力求使工程实际工期不超过计划工期。进度控制的最终目的是确保工程进度目标的实现,建设工程进度控制的总目标是建设工期。它是项目实施的计划时间,即工业工程建设项目达到负荷联动试车成功、民用工程建设项目交付使用的计划时间。

进度控制的目标能否实现,主要取决于关键线路上的工程内容能否按预定的时间完成。在建设工程的实施过程中,一般会发生不同程度的局部工期延误情况,但局部工期延误的严重程度与其对进度目标的影响程度,并不存在某种等值或等比例的关系,这是进度控制与投资控制的重要区别,在进度控制工作中要充分利用这一特点。

（2）系统控制。

进度控制的系统控制目标与投资控制的基本相同,即监理工程师在进行目标控制时要努力实现三个目标控制的统一。当采取进度控制措施时,既要保证进度目标的实现,又要实现投资、质量目标,尽可能采取可对投资目标和质量目标产生有利影响的进度控制措施,如完善施工组织设计、优化进度计划等,以提高目标控制的整体效果。

（3）全过程控制。

进行工程进度的全过程控制,应做好以下工作。

①在工程建设早期就应编制进度计划,越早控制,进度控制的效果越好。

整个建设工程的总进度计划包括很多内容,除施工之外,有征地、拆迁、施工场地准备、勘察、设计、材料和设备采购、动工前准备等。工程建设早期所编制的总进度计划,虽然不可能达到施工进度计划的详细程度,但应达到一定的深度;对于远期工作,在进度计划中可以粗略一些;对于近期工作在进度计划中应具体一些,即要掌握进度计划的"远粗近细"原则,做好早期进度控制工作。

②充分考虑各阶段之间工作内容和时间的合理搭接,优化进度计划,编制出可操作性强的进度计划。在建设工程实施过程中,各阶段的工作虽然是相对独立的,但在时间上可以有一定的搭接。例如,土建工程施工中装饰工程施工与结构工程施工可以搭接。利用搭接时间可以缩短建设工期,但应注意搭接时间与各阶段工作之间的逻辑有关,应有合理的限度。

③通过工程建设早期编制的进度计划,知道哪些工作是关键工作,哪些工作是非关键工作,努力抓好关键线路的进度控制。对于非关键工作,要确保其不能因延误而变为关键工作。

（4）全方位控制。

对工程进度目标进行全方位控制应注意以下问题。

①对整个建设工程,既要对所有工程内容（单项工程、单位工程、道路、绿化、配套等）的进度进行控制,还要对所有工作内容（征地、拆迁、勘察、设计、招标、施工等）的进度进行控制。

②对影响进度的各种因素都要进行控制。影响建设工程实际进度的因素很多,例如人为因素,技术因素,设备、材料及构配件因素,机具因素,资金因素,水文、地质与气象因素,以及其他自然与社会环境方面的因素。其中,人为因素是最大的干扰因素。要实现有效的进度控制,必须对上述影响进度的各种因素都进行控制,采取措施减小或避免这些因素对进度的不利影响。

③注意各方面工作进度对施工进度的影响。施工进度的拖延可能是其他方面

工作进度的拖延引起的。因此,要围绕施工进度的需要来安排其他方面的工作进度。例如,根据结构工程和装饰工程施工进度的需要安排材料采购进度计划,根据安装工程进度的需要安排设备采购进度计划等。

(5)进度控制的特殊问题。

组织协调和控制都是为实现建设工程目标服务的,在建设工程三大目标控制中,组织协调对进度控制的作用最突出,有时可以取得其他控制措施难以达到的效果。因此,应充分发挥组织协调的作用,做好参与工程建设各有关单位的协调工作,有效地进行进度目标控制。

3) 建设工程质量控制的含义

(1)建设工程质量控制的目标。

建设工程质量控制的目标是通过有效的质量控制工作和具体的质量控制措施,在满足投资和进度要求的前提下,力求使工程达到预定的质量目标。

建设工程的质量首先必须符合国家现行的关于工程质量的法律、法规、技术标准和规范等的有关规定,尤其是强制性标准的规定。同类建设工程的质量目标具有共性,即对设计、施工质量的基本要求基本相同。

由于任何建设工程都有其特定的功能和使用价值,不同建筑物有不同的功能和使用价值要求。即使是同类建筑工程,具体的要求也不同。从这个意义上讲,建设工程的质量目标又具有个性,而这些个性的质量目标是通过合同约定的,内容非常具体。

建设工程质量控制的目标就是要实现以上两方面的工程质量目标。工程共性质量目标一般都有严格、明确的规定,因而质量控制工作的对象和内容都比较明确,也可以比较准确、客观地评价质量控制的效果。而工程个性质量目标具有一定的主观性,有时没有明确、统一的标准,因而质量控制工作的对象和内容较难把握,这与质量控制效果的评价、评价方法和标准密切相关。因此,在建设工程质量控制工作中,要注意对工程个性质量目标的控制,最好能预先明确控制效果定量评价的方法和标准。另外,对于合同约定的质量目标,必须保证其不得低于国家强制性质量标准的要求。

(2)系统控制。

建设工程质量控制的系统控制应注意以下几个方面的问题。

①避免不断提高质量目标的倾向。首先,在工程建设早期确定质量目标时要有一定的前瞻性;其次,对质量目标要有一个理性的认识,不要盲目追求"最高""最好"等目标;再次,要定量分析提高质量目标后对投资目标和进度目标的影响,即使确实有必要适当提高质量标准,也要把对投资目标和进度目标的不利影响减少到最低程度。

②确保基本质量目标的实现。建设工程的质量目标关系到人身安全、使用功能等问题,因此,不论何种情况,也不论在投资和进度方面要付出多大的代价,都必须保证建设工程质量合格的目标得以实现。另外,若无特殊原因,也应确保建筑工程预定功能的实现。

③尽可能发挥质量控制对投资目标和进度目标的积极作用。

（3）全过程控制。

建设工程总体质量目标的实现与工程质量的形成过程息息相关,因而必须对工程质量实行全过程控制。

建设工程的每个阶段都对工程质量的形成起着重要的作用,但各阶段质量控制的侧重点不同。例如,施工招标阶段,主要解决"谁来做"的问题,使工程质量目标的实现落实到承建商;施工阶段,主要解决"如何做"的问题,使建设工程项目形成实体。因此,应当根据建设工程各阶段质量控制的特点和重点,确定各阶段质量控制的目标和任务,以便实现全过程质量控制。

（4）全方位控制。

对建设工程质量进行全方位控制应从以下几方面着手。

①对建设工程所有工程内容的质量进行控制。对建设工程质量的控制必须落实到其每一项工程内容,只有确实实现了各项工程内容的质量目标,才能保证实现整个建设工程的质量目标。

②对建设工程质量目标(外在质量、实体质量、功能和使用价值质量等)的所有内容进行控制。

③对影响建设工程质量目标的所有因素进行控制。可以将影响建设工程质量目标的因素归纳为人、机械、材料、方法和环境五个方面。质量控制的全方位控制,就是要对这五方面因素都进行控制。

（5）质量控制的特殊问题。

首先,由于建设工程质量的特殊性,需要对建设工程质量实行三重控制。

①实施者自身的质量控制,这是从产品生产者角度进行的质量控制。

②政府对工程质量的监督,这是从社会公众角度进行的质量控制。

③监理企业的质量控制,这是从业主角度或者说是从产品需求者角度进行的质量控制。

其次,建设工程质量事故多发,因此,应当对工程质量事故予以高度重视。从设计、施工以及材料和设备供应等多方面入手,进行全过程、全方位的质量控制,尽可能做到主动控制和事前控制。对实施建设监理的工程,应尽可能减少一般性工程质量事故,杜绝重大工程质量事故。

5.2.3　建设工程目标控制的综合措施

为了对目标系统进行有效的控制,应当从多方面采取措施。通常可以将这些措施归纳为组织措施、技术措施、经济措施和合同措施四个方面。这四方面的措施在建设工程实施的各个阶段的具体运用不完全相同。下面介绍这四方面的措施。

1）组织措施

组织措施是指在目标控制的组织管理方面采取的措施。如落实目标控制的组织机构和人员,明确各级目标控制人员的任务和职能分工、权力和责任,改善目标控制的工作流程等。组织措施应用得当,会收到显著效果,特别是对由于业主原因所导致的目标偏差,这类措施可以作为首选措施,应予以足够重视。

2)技术措施

技术措施即运用技术来解决建设工程实施过程中遇到的问题。目标控制工作中经常需要采用技术方面的措施。如通过对施工组织设计和技术方案进行论证、比较,建立多级网络计划体系,严格用事前、事中、事后质量检查等技术措施来实现施工阶段的三个目标控制。因此,技术措施也是目标控制的必要措施。

3)合同措施

由于合同本身具有法律约束力,所以监理工程师依据合同条款,采取相应的合同措施对建设工程目标实施控制显得尤为重要。为了有效地采取合同措施,首先,监理工程师要协助业主确定合同的形式,拟定合同条款,参与合同谈判。其次,要强化合同管理工作,认真监督合同的实施,处理好合同执行中出现的问题,公正处理合同纠纷,做好索赔工作等。

4)经济措施

经济措施是把个人或组织的行为结果与其经济利益联系起来,用经济利益来调节或改变个人或组织行为的控制措施。经济措施是最易被人接受和采用的措施,建设工程投资、进度、质量三个目标控制均离不开经济方面的措施。监理工程师采取的经济措施包括审核工程概、预算,计划费用与实际费用的分析比较,实行奖惩制度,审核工程量及付款签证等。

在实际工作中,监理工程师通常要从多方面采取措施进行控制,将上述四种措施有机地结合起来,采取综合性的措施,以加大控制的力度,使工程建设整体目标得以实现。

5.3 建设工程实施各阶段的目标控制

5.3.1 建设工程设计阶段和施工阶段的特点

设计阶段和施工阶段是建设工程目标全过程控制中的两个主要阶段,正确认识设计阶段和施工阶段的特点,对于确定设计阶段和施工阶段目标控制的任务和措施,具有十分重要的意义。下面主要分析这两个阶段的特点。

1)设计阶段的特点

设计阶段的特点主要表现在以下几方面。

(1)设计阶段是确定工程价值的主要阶段。

在设计阶段,通过设计使项目的规模、标准、功能、结构、组成、构造等各方面都确定下来,也就确定了它的基本工程价值。同时,一项工程的预计资金投放量的多少取决于设计的结果。因此,在项目计划投资目标确定以后,要按照这个目标来实现工程项目,设计就是最关键、最重要的工作。明确设计阶段的这个特点,为确定设计阶段的投资控制任务和重点工作提供了依据。

（2）设计阶段是影响投资程度的关键阶段。

建设工程实施各个阶段影响投资的程度是不同的。与施工阶段相比,设计阶段是影响建设工程投资的关键阶段;与施工图设计阶段相比,技术设计阶段和初步设计阶段是影响建设工程投资的关键阶段。

（3）设计工作表现为创造性的脑力劳动。

设计的创造性主要体现在因时、因地根据实际情况解决具体的技术问题,不能简单地以设计工作的时间消耗量作为衡量设计产品价值量的尺度,也不能以此作为判断设计产品质量的依据。

（4）设计工作需要反复协调。

①建设工程的设计涉及许多不同的专业领域,各专业之间在同一设计阶段需要进行反复协调,以避免设计上的冲突。在设计阶段要正确处理个体劳动与集体劳动之间的关系,每一个专业设计都要考虑来自其他专业的制约条件,也要考虑对其他专业设计的影响,这是一个需要反复协调的过程。

②建设工程的设计是由初步设计到施工图设计不断深化的过程。因此,在设计过程中,还要在不同设计阶段之间进行纵向的反复协调。从设计内容上看,这种纵向协调可能是同一专业内的协调,也可能是不同专业之间的协调。

③建设工程的设计还需要与外部环境因素进行反复协调,在这方面主要涉及与业主需求和政府有关部门审批工作的协调。需要注意的是,当业主需求的变化影响到建设工程目标控制时,不能一味迁就,要通过分析、论证说服业主,进行耐心的反复协调。

（5）设计质量对项目总体质量具有决定性影响。

在设计阶段,将对项目建设方案和项目总体质量目标进行具体落实。工程项目实体质量要求、功能和使用价值都通过设计确定下来。从这个角度讲,设计质量在相当程度上决定了整个建设工程的总体质量。一个设计质量不佳的工程,无论其施工质量如何出色,都不可能成为总体质量优秀的工程。实际调查表明,设计质量对整个工程项目总体质量的影响是决定性的。

工程项目实体质量的安全可靠性在很大程度上取决于设计的质量。符合要求的设计成果是保障项目总体质量的基础。工程设计应符合业主的投资意图,满足业主对项目的功能和使用要求。只有既满足了这些适用性要求,同时又符合有关法律、法规、规范、标准要求的设计才能称得上实现了预期的设计质量目标。

2）施工阶段的特点

施工阶段的特点主要表现在以下几个方面。

（1）施工阶段是资金投放量最大的阶段。

施工阶段是实现建设工程价值的主要阶段,自然也是资金投入量最大的阶段。

虽然施工阶段影响投资的程度只有 10％左右,但由于资金投放量大,不可忽视施工阶段的投资控制。

施工阶段,在保证施工质量、保证实现设计所规定的功能和使用价值的前提下,仍然存在通过优化施工方案来降低劳动消耗,从而降低建设工程投资的可能性。

(2)施工阶段是实现建设工程价值和使用价值的主要阶段。

施工阶段是形成建设工程实体、实现建设工程使用价值的过程。它是根据设计图纸和有关设计文件的规定,将施工对象由设想变为现实,由"纸上产品"变为实际的、可供使用的建设工程的物质生产活动。虽然建设工程的使用价值从根本上说是由设计决定的,但如果没有正确的施工,就不能完全按设计要求实现其使用价值。对于技术复杂、功能特殊的建筑工程,能否实现设计预期的使用价值,关键在于能否科学地组织施工,将设想变为现实。

(3)施工阶段是暴露问题最多的阶段。

根据设计,把工程项目实体"做出来"是施工阶段要解决的根本问题。因此,在施工之前各阶段的主要工作,如规划、设计、招标以及有关的准备工作做得如何,全部要接受施工阶段主动或被动地检验,各项工作中存在的问题会大量地暴露出来。在施工阶段,如果不能妥善处理这些问题,那么工程项目总体质量就难以保证,工程进度就会拖延,投资就会失去控制。

(4)施工阶段是合同双方利益冲突最多的阶段。

施工阶段涉及的合同种类多、数量大,从业主的角度来看,合同关系相当复杂,极易导致合同争议。其中,施工合同与其他合同联系最为密切,其履行时间最长、本身涉及的问题最多,最易造成合同争议和索赔。

(5)施工阶段持续时间长、动态性强、风险因素多。

施工阶段是项目建设各阶段中持续时间最长的阶段,在此期间出现的风险因素也最多。持续时间长,则内外部因素变化就多,各种干扰就大大增多。同时,施工阶段具有明显的动态性。例如,施工面临着多变的环境,大量人力、财力、物力的投入并在不同的时间、空间进行流动,承建单位之间的错综复杂的关系,工程变更的频繁出现等。因此,在施工阶段监理工程师进行目标控制要正视它的多变性、复杂性和不均衡性特点。

(6)施工阶段是以执行计划为主的阶段。

进入施工阶段,就具体的施工工作来说,基本要求是"照图施工",这表明在施工阶段,创造性劳动较少,主要是以执行计划为主。

(7)施工阶段工程信息内容广泛、时间性强、数量大。

在施工阶段,工程状态时刻在变化,计划的实施意味着实际的工程质量、进度和投资情况在不断地输出,各种工程信息和外部环境信息数量大、类型多、周期短、内容杂。因此,如何及时获得全面、准确的工程信息是本阶段目标控制的关键。

(8)施工阶段涉及的单位数量多、需要协调的内容多。

在施工阶段,既涉及直接参与工程建设的单位,也涉及不直接参与工程建设的单位,需要协调的内容很多。例如,设计与施工的协调,材料和设备供应与施工的协调,结构施工与安装和装修施工的协调,总包商与分包商的协调等,还可能需要协调与政府有关管理部门、工程毗邻单位之间的关系。实践中常常由于这些单位和工作之间的关系协调不一致而使建设工程的施工不能顺利进行,不仅直接影响施工进度,而且影响投资目标和质量目标的实现。因此,在施工阶段与这些不同单位之间的协调特别重要。

（9）施工质量对建设工程总体质量起保证作用。

虽然设计质量对建设工程的总体质量有决定性影响,但是建设工程毕竟是通过施工将其"做出来"的。设计质量实现程度如何,取决于施工质量的好坏,所以说施工质量对建设工程总体质量起保证作用。

5.3.2　建设工程实施各阶段目标控制的任务

在建设工程实施的各阶段中,设计阶段、施工招标阶段、施工阶段的持续时间长且涉及的工作内容多,所以,以下仅介绍这三个阶段目标控制的具体任务。

1）设计阶段目标控制的任务

设计阶段建设工程监理目标控制的基本任务是通过目标规划和计划、动态控制、组织协调、合同管理、信息管理,力求使工程设计能够达到保障工程项目的安全可靠性,满足适用性和经济性,保证设计工期要求,使设计阶段的各项工作能够在预定的投资目标、进度目标、质量目标内完成。

（1）投资控制任务。

监理企业在设计阶段的投资控制的主要任务是协助业主制订项目投资目标规划,开展技术经济等活动,配合设计单位努力使设计投资合理化,审核概（预）算,提出改进意见,优化设计,满足业主对项目投资的经济性要求。

监理工程师在设计阶段的投资控制的主要工作有:对项目总投资进行论证;协助业主选定对投资控制有利的设计方案;建立项目投资目标划分系统,为投资控制提供依据;协助设计单位开展限额设计工作;审查工程概算、预算,使概算不超估算,预算不超概算;对设计进行技术经济分析、比较、论证,寻求一次性投资少而全寿命周期经济性好的设计方案等。

（2）进度控制任务。

监理企业在设计阶段的进度控制的主要任务是协助业主确定合理的设计工期要求;根据设计的阶段性输出,由"粗"而"细"地制订建设工程总进度计划,为建设进度控制提供依据;协调各设计单位一体化开展设计工作;按合同要求提供设计所需要的基础资料和数据;与外部有关部门协调相关事宜,保障设计工作顺利进行。

监理工程师在设计阶段的进度控制的主要工作有:对项目进度总目标进行论证;根据设计阶段的成果制订项目总进度计划、项目总控制性进度计划和本阶段实施性进度计划,为进度控制提供依据;审查、监督设计单位设计进度计划的执行情况;编制并实施业主方材料和设备供应进度计划;开展各种组织协调活动等。

（3）质量控制任务。

监理企业在设计阶段的质量控制的主要任务是协助业主制订项目质量目标规划;根据合同要求及时、准确地提供设计工作所需的基础数据和资料;协调和配合设计单位优化设计,并最终确认设计符合有关法规的要求,满足业主对项目的功能和使用要求。

监理工程师在设计阶段的质量控制的主要工作有:对项目总体质量目标进行论证;提出设计要求文件,确定设计质量标准;协助业主选择符合目标控制要求的设计单位并确定优化设计方案;进行设计过程跟踪,发现问题,并及时与设计单位协调解决;审查阶段性设计成果,并提出修改意见;对设计提出的主要材料和设备进行价格和质量审查,确认其符合要求;做好设计文件验收工作等。

2）施工招标阶段目标控制的任务

建设工程监理在施工招标阶段的目标控制的主要任务是通过编制施工招标文件、编制标底、做好投标单位资格预审、组织评标和定标、参加合同谈判等工作,根据公开、公正、公平的原则,协助业主选择理想的承建单位,力求以合理的价格、先进的技术、较高的管理水平、较短的时间、较好的质量来完成工程施工任务。

（1）协助业主编制施工招标文件。

施工招标文件是编制投标书、进行评标的依据。编制施工招标文件时应当为选择符合要求的施工单位打下基础,为投资控制、进度控制、质量控制、合同管理和信息管理打下基础。

（2）协助业主编制标底。

应当使标底控制在工程概算或预算以内,并用标底控制工程承包合同价。

（3）做好投标资格预审工作。

做好投标资格预审工作,为选择符合目标控制要求的承建单位做好首轮择优工作。

（4）组织开标、评标、定标工作。

通过开标、评标、定标工作,协助业主选择出报价合理、技术水平高、社会信誉好、能够保证施工质量和施工工期、具有足够财务能力和施工项目管理水平的承建单位。

3）施工阶段目标控制的任务

施工阶段建设工程监理的主要任务是在施工过程中,根据施工阶段的目标规划和计划,通过动态控制、组织协调、合同管理使项目施工质量、进度和投资符合预定的目标要求。

（1）投资控制的任务。

建设工程监理在施工阶段的投资控制的任务是努力使实际发生的费用不超过计划投资。

监理工程师为完成本阶段投资控制的任务,应做好以下工作:制订本阶段资金使用计划;严格控制付款;严格控制工程变更,力求减少变更费用;研究确定预防费用索赔措施;及时处理费用索赔;根据合同的要求,协助做好应由业主方完成的,与工程进展密切相关的各项工作;做好工程计量工作;审核施工单位提交的工程结算书等。

（2）进度控制的任务。

建设工程监理在施工阶段的进度控制的任务是努力实现实际施工进度达到计划施工进度的要求。

监理工程师为完成施工阶段进度控制任务,应当做好以下工作:完善项目控制性进度计划,并据此进行施工阶段进度控制;审查施工单位施工进度计划,并确认其可行性;审查施工单位进度控制报告,督促施工单位做好施工进度控制;对施工进度进行跟踪,掌握施工动态并研究制订预防工期索赔措施,及时处理工期索赔工作;协调有关各方关系,使工程施工顺利进行等。

（3）质量控制的任务。

建设工程监理在施工阶段的质量控制的任务主要是努力实现工程质量按标准达到预定的施工质量要求。

监理工程师为完成施工阶段质量控制任务,应当做好以下工作:协助业主做好施工现场准备工作,按时提交质量合格的施工现场;确认施工单位、施工分包单位资质;做好材料和设备的质量检查工作;确认施工机械和机具能保证施工质量;审查施工组织设计;进行施工工艺过程质量控制工作;检查工序质量,严格工序交接检查制度;做好各项隐蔽工程的检查工作;认真做好质量签证工作,行使质量否决权;协助做好付款控制工作;做好中间质量验收准备工作;做好项目竣工验收工作等。

【思考题】

1. 主动控制和被动控制的关系是什么？

2. 如何理解投资、进度、质量三大目标控制的关系？

3. 什么是工程项目投资控制？其作用是什么？工程建设各阶段投资控制的具体工作分别有哪些？

4. 进度控制的含义是什么？影响进度控制的因素有哪些？进度控制应重点做好哪些工作？

5. 质量控制的含义是什么？影响质量控制的因素有哪些？质量控制应重点做好哪些工作？

【案例分析】

案例 1：

事件 1:监理工程师在委托监理合同签订后的施工准备阶段审核了承包商的施工组织设计并批准实施,施工过程中发现施工组织设计有错误,导致停工 2 天。承包商认为:施工组织设计是监理工程师审核批准的,监理工程师未发现其中的错误是监理工程师的责任。因此,承包商向监理工程师提出工期和费用索赔。业主代表认为监理工程师未发现施工组织设计中的错误,属工作不力,提出要扣除监理费 2500元。以上承包商和业主的说法是否正确？分别说明理由。

事件 2:由于承包商作业中的错误造成了返工,承包商向监理工程师提出工期和费用索赔。业主代表认为监理工程师对工程质量监理不力,提出要扣除监理费 4000元。监理工程师是否应批准承包商的索赔要求?业主提出的罚款是否合理?

事件 3:监理工程师检查了工程某部位的隐蔽工程后,按合格签证验收,但是事后再次检查却发现不合格。承包商认为:隐蔽工程是监理工程师检查验收签证的,现在却发现不合格,是监理工程师的责任造成的,承包商向监理工程师提出工期和费用索赔。业主代表认为监理工程师对工程质量监理不力,提出要扣除监理费 3500元。以上承包商和业主提出的要求是否合理?分别说明理由。

案例 2:某施工企业通过公开招投标承接了某高校的一栋钢筋混凝土框架剪力墙结构办公楼,施工企业在主体结构完成后不久,发现该办公楼往东北方向倾斜,该施工企业采取了一系列抢救性技术措施,试图阻止办公楼继续倾斜,但都无济于事,该高校为确保工程质量和施工人员的人身安全及周边建筑物安全,主动要求上报政府主管部门,同意采取上部结构 8~23 层定向爆破拆除的措施,从根本上消除该栋钢筋混凝土框架剪力墙结构办公楼的质量隐患。

在事故调查处理过程中,出现了以下不同的处理意见。

1. 工程勘察单位根据要求进行了工程勘察,并提交了详细的工程勘察资料,因此工程勘察单位不承担任何质量责任。

2. 设计单位根据建设单位要求进行设计和处理,因此设计单位不承担任何质量责任。

3. 施工单位在施工过程中及时提出问题,并提出加固、补强等技术措施,因此施工单位不承担任何质量责任。

4. 建设单位为了加快进度,牺牲工程质量,并且未按规定委托监理单位对工程建设实施监理,因此建设单位应对工程质量事故负责。因建设单位及时采取爆破拆除,确保了相邻建筑和施工人员的人身安全,因此该事故不是重大质量事故。

请分析上述质量事故处理意见是否妥当。

案例 3:某地区新建一党政办公大楼,建筑面积 45000 m^2,通过公开招标方式确定了由某建筑公司进行施工,并及时签署了施工合同。双方签订施工合同后,该建筑公司进行了劳务分包招标,最终确定某劳务公司为中标单位,并与其签订了劳务分包合同,在合同中明确了双方的权利和义务。该工程由某监理单位实施监理。该建筑公司为了承揽该项施工任务,采取了低报价策略而得以中标,为了降低成本,施工单位采用了一个小厂生产的价格便宜的砌块,在砌块进场前未向监理单位申报。墙体砌筑完毕后进行了抹灰作业。当抹灰面硬结后,表面出现大量裂缝。

问题如下。

1. 该建筑公司对砌块的选择和进场的做法是否正确?如果不正确,施工单位应如何做?

2. 施工单位如何选择材料才能保证质量,降低成本?

3. 该监理公司是否应承担该起质量事故的责任?原因是什么?

第6章 建设工程监理的合同管理

【本章要点】

本章介绍了合同的法律基础、建设工程监理合同管理、监理单位对建设工程合同管理、监理工程师的合同索赔管理。要求学生了解合同的法律基础知识,重点掌握建设工程监理合同管理、监理单位对建设工程合同管理、监理工程师的合同索赔管理。

6.1 合同的法律基础

6.1.1 合同的法律制度概述

1) 合同概述

合同有广义、狭义之分。广义上的合同指一切产生权利义务的协议,如劳动合同、行政合同、民事合同等。《中华人民共和国民法典》合同编(以下简称《民法典》合同编)规定的合同为狭义上的合同,指作为平等主体的当事人之间设立、变更、终止民事权利义务关系的协议。婚姻、收养、监护等有关身份关系的协议,适用其他法律的规定。《民法典》第四百六十四条规定,合同是平等主体的自然人、法人及其他组织之间设立、变更、终止民事权利义务关系的协议。

《民法典》合同编是调整平等主体之间的交易关系的法律,它主要规范合同的订立、合同的效力、履行、变更、保全、违反合同的责任及各类有名合同等问题。

《民法典》总则编的基本原则是《民法典》合同编的主旨和根本准则,是制订、解释、执行《民法典》合同编的指导思想。《民法典》总则编的基本原则不仅具有立法、司法的指导功能,而且具有解释合同、填补合同漏洞的功能,以及作为合同纠纷裁判标准的功能。我国《民法典》总则编的基本原则包括平等原则、自愿原则、诚信原则、守法与公序良俗原则、绿色原则。

2) 合同的法律特征

从民法原理角度分析,合同具有以下法律特征。

(1)合同是一种民事法律行为。根据《民法典》总则编的规定,民事法律行为是民事主体通过意思表示设立、变更、终止民事法律关系的行为。民事法律行为以意思表示为要素,并且按意思表示的内容发生法律效果。

(2)合同是平等主体之间的协议。合同关系的当事人地位一律平等,任何一方都不得将自己的意志强加给另一方,自愿、协商是订立合同的前提,也是合同关系的灵魂。

（3）合同以设立、变更或终止民事权利义务关系为目的。民事主体订立合同，是为了追求预期的目的，即在当事人之间因其而致民事权利和民事义务关系的产生、变更或消灭。民事权利义务关系的产生是指在当事人之间形成某种法律关系，从而具体地享有民事权利、承担民事义务。民事权利义务关系的变更是指当事人通过订立合同使原有的合同关系在内容上发生变化，例如在建设工程施工合同中进行工程价款、质量标准、工期等方面的变更。民事权利义务关系的消灭或终止是指当事人通过订立合同以消灭原合同关系。

（4）合同是当事人意思表示一致的协议。合同的成立须有两方以上的当事人，他们相互为意思表示，并且意思表示须取得一致。

6.1.2　合同的订立

6.1.2.1　合同订立的概念

合同的订立是指缔约人为意思表示并达成合意的状态，即缔约各方自接触、洽商直至达成合意的过程。合同的订立一般要经历要约和承诺的过程，此外，有的合同在订立前，还存在要约邀请的环节。

1）要约邀请

要约邀请也称要约引诱，是指希望他人向自己发出要约的意思表示。

要约邀请的目的在于诱使他人向自己发出要约，而非与他人订立合同，故只是订立合同的预备行为，而非订约行为。

根据《民法典》合同编第四百七十三条的规定，拍卖公告、招标公告、招股说明书、债券募集办法、基金招募说明书、商业广告和宣传、寄送的价目表等为要约邀请。在建设工程合同的订立过程中，招标单位发布招标公告的行为即是要约邀请。

2）要约

要约又称发盘、出盘、发价、出价、报价，是订立合同的必经阶段。要约是一种订约行为，发出要约的人称为要约人，接受要约的人称为受要约人或相对人。根据《民法典》第四百七十二条的规定，要约是希望和他人订立合同的意思表示，该意思表示应当符合下列规定：①内容具体确定；②表明经受要约人承诺，要约人即受该意思表示约束。该条规定揭示了要约的性质及其构成要件。在建设工程合同招投标程序中，投标人根据招标文件内容在规定的期限内向招标人提交投标文件即是发出要约。

3）承诺

《民法典》第四百七十九条规定，承诺是受要约人同意要约的意思表示。根据《民法典》的规定及理论通说，承诺须具备以下要件：

①承诺必须由受要约人作出；

②承诺必须在合理期限内向要约人发出；

③承诺的内容必须与要约的内容相一致。

根据《民法典》第四百八十条的规定,承诺应当以通知的方式作出,但根据交易习惯或者要约表明可以通过行为方式作出承诺的除外。

根据《民法典》第四百八十八条的规定,承诺的内容应当与要约的内容一致。受要约人对要约的内容作出实质性变更的,为新要约。有关合同标的、数量、质量、价款或者报酬、履行期限、履行地点和方式、违约责任和解决争议方法等的变更,是对要约内容的实质性变更。在建设工程合同招投标程序中,招标人根据中标人提交投标文件内容在规定的期限内向中标人发出的中标通知书即是招标人向中标人作出的承诺。

6.1.2.2　合同订立的形式

合同形式是当事人交易所采用的方式,也是双方当事人意思表示一致的外在表现形式。按照《民法典》第四百六十九条的规定,当事人订立合同有口头形式、书面形式和其他形式。

1）口头形式

它指合同当事人双方口头约定合同内容,无须任何文字记载。口头形式主要适用于即时清结的交易。一般来讲,这种交易具有债权债务关系简单、交易标的额较小、交易快捷等特点,其大多属于现货交易。

2）书面形式

《民法典》第四百六十九条规定了书面形式的定义,即书面形式是合同书、信件、电报、电传、传真等可以有形地表现所载内容的形式。以电子数据交换、电子邮件等方式能够有形地表现所载内容,并可以随时调取查用的数据电文,也视为书面形式。它的特点在于当事人因合同发生争议时容易举证、分清责任。

根据学理分类,书面形式被分为一般的书面形式与特殊的书面形式。一般书面形式是指除当事人达成书面协议以外,无须再履行其他手续的书面形式。特殊的书面形式是指根据法律规定或当事人约定,当事人达成书面协议后还须鉴证、公证或有关国家机关批准或核准登记才能成立的合同。

3）其他形式

推定形式。当事人未用语言、文字表达其意思表示,仅用行为向对方发出要约,对方接受该要约,做出一定或指定的行为作为承诺,合同成立。例如某商店安装自动售货机,顾客将规定的货币投入机器内,买卖合同即成立。

混合形式。事物的"混合"本身就有其长处,可以起到优势互补的作用,发挥特殊的功能。针对合同而言,合同的部分内容可以采用书面形式,其余的部分则可以采用口头形式。混合形式可以结合实际情况整合不同合同形式的优点,更好地为当事人服务。

6.1.2.3　合同订立的条款

合同条款可分为必要条款和一般条款。

1）必要条款

必要条款亦称主要条款,是指合同必须具备的条款。它决定着合同的类型以及当事人的基本权利和义务,因而具有重要意义。合同必要条款的确立标准主要有以下三种。

（1）法律规定。

如《民法典》第七百九十五条规定:施工合同的内容一般包括工程范围、建设工期、中间交工工程的开工和竣工时间、工程质量、工程造价、技术资料交付时间、材料和设备供应责任、拨款和结算、竣工验收、质量保修范围和质量保证期、相互协作等条款。

再如《民法典》第六百八十四条规定:保证合同应当包括被保证的主债权种类、数额;债务人履行债务的期限;保证的方式、范围和期间等条款。

（2）合同类型或性质决定。如买卖合同中的价款、租赁合同中的租金、施工合同中的工程造价。

（3）当事人约定,即当事人要求必须订立的条款。

必要条款一般并不具有合同效力的评价意义,但可能影响合同的成立。

2）一般条款

一般条款即合同必要条款以外的条款。一般条款包括两种情况:一是法律未直接规定,且不是合同的类型和性质要求必须具备的,当事人也无意使其成为主要条款的合同条款,如关于建设工程施工图纸复制费用承担的约定。二是当事人并未写入合同,甚至未经协商,但基于当事人的行为,或基于合同的明示条款,或基于法律规定,理应存在的合同条款。例如建设工程承包方应有合法承包资质、工程不得转包、不得违法分包等。

6.1.3 合同的效力

合同效力,又称合同的法律效力,是指法律赋予依法成立的合同具有约束当事人各方乃至第三人的法律拘束力。

法律评价当事人各方的合意,在合同效力方面,是规定合同的有效要件,作为评价标准。对符合有效要件的合同,按当事人的合意赋予法律效果,对不符合有效要件的合同,则区分情况,分别按无效、可撤销或效力待定处理。

合同的有效要件是判断合同是否具有法律约束力的标准。根据《民法典》第一百四十三条的规定,合同的有效要件包括:①行为人具有相应的民事行为能力;②意思表示真实;③不违反法律、行政法规的强制性规定,不违背公序良俗。

1）无效合同

如合同严重欠缺有效要件,绝对不能按当事人合意的内容赋予法律效果,即为合同无效。根据《民法典》总则编第六章的相关规定,合同无效有如下原因:

（1）无民事行为能力人实施的民事法律行为无效;

（2）以虚假的意思表示实施的民事法律行为无效；

（3）违反强制性规定及违背公序良俗的民事法律行为无效；

（4）恶意串通，损害他人合法权益的民事法律行为无效。

2）效力待定合同

效力待定合同是指合同虽然已经成立，但因其不完全符合有关生效要件的规定，因此其效力能否发生尚未确定，一般须经权利人表示承认才能生效。根据《民法典》的规定，效力待定合同有两种：

（1）限制行为能力人订立的合同；

（2）无权代理人订立的合同。

3）可撤销合同

合同的撤销，是指意思表示不真实，通过撤销权人行使撤销权，使已经生效的合同归于消灭。《民法典》规定的可撤销合同的情形包括因欺诈、胁迫、重大误解、显失公平等情形而签订的合同，具体如下：

（1）基于重大误解实施的民事法律行为，行为人有权请求人民法院或者仲裁机构予以撤销；

（2）一方以欺诈手段，使对方在违背真实意思的情况下实施的民事法律行为，受欺诈方有权请求人民法院或者仲裁机构予以撤销；

（3）一方或者第三人以胁迫手段，使对方在违背真实意思的情况下实施的民事法律行为，受胁迫方有权请求人民法院或者仲裁机构予以撤销；

（4）一方利用对方处于危困状态、缺乏判断能力等情形，致使民事法律行为成立时显失公平的，受损害方有权请求人民法院或者仲裁机构予以撤销。

4）撤销权的行使期限及法律效果

《民法典》第一百五十二条规定有下列情形之一的，撤销权消灭：

（1）当事人自知道或者应当知道撤销事由之日起一年内、重大误解的当事人自知道或者应当知道撤销事由之日起九十日内没有行使撤销权；

（2）当事人受胁迫，自胁迫行为终止之日起一年内没有行使撤销权；

（3）当事人知道撤销事由后明确表示或者以自己的行为表明放弃撤销权。

当事人自民事法律行为发生之日起五年内没有行使撤销权的，撤销权消灭。

第一百五十五条规定："无效的或者被撤销的民事法律行为自始没有法律约束力。"

撤销权应当由当事人行使。当事人未请求撤销的，人民法院不应当依职权撤销合同。与解除权、抵销权等形成权可以在诉讼程序之外以通知的方式行使不同，撤销权只能通过提起诉讼或者仲裁的方式行使。

5）可撤销合同与无效合同的区别主要体现在以下几个方面

一是在提出主体上，可撤销合同只能由具有撤销权的人提出，而无效合同任一当事人均可提出。

二是在人民法院的审查问题上,对于合同是否无效,人民法院应当依职权进行审查;而对于可撤销合同,人民法院只能针对当事人主张的可撤销事由进行审查。

三是在损害利益问题上,《民法典》第一百五十四条规定:"行为人与相对人恶意串通,损害他人合法权益的民事法律行为无效。"可撤销合同损害特定当事人的利益,而无效合同损害他人的合法权益。

四是在行使期限上,可撤销合同中,撤销权有其行使期限,超过期限不行使的,撤销权归于消灭。而合同无效则是自始无效、当然无效,不存在行使期限问题。

6.1.4 合同的履行

6.1.4.1 合同履行的概念

合同的履行,是指债务人全面、适当地完成其合同义务,以使债权人的合同债权得以完全实现。如交付约定的标的物,完成约定的工作并交付工作成果,提供约定的服务等。

6.1.4.2 合同履行的原则

合同履行的原则,是当事人在履行合同债务时所应遵循的基本准则。在这些基本准则中,包括全面履行、诚信履行、绿色履行等基本原则。

《民法典》合同编第五百零九条规定,当事人应当按照约定全面履行自己的义务。当事人应当遵循诚信原则,根据合同的性质、目的和交易习惯履行通知、协助、保密等义务。当事人在履行合同过程中,应当避免浪费资源、污染环境和破坏生态。

(1)全面履行原则。

当事人应当按照约定全面履行自己的义务。根据全面履行原则的要求,当事人应当履行的义务不限于合同的主要义务,对于当事人约定的其他义务,当事人也应当按照约定履行。不管当事人是不履行合同主要义务还是不履行合同其他义务,当事人都要承担违约责任。

(2)诚信履行原则。

当事人应当遵循诚信原则,根据合同的性质、目的和交易习惯履行通知、协助、保密等义务。合同履行应当遵循诚信原则,当事人应当按照诚信原则行使合同权利、履行合同义务。根据诚信履行原则,可产生履行的附随义务。当事人除应当按照合同约定履行自己的义务外,也要履行合同未约定但依照诚信原则应当履行的通知、协助、保密等义务。

(3)绿色履行原则。

绿色履行原则是绿色原则在合同履行中的体现,当事人在履行合同过程中,应当避免浪费资源、污染环境和破坏生态。在建筑工程领域,绿色原则具体体现在绿色建筑的打造。如建设工程合同履行过程中,广泛运用节能新技术,充分利用周围环境条件,并且在不破坏生态平衡前提下建造生态建筑、节能环保建筑等,以减轻建筑对环境的负荷,提供安全、健康、舒适性良好的生活空间,实现与自然环境协同发展,做到人、建筑、环境的和谐共生,实现可持续发展。

从民法原理角度来看,合同履行还包括以下原则。

(1) 合同约定不明时的履行原则。

《民法典》第五百一十一条规定:当事人就有关合同内容约定不明确,依据前条规定仍不能确定的,适用下列规定。

①质量要求不明确的,按照强制性国家标准履行;没有强制性国家标准的,按照推荐性国家标准履行;没有推荐性国家标准的,按照行业标准履行;没有国家标准、行业标准的,按照通常标准或者符合合同目的的特定标准履行。

②价款或者报酬不明确的,按照订立合同时履行地的市场价格履行;依法应当执行政府定价或者政府指导价的,依照规定履行。

③履行地点不明确,给付货币的,在接受货币一方所在地履行;交付不动产的,在不动产所在地履行;其他标的,在履行义务一方所在地履行。

④履行期限不明确的,债务人可以随时履行,债权人也可以随时请求履行,但是应当给对方必要的准备时间。

⑤履行方式不明确的,按照有利于实现合同目的的方式履行。

⑥履行费用的负担不明确的,由履行义务一方负担;因债权人原因增加的履行费用,由债权人负担。

(2) 实际履行原则。

实际履行原则,是指当事人应按照合同约定的标的去履行,不能用其他标的代替的履行原则。当违约时,违约方不能以偿付违约金、赔偿金代替履行,只要对方当事人要求继续履行合同,就应当实际履行。

(3) 协作履行原则。

协作履行原则是指当事人不仅应适当履行自己的合同债务,而且应基于诚实信用原则要求对方当事人协助其履行债务的履行原则。

(4) 经济合理原则。

经济合理原则要求在履行合同时,讲求经济效益,付出最小的成本,取得最佳的合同利益。

(5) 情势变更原则。

情势变更原则,是指合同依法成立后,因不可归责于双方当事人的原因发生了不可预见的情势变更,致使合同的基础丧失或动摇,若继续维护合同原有效力则显失公平,而允许变更或解除合同的原则。

《民法典》第五百三十三条规定:合同成立后,合同的基础条件发生了当事人在订立合同时无法预见的、不属于商业风险的重大变化,继续履行合同对于当事人一方明显不公平的,受不利影响的当事人可以与对方重新协商;在合理期限内协商不成的,当事人可以请求人民法院或者仲裁机构变更或者解除合同。人民法院或者仲裁机构应当结合案件的实际情况,根据公平原则变更或者解除合同。

(6)合同的监管原则。

合同的监管,是对自愿原则即意思自治原则的规制,有时需要司法介入,有时通过行政监督管理的角度对当事人利用合同实施危害国家利益、社会公共利益行为进行监督处理。

《民法典》第五百三十四条规定:对当事人利用合同实施危害国家利益、社会公共利益行为的,市场监督管理和其他有关行政主管部门依照法律、行政法规的规定负责监督处理。

6.1.5 合同的变更与转让

1)合同的变更

合同的变更,是指合同依法成立后尚未履行或尚未完全履行时,经双方当事人同意,依照法律规定的条件和程序,对原合同内容进行的修改或补充。

《民法典》第五百四十三条规定,当事人协商一致,可以变更合同。《民法典》第五百四十四条规定,当事人对合同变更的内容约定不明确的,推定为未变更。因此,当事人变更合同,应当协商一致,并且明确变更的内容,合同变更不包括合同当事人或者合同主体的改变,对于主体变更的内容,依法适用债权转让、债务转移的相关制度。对于变更的形式要求,一般来说,以书面形式订立的合同,变更协议亦应采用书面形式。

(1)合同变更的情形。

①合同标的物变更,包括标的物种类的更换、数量的增减、品质的改变、规格的更改;

②合同履行条件的变更,包括履行期限、履行地点、履行方式以及结算方式的改变等;

③合同价金的变更,即合同价款或者酬金的增减,以及利息的变化等;

④合同所附条件或期限的变更,例如所附条件的除去或增加,所附期限的延长或提前;

⑤合同担保的变更,例如基于当事人的意思表示或者法律的规定,使合同担保消灭或新设。

⑥其他内容的变更,例如违约金的变更、选择裁判机构协议的变更。

(2)合同变更的效力。

①合同的变更会形成新的债权债务内容。由于合同的变更,当事人不能完全按原合同的内容来履行,而应按变更后的权利义务关系来履行。但这并不是说在合同变更时,必须首先消灭合同关系。事实上,合同的变更是指在保留原合同的实质内容的基础上,产生一个新的合同关系,它仅仅是在变更的范围内使原债权债务关系发生变化,而变更之外的债权债务关系仍继续有效并应履行。

②合同变更仅对未履行部分发生法律效力,对已履行部分没有溯及力,当事人不得主张对已履行完毕的债权债务关系按变更后的内容重新履行。

2）合同的转让

合同的转让是指当事人将合同的权利或义务转让给第三人的法律行为,可以只转让部分权利或义务,也可以一并转让权利义务,即在合同关系内容不发生变动的情况下,合同主体发生变更。

（1）合同的转让条件。

根据《民法典》第五百四十五条的规定,债权人可以将债权的全部或者部分转让给第三人,但是有下列情形之一的除外:根据债权性质不得转让;按照当事人约定不得转让;依照法律规定不得转让。同时《民法典》第五百四十六条、第五百五十一条和第五百五十五条规定,当事人一方经对方同意,可以将自己在合同中的权利和义务一并转让给第三人。合同转让应满足以下条件:

①必须征得对方当事人的同意;

②不得违反法律规定和社会公共利益;

③当事人出于真实的意思表示;

④不影响合同目的的实现;

⑤合同权利义务具有可让与性。

（2）合同转让的通知义务。

根据《民法典》五百四十六条和五百四十八条的规定,债权人转让债权,未通知债务人的,该转让对债务人不发生效力。债权转让的通知不得撤销,但是经受让人同意的除外。

债务人接到债权转让通知后,债务人对让与人的抗辩可以向受让人主张。因此,合同的转让应当通知对方当事人,通知方式可以是书面也可以是口头。

（3）合同转让的法律效果。

根据《民法典》五百五十三条、五百五十四条以及五百五十六条的规定,债务人转移债务的,新债务人可以主张原债务人对债权人的抗辩;原债务人对债权人享有债权的,新债务人不得向债权人主张抵销。债务人转移债务的,新债务人应当承担与主债务有关的从债务,但是该从债务专属于原债务人自身的除外。合同的权利和义务一并转让的,适用债权转让、债务转移的有关规定。因此,合同权利义务转让后,原合同权利义务主体发生变更,除了专属性权利,转让方的权利义务由受让人享有。

6.1.6　合同的解除与终止

1）合同的解除

合同的解除,是指合同有效成立之后,根据法律规定或因当事人一方的意思表示或者双方的协议,使基于合同发生的民事权利义务关系归于消灭的一种法律行为。

（1）合同解除的类型。

①合同的解除按照解除权的主体，可以分为单方解除和协议解除。

单方解除是指解除权人行使解除权将合同解除的行为。它不必经过对方当事人的同意，只要解除权人将解除合同的意思表示直接通知对方，或经过人民法院或仲裁机构向对方主张，即可发生合同解除的效果。

协议解除是指当事人双方通过协商同意将合同解除的行为。它不以解除权的存在为必要，解除行为不是解除权的行使，而是当事人的合意行为。

②按照解除权行使的条件，分为法定解除和约定解除。

合同解除的条件由法律直接规定的，其解除为法定解除。根据《民法典》第五百六十三条的规定，法定解除主要包括以下几种情形：

a. 因不可抗力致使不能实现合同目的；

b. 在履行期限届满之前，当事人一方明确表示或者以自己的行为表明不履行主要债务；

c. 当事人一方迟延履行主要债务，经催告后在合理期限内仍未履行；

d. 当事人一方迟延履行债务或者有其他违约行为致使不能实现合同目的；

e. 法律规定的其他情形。

以持续履行的债务为内容的不定期合同，当事人可以随时解除合同，但是应当在合理期限之前通知对方。

约定解除，是指当事人以合同形式，约定为一方或双方保留解除权的解除。约定解除权的发生原因、行使方式、存在的期限及后果都是由双方当事人协商确定的，是合同意思自治原则的体现。

（2）合同解除的效力。

根据《民法典》第五百六十六条和第五百六十七条的规定，合同解除产生合同关系消灭的一般法律后果，具体表现如下。

①合同解除时，如果该合同尚未履行，则解除具有溯及力，基于合同发生的权利义务关系全部消灭，当事人双方终止合同的履行即可。如果合同已部分履行，由于合同的解除而自始失去效力，当事人受领的给付也就失去法律根据，所以受领人有恢复原状的义务。在恢复原状困难或不可能时，权利人有权要求义务人采取其他补救措施。

②合同解除后，致使原合同中双方当事人之间所形成的法律关系归于消灭，当事人不再履行合同所约定的债权债务。但这并不意味着原合同的所有条款都失去效力，当事人与合同有关的权利义务并不一定全部完结，合同中有关结算、违约金、争议管辖条款等仍继续有效。如果在合同终止前，一方当事人的行为给对方造成了损失，受损害方在合同终止后，仍然有权请求赔偿。

2）合同的终止

合同的终止，又称合同的消灭，是指合同关系在客观上不复存在，合同权利和合同义务归于消灭。合同的终止，使合同关系不复存在，同时使合同的担保及其他权利义务也归于消灭。

依据我国《民法典》第五百五十七条的规定，合同的终止主要包括以下情形。

（1）合同因履行而终止。

合同因履行而终止是从债权实现的动态过程来讲的，是债务人按照合同的约定或者法律的规定全面适当地履行义务，使债权人的债权利益得以实现，而债权债务归于消灭的情形。债因履行而消灭是合同权利义务终止的常态，也是符合定约目的的最佳状态。合同当事人之间的债权债务关系自合同给付义务皆履行完毕之日起便告终止，此后依据诚实信用原则和交易习惯产生的义务为后合同义务。

（2）合同因抵销而终止。

合同因抵销而终止是指当事人互负债务时，各以其债权充当债务的清偿，而使其债务和对方的债务在对等额内互相消灭。抵销分为法定抵销和合意抵销。法定抵销是指按照法律的规定，在二人互负同种类债务，且债务均已届清偿期时，依当事人一方的意思表示而成立的抵销，抵销权在性质上属于形成权，由主动债权人一方向对方作出抵销的意思表示，即可发生抵销的法律效力。我国《民法典》第五百六十八条规定，当事人主张抵销的，应当通知对方。通知自到达对方时生效，抵销不得附条件和附期限。即抵销须以通知的方式作出，自通知到达对方时即发生抵销的效力。

（3）合同因提存而终止。

合同因提存而终止一般是指债务人由于债权人的原因而无法向其交付债的标的物时，可将该标的物提交给提存机关保管，从而消灭债务的制度。我国《民法典》第五百七十条规定了提存的要件和可为提存的情形，第五百七十二条规定了提存后的通知义务，标的物提存后，除债权人下落不明以外，债务人应当及时通知债权人或者债权人的继承人、监护人。这里须明确的是提存对合同债权债务关系的法律效力，是从提存之日起即发生债务关系消灭的效力，还是提存通知到达债权人及相关人时才发生提存的法律效力，合同的权利义务才可以终止。我国司法部《提存公证规则》第十七条规定："公证处应当从提存之日起三日内出具提存公证书。提存之债从提存之日即告清偿。"

（4）合同因免除而终止。

免除是指债权人抛弃债权并发生债务消灭效力的单方法律行为。免除属无因、无偿、非要式行为，免除的意思表示无须特定方式。免除可通过交付免除证书，返还债权证书等方式作出，亦不排除以合同形式完成。相应地自债权人将免除证书交付给债务人，将免除的意思表示通知债务人，或者将债权证书返还给债务人，以及约定免除合同成立生效时都使合同权利义务关系终止。

（5）合同因混同而终止。

混同是指债权和债务同归于一人，从而使合同中的权利义务关系得以终止的状态。混同为债权和债务归属于同一人的事实，属于法律事件，所以混同的成立仅以债权和债务同归于一人的事实为要件,无须任何人的意思表示,所以混同的事实成就之时即使合同的权利义务关系终止。

(6) 合同因解除而终止。

合同解除是指合同依法成立后,没有履行或者没有完全履行前,因为当事人一方或者双方的意思表示使合同关系归于消灭的行为。我国《民法典》第五百六十六条规定,合同解除后,尚未履行的,终止履行;已经履行的,根据履行情况和合同性质,当事人可以要求恢复原状、采取其他补救措施,并有权要求赔偿损失。不论合同解除有无溯及力,合同解除必然对将来发生效力,尚未履行的终止履行。但"恢复原状"则是合同解除有溯及力效力的直接体现,是各方当事人基于合同发生的债务全部免除的必然结果。我国合同法对解除溯及力的规定是比较灵活的。

合同权利义务终止后,当事人应当遵循诚实信用原则,根据交易习惯,履行通知、协助、保密等义务(《民法典》第五百五十八条)。当事人违反上述合同终止后的义务,应承担赔偿损失责任。

6.1.7 合同的违约责任

1) 违约责任的概念

违约责任是指合同当事人一方不履行合同义务(违反了实际履行原则)或履行合同义务不符合合同约定(违反了全面履行原则)所应承担的民事责任。

违约责任的构成要件有二:①有违约行为,违约行为是指当事人一方不履行合同义务或者履行合同义务不符合约定条件的行为;②无免责事由。前者称为违约责任的积极要件,后者称为违约责任的消极要件。

2) 违约的免责事由

免责事由也称免责条件,是指当事人即使违约也不承担责任的事由。合同法上的免责事由可分为两大类,即法定免责事由和约定免责事由。法定免责事由是指由法律直接规定、不需要当事人约定即可援用的免责事由,主要指不可抗力;约定免责事由是指当事人约定的免责条款。

3) 违约责任的形式

违约责任的形式,即承担违约责任的具体方式。对此,《民法典》第五百七十七条作了明文规定:当事人一方不履行合同义务或者履行合同义务不符合约定的,应当承担继续履行、采取补救措施或者赔偿损失等违约责任。据此,违约责任有三种基本形式,即继续履行、采取补救措施和赔偿损失。当然,除此之外,违约责任还有其他形式,如违约金、定金责任。

(1) 继续履行。继续履行也称强制实际履行,是指违约方根据对方当事人的请求继续履行合同约定的义务的违约责任形式。旨在保证实际履行原则的落实。

(2) 采取补救措施。采取补救措施作为一种独立的违约责任形式,是指矫正合同不适当履行(质量不合格)、使履行缺陷得以消除的具体措施。这种责任形式,与继续履行(解决不履行问题)和赔偿损失具有互补性。

（3）赔偿损失。赔偿损失，在《合同法》中也称违约损害赔偿，是指违约方以支付金钱的方式弥补守约方因违约行为所减少的财产或者所丧失的利益的责任形式。赔偿损失是最重要的违约责任形式。

（4）违约金。违约金是指当事人一方违反合同时应当向对方支付的一定数量的金钱或财物。

根据现行《民法典》的规定，违约金具有以下法律特征：①是在合同中预先约定的(合同条款之一)；②是一方违约时向对方支付的定额损害赔偿金；③是对承担赔偿责任的一种约定(不同于一般合同义务)。

当约定的违约金畸高或畸低时，当事人可以请求法院或仲裁机构予以适当的调整。

（5）定金责任。所谓定金，是指合同当事人为了确保合同的履行，依照法律和合同的规定，由一方按合同标的额的一定比例预先给付对方的金钱或其他替代物。对此《民法典》做了专门规定①。《民法典》第五百八十六条也规定，当事人可以依照担保法约定一方向对方给付定金作为债权的担保。债务人履行债务后，定金应当抵作价款或者收回。给付定金的一方不履行约定的债务的，无权要求返还定金；收受定金的一方不履行约定的债务的，应当双倍返还定金。

6.1.8　合同的担保

合同担保，是指法律规定或者当事人约定的确保债务人履行债务，保障债权人的债权得以实现的法律措施。

1）担保的方式

《民法典》规定的担保方式除了保证、抵押、质押、留置和定金以外，还有一种重要的担保方式就是反担保。

《民法典》第三百八十七条规定，债权人在借贷、买卖等民事活动中，为保障实现其债权，需要担保的，可以依照本法和其他法律的规定设立担保物权。第三人为债务人向债权人提供担保的，可以要求债务人提供反担保。反担保适用本法和其他法律的规定。《最高人民法院关于适用〈中华人民共和国民法典〉有关担保制度的解释》规定反担保人可以是债务人，也可以是债务人之外的其他人。反担保方式可以是债务人提供的抵押或者质押，也可以是其他人提供的保证、抵押或者质押。因此留置和定金不能作为反担保方式。在债务人自己向原担保人提供反担保的场合，保证不得作为反担保方式。

反担保，是指为了换取担保人提供保证、抵押或质押等担保方式，而由债务人或

---

①　根据《民法典》第五百八十六条规定，定金的数额不得超过合同标的额的 20％。这一比例为强制性规定，当事人不得违反。如果当事人约定的定金比例超过了 20％，则并非整个定金条款无效，而只是超过部分无效。

第三人向该担保人提供的担保,该担保相对于原担保而言被称为反担保。

2)分类

(1)一般担保和特别担保。一般担保是对以债务人为中心形成的所有权都具有担保作用的担保。特别担保是针对单个债务特别设立的担保。

(2)人保、物保、金钱保。人保指的是《民法典》第六百八十一条规定的,当债务人不履行到期债务或者发生当事人约定的情形时,保证人履行债务或者承担责任的担保;物保又称物的担保,实践中多是不动产的抵押或动产的质押担保;金钱担保是指于债务之外又交付一定数额的金钱,该金钱的得失与债务履行与否联系在一起,建设工程领域通常包括投标保证金、质量保证金、履约保证金等。

(3)法定担保和约定担保。法定担保即法律规定的在一定条件下当然发生的担保,如《民法典》第四百四十七条规定的留置权。约定担保是指双方协商一致设立的担保。

(4)原担保与反担保。原担保是为主合同之债而设立的担保;反担保是为担保之债而设立的担保。《民法典》第三百八十七条第二款规定:"第三人为债务人提供担保时,可以要求债务人提供反担保。"

3)特征

(1)从属性。指合同担保从属于所担保的债务所依存的主合同,即主债依存的合同。合同担保以主合同的存在为前提,因主合同的变更而变更,因主合同的消灭而消灭,因主合同的无效而无效。

(2)补充性。指的是合同担保一经成立,就在主债关系基础上补充了某种权利义务关系。担保对债权人权利的实现仅具有补充作用,在主债关系因适当履行而正常终止时,担保人并不实际履行担保义务。只有在主债务不能得到履行时,补充的义务才需要履行,使主债权得以实现,因此,担保具有补充性。

(3)保障性。合同担保设立的目的是保障债务的履行和债权的实现。

4)担保合同的无效与责任承担

(1)担保无效的情形。

根据《民法典》和相关司法解释规定,下列担保合同无效。

①机关法人和以公益为目的的非营利性学校、幼儿园、医疗机构、养老机构等违法提供担保的,担保合同无效。

②以违法的建筑物抵押且在一审法庭辩论终结前仍未办理合法手续的,抵押合同无效。

(2)担保合同无效的法律责任。

根据《民法典》第三百八十八条第二款规定,担保合同被确认无效后,债务人、担保人、债权人有过错的,应当根据其过错各自承担相应的民事责任,即缔约过失责任。《最高人民法院关于适用〈中华人民共和国民法典〉有关担保制度的解释》规定如下。

①主合同有效而担保合同无效，债权人无过错的，担保人与债务人对主合同债权人的经济损失，承担连带赔偿责任；债权人、担保人有过错的，担保人承担民事责任的部分，不应超过债务人不能清偿部分的 1/2。

②主合同无效而导致担保合同无效，担保人无过错则不承担民事责任；担保人有过错的，应承担的民事责任不超过债务人不能清偿部分的 1/3。

③担保人因无效担保合同向债权人承担赔偿责任后，可以向债务人追偿，或者在承担赔偿责任的范围内，要求有过错的反担保人承担赔偿责任。

为了保证债权人的利益，主合同解除后，担保人对债务人应当承担的民事责任仍应承担担保责任。但是，担保合同另有约定的除外。另外，如果法人或者其他组织的法定代表人、负责人超越权限订立的担保合同，除相对人知道或者应当知道其超越权限的以外，该代表行为有效。

5）建设工程领域的担保

建设工程领域的担保又称工程担保，是控制工程建设履约风险的一种行业惯例，通常包括投标担保、履约担保、农民工工资支付担保、预付款担保等。

（1）投标担保。

《中华人民共和国招标投标法实施条例》第二十六条规定："招标人在招标文件中要求投标人提交投标保证金的，投标保证金不得超过招标项目估算价的 2%。投标保证金有效期应当与投标有效期一致。依法必须进行招标的项目的境内投标单位，以现金或者支票形式提交的投标保证金应当从其基本账户转出。招标人不得挪用投标保证金。"

投标担保作用是为了保证投标人中标后对其提交的投标书中的内容不得撤销或者反悔。法律规定投标保证金的数额一般不超过投标价的 2%，但最高不得超过 80 万元人民币。投标保证金的形式主要有：交付现金、支票、银行汇票、不可撤销的信用证、银行保函、由保险公司或者担保公司出具的投标保证书。

（2）履约担保。

《中华人民共和国招标投标法》第四十六条第二款规定："招标文件要求中标人提交履约保证金的，中标人应当提交。"

履约保证金制度是《招标投标法》为确保工程质量和工期所建立的一项法律制度，招标人在招标文件中可以运用这项制度来保证工程质量和工期。从法律上讲，履约保证金既不同于定金，也不同于预付款，更不同于保证。建立履约保证金制度对促使中标人履约、防止中标人违约、督促中标人履行合同义务、对违约者进行惩戒等具有重要的作用。

（3）农民工工资支付担保。

《保障农民工工资支付条例》第四章重点规定了工程建设领域对农民工工资支付的特别规定。首先，建设单位应当向施工单位提供工程款支付担保；其次，施工总承包单位应当按照有关规定开设农民工工资专用账户，专项用于支付该工程建设项目农民工工资;最后,建设单位应当按照合同约定及时拨付工程款,并将人工费用及时足额拨付至农民工工资专用账户,加强对施工总承包单位按时足额支付农民工工资的监督。同时,除法律另有规定外,农民工工资专用账户资金和工资保证金不得因支付为本项目提供劳动的农民工工资之外的原因被查封、冻结或者划拨。

（4）预付款担保。

预付款担保的作用是保证在合同签订后承包人能合法、合规地使用发包人支付的预付款。主要形式有:银行保函、保证担保公司担保、抵押等。无论哪类担保或者哪些形式的担保,都是招标人或发包人降低风险的措施。

6.2　建设工程监理合同管理

6.2.1　建设工程监理合同的概念、性质和特征

1）建设工程监理合同的概念

所谓建设工程监理合同,是指委托人与监理人就委托建设工程项目监理签订的明确双方权利义务的协议。

2）建设工程监理合同的性质

建设工程监理合同从性质上说是委托合同。在建设工程监理合同中,发包人（即委托人）通过监理合同把建设工程项目的一部分工程管理权限授予监理人,委托其代为行使,符合委托合同的法律特征。《民法典》第七百九十六条规定,建设工程实行监理的,发包人应当与监理人采取书面形式订立委托监理合同。发包人与监理人的权利和义务以及法律责任,应当依照本编委托合同以及其他有关法律、行政法规的规定。从这一规定来看,建设工程监理合同属于发包人与监理人平等主体间订立的委托合同。

3）建设工程监理合同的特征

建设工程监理合同具有如下特征。

（1）建设工程监理合同双方当事人均为符合条件的特定主体。

建设工程监理合同的双方当事人应当是具有民事权利能力和民事行为能力、取得法人资格的企事业单位、其他社会组织。作为合同当事人的监理单位,是持有相关资质证书,具有法人资格的专业机构。而委托人作为建设单位,必须是经国家主管部门批准或备案的建设项目,落实投资计划的企事业单位、其他社会组织及个人。

（2）建设工程监理合同是要式合同。

《民法典》第七百九十六条规定,建设工程实行监理的,发包人应当与监理人采用书面形式订立委托监理合同。根据上述法律规定,建设工程监理合同为要式合同,应当采取书面方式订立。

（3）建设工程监理合同的客体是监理行为。

工程建设实施阶段所签订的其他合同，如勘察设计合同、物资采购合同的客体是知识成果、物，而监理合同的客体是监理行为，即监理工程师凭据自己的知识、经验、技能受委托人委托为其所签订的建设工程施工合同的履行及工程质量实施监督和管理等行为。

6.2.2　建设工程监理合同示范文本

1）建设工程监理合同示范文本的主要条款

为规范工程监理工作，明确监理单位的建设工程监督管理职责，我国住房和城乡建设部与国家工商行政管理总局于 2012 年 3 月 27 日颁布了《建设工程监理合同（示范文本）》（GF—2012—0202）（以下简称《2012 版监理合同示范文本》）。

《2012 版监理合同示范文本》的主要合同条款包括以下几个方面：

（1）委托监理的工程概况；

（2）监理期限；

（3）监理报酬及其支付；

（4）双方权利义务；

（5）违约责任；

（6）支付；

（7）合同生效、变更、暂停、解除与终止；

（8）争议解决；

（9）其他。

2）建设工程监理合同示范文本的具体结构

《2012 版监理合同示范文本》由协议书、通用条件、专用条件、附录 A 和附录 B 五部分组成。

（1）协议书。

协议书主要包括工程概况、签约酬金、委托期限、合同订立等条款。此外，《2012 版监理合同示范文本》专设"总监理工程师"一条，规定监理合同应明确约定总监理工程师的姓名等信息，这一规定有利于总监理工程师对工程建设实行全面监督管理职责。

（2）通用条件。

通用条件的内容涵盖了合同中所用词语定义、适用范围和法规，签约双方的义务、责任，违约责任、支付、合同生效、变更、解除与终止，争议解决等。它是监理合同的通用文本，适用于各类工程建设监理委托，是所有签约建设工程都应遵守的基本条件。《2012 版监理合同示范文本》的通用条件主要包括以下内容。

①词语定义。

《2012 版监理合同示范文本》在通用条件部分明确了建设工程监理的概念及监

理人的服务范围,明确约定监理人系接受发包人的委托从事监理工作及勘察、设计、保修阶段的相关服务,履行安全生产管理职责的单位或个人。

②监理人义务。

《2012 版监理合同示范文本》通用条件部分明确约定除专用条件另行约定之外,监理人必须承担的工作内容,包括编制监理规划及监理实施细则;参加图纸会审和设计交底会议;主持监理例会;审查施工承包人提交的施工组织设计;检查施工承包人工程质量、安全生产管理制度及组织机构和人员资格;审查承包人提交的施工进度计划;审核分包人资质条件;签发开工令、工程暂停令和复工令;参加工程竣工验收,签署竣工验收意见;编制、整理工程监理归档文件等。

此外,《2012 版监理合同示范文本》还规定了监理人履行职责的依据和具体要求,细化了监理人组建工程建设项目监理机构和人员的要求和更换监理人员的情形。

③委托人义务。

《2012 版监理合同示范文本》规定了委托人的告知、提供工作资料及工作条件、委派代表、支付监理酬金等义务。

④违约责任。

建设工程监理合同属于委托合同,监理人作为发包人的代理人应按合同约定或发包人的要求履行合同义务,《2012 版监理合同示范文本》约定了监理人违反监理合同约定给委托人造成损失的应承担相应的赔偿责任。发包人作为监理人的委托人,应依据监理合同约定和监理人的工作范围向监理人支付报酬,《2012 版监理合同示范文本》约定了委托人逾期支付酬金超过 28 天,应按专用条件中的约定支付逾期付款利息。

⑤支付。

《2012 版监理合同示范文本》明确约定监理人提出酬金支付申请的相关内容,监理人应在合同约定的支付时间前 7 天内向委托人提交支付申请书。委托人对监理人提交的支付申请书有异议的,应当在收到支付申请书后 7 天内,以书面形式向监理人发出异议通知。

⑥合同生效、变更、暂停、解除与终止。

《2012 版监理合同示范文本》明确约定合同变更的情形,将非监理人原因导致的合同期限、内容变更或者工程概算投资额、建筑安装工程费增加及与工程相关的法律法规、标准的颁布或修订等作为监理人工作内容、委托监理期限或酬金变化的依据,充分考虑了建设工程施工实践中常发生的合同变更情形,使合同文本更具有实用性和可操作性。

《2012 版监理合同示范文本》还约定了在满足监理人完成监理合同约定的全部工作和委托人结清并支付全部酬金两项条件时监理合同终止。

⑦争议的解决。

《2012 版监理合同示范文本》将"调解"作为监理合同争议解决方式之一,明确约定若双方当事人未能在 14 天内或其他商定时间内解决,可以将争议提交双方约定的调解人调解。双方也有权不经调解直接向约定的仲裁机构申请仲裁或向有管辖权的人民法院提起诉讼解决争议。

（3）专用条件。

通用条件中的内容适用于所有的工程建设监理委托,具有普遍适用性,故某些条款约定得比较笼统,需要在签订具体工程项目的监理委托合同时,就地域特点、专业特点和委托监理项目的特点,对通用条件中的某些条款进行补充、修改。如对委托监理的工作内容而言,认为通用条件中的条款还不够全面,允许在专用条件中增加双方议定的条款内容。

《2012 版监理合同示范文本》在专用条件部分中明确约定了监理人损害赔偿金的标准为:直接经济损失×正常工作酬金÷工程概算投资额（或建筑安装工程费）。此外,监理合同双方当事人可以在专用条件部分另行约定监理人的工作内容、委托人授权范围（包括工程延期和价款的授权范围）、酬金的支付方式等内容。

（4）附录 A、附录 B。

《2012 版监理合同示范文本》附录 A 明确了监理人在勘察、设计、保修或其他相关阶段服务的内容与范围,附录 B 明确了委托人派遣的人员和提供的房屋、资料、设备的具体情况。

《2012 版监理合同示范文本》并非主管部门制定的强制性规范文件,但对建设单位与监理单位之间监理合同的签订和履行提供了一定的参考,发包人和监理人可在参考适用的基础上经过协商对其中的某些条款进行变更。

6.2.3 建设工程监理合同订立管理

订立一份合法、公平、完整的建设工程监理合同,有利于监理工作的实施和监理人合法权益的保障,有利于合同管理工作的顺利开展。为此,在合同订立阶段应做好以下工作。

1）严格审查签约主体的资格

建设工程监理合同双方当事人为委托人（即发包人）和监理人,监理人在签订《建设工程监理合同》时,调查委托人的具体情况是一项重要的准备工作,监理人应重点核查委托人取得建设项目的合法性、委托人的经营情况和企业信誉等。

我国对监理人有相应的资质要求,根据《建筑法》等相关法律规定,监理人必须具有承担建设工程监理业务的资质,必须在经资质许可的范围内从事监理工作,如监理人不符合资质要求,则没有签订监理合同的资格。故委托人在签订《建设工程监理合同》时,应审查监理人的资质。除审查监理人的资质外,委托人还应审查监理单位提供的服务团队人员的资格、过往业绩、企业信誉等。

对签约主体的资格审查,可以将因主体资格问题导致的风险隐患排除在外,为合同的妥善履行奠定良好的基础。

2）严格遵守订立合同的法定程序和形式

建设工程监理合同可以采用招投标方式签订,也可以采用双方协商方式签订。依据《工程建设项目招标范围和规模标准规定》第七条,基础设施项目、公用事业项目等工程建设项目,达到特定条件的工程监理合同必须通过招投标的方式确定。发包人在签订建设工程监理合同的过程中,应当严格遵守法律规定,对于法定必须进行招投标的工程项目的监理,应采用招标方式确定监理单位。

监理人承担监理业务应当与发包人签订书面建设工程监理合同,监理合同是法定的要式合同,应遵循法定形式。

3）明确发包人和监理人的权利义务及责任

建设工程监理合同的发包人和监理人应在合同中明确约定双方权利、义务和责任。发包人作为监理人的委托人,在监理合同中要明确约定监理服务的范围、工作内容、监理期限及发包人授权的权限等内容。此外,发包人主要履行支付酬金的义务,应按合同约定向监理人支付酬金,故在签订监理合同时必须约定监理酬金总额及支付方式等。

监理人接受发包人的委托,代理发包人进行工程质量监督管理,履行监理职责。《2012版监理合同示范文本》中约定了监理人的权利和义务,主要包括:要求发包人派遣人员配合监理人的工作、应组建满足建设工程需求的工程监理机构、按合同约定和委托人的要求,实施工程项目的质量、进度和造价的监督管理、进行文件归档管理等。

此外,在订立监理合同时,发包人和监理人必须明确具体违约情形及违约方应承担的违约责任。如双方可以在监理合同中约定发包人未按合同约定支付监理酬金应支付的违约金、监理人未履行或未适当履行监理职责时应赔偿由此给发包人造成的损失等违约责任。

4）审查合同文本,确保合同内容合法合规

根据《民法典》第一百五十三条的规定,如合同内容违反法律和行政法规的效力性强制性规定,违反规定的部分无效。为确保建设工程监理合同的合法有效,发包人和监理人均应逐一审查建设工程监理合同的条款,确保合同内容不违反法律、行政法规的强制性规定。

6.2.4 建设工程监理合同履行管理

建设监理合同的履行,是指监理方和委托人分别全面并适当地履行合同义务、实现合同目的的行为。本部分所述内容主要是监理单位对建设工程监理合同履行的管理。

1）做好合同分析和合同交底工作

为了更好地履行合同,在合同签订后、监理机构进场前应做好合同分析和合同交底工作。

（1）做好监理合同分析，特别是合同风险分析，把合同中的规定落实到监理工作计划中。合同风险分析，主要是分析评价每一合同条款执行的法律后果可能给监理单位带来的风险。只有充分了解情况，制定相应对策，才能免受或少受损失，使监理工作得以顺利开展。

通过对合同进行全面分析，对合同内容中的重点或关键性问题做出特别说明和提示，如监理人的权利、义务、责任、监理酬金的计算方法、支付方式和条件以及合同变更的处理办法等。对合同履行问题进行研究，将合同中的约定落实到监理工作的控制、管理、协调工作内容中。

（2）在合同分析的基础上，逐级做好合同交底工作。将合同文本和合同分析文件下达到具体责任人，如商务部负责人、工程部负责人、财务部负责人、项目总监理工程师等人员，并由项目总监理工程师组织项目监理机构全体人员学习合同文件。根据不同部门的工作特点有针对性地进行合同内容的讲解，用简单易懂的语言和形式表达各部门的责任和权利、可能导致对自身不利的行为、哪些情况容易被对方索赔等合同中较为关键的内容，进一步落实合同责任，使参与项目监理工作的人员都了解相关的合同内容并能熟练掌握、正确履行。

此外，在项目监理机构的组建过程中，要注意落实各项合同约定。主要是依据监理投标书中的相关条款，组建项目监理团队，按约定时间进驻现场开展工作。

2）正确行使合同赋予的各项权利，严格履行合同赋予的监理义务

在监理合同的履行过程中，监理人一方面要积极、主动地行使合同赋予的权利；另一方面必须全面、妥善地履行合同赋予的监理义务，承担项目管理职责，对承包人的工作进行管控和监督，为发包人提供良好的监理服务。

在具体的工程项目中，监理单位通常会组建专门的项目监理团队派驻至施工现场进行监理工作，项目监理团队由总监理工程师和专业监理工程师组成，负责具体行使发包人授予监理人的权利。项目监理团队成员在工程建设的各方面都具备较强的专业能力和丰富的经验，可以为发包人提供高水平的监理服务。

3）做好跟踪管理

督促和指导各岗位监理人员严格执行监理合同中的有关内容。总监理工程师和合同管理部门的人员在工作中，应随时向各监理人员传达合同实施情况，并对相关人员的工作提出建议、意见，督促和指导其正确履行监理合同中的相关内容。做好合同跟踪管理有利于促进监理人员依据监理合同的有关内容采取措施调整自身工作，增强合同执行度。

4）做好监理合同变更管理

当监理服务范围和费用须变更时，双方商讨性和意向性的文件通常不能作为变更指令或变更合同的补充，应采用签订补充协议的形式对监理合同进行变更。对监理合同范围变更（增加或减少）而导致的监理投入增减情况，按合同约定与委托人进行协商处理，同时向企业相关部门汇报、备案。

（1）加强对往来函件的审查，并及时处理。常见委托人来函包括变更指令、确认函、传阅件、批复函等。对于可能涉及监理合同内容变更的委托人来函，要加强法律审查，确认函件是否对监理合同约定的工作范围等事项进行变更，涉及变更的，应及时进行处理。

（2）加强文件、文档的管理。文档管理包括工程变更、会议纪要、工程通知单、监理通知、工程进度拍照摄影等文件、文档的管理。要重视对合同文件的日常管理，建立索引和台账，归档保存，发文必须做签收记录且一并保存。

6.2.5　建设工程监理的法律责任

建设工程监理的法律责任指从事监理服务的监理单位或监理工程师违反法律规定、工程建设有关标准或合同约定而应承担的不利后果。依据法律责任的不同性质，建设工程监理的法律责任可以分为民事责任、行政责任和刑事责任。

1）建设工程监理的民事责任

建设工程监理单位的民事责任主要是监理单位未按照合同约定履行监理职责，给发包人造成经济损失时，应承担的民事法律责任。监理人作为发包人的受托人，应按委托人授权的工作范围及权限履行监理职责，否则应按合同约定承担民事责任，监理人承担的民事责任形式主要是赔偿损失。我国现行法律规范中监理人承担民事责任的主要相关规定如下。

《建筑法》第三十五条："工程监理单位不按照委托监理合同的约定履行监理义务，对应当监督检查的项目不检查或者不按照规定检查，给建设单位造成损失的，应当承担相应的赔偿责任。工程监理单位与承包单位串通，为承包单位谋取非法利益，给建设单位造成损失的，应当与承包单位承担连带赔偿责任。"

《民法典》第五百七十七条："当事人一方不履行合同义务或者履行合同义务不符合约定的，应当承担继续履行、采取补救措施或者赔偿损失等违约责任。"

《民法典》第九百二十九条："有偿的委托合同，因受托人的过错造成委托人损失的，委托人可以请求赔偿损失。无偿的委托合同，因受托人的故意或者重大过失造成委托人损失的，委托人可以请求赔偿损失。受托人超越权限造成委托人损失的，应当赔偿损失。"

根据上述规定，监理单位承担民事责任的构成要件主要有：（1）未按合同约定履行监理人的义务，具有违约行为；（2）因违约行为给委托人造成经济损失；（3）存在过错。

2）建设工程监理的行政责任

监理单位或监理工程师从事法律法规禁止的执业行为，应承担罚款、没收违法所得、降低资质等级或者吊销资质证书、责令停业整顿等行政责任。主要法律依据如下。

《建筑法》第六十九条："工程监理单位与建设单位或者建筑施工企业串通，弄虚作假、降低工程质量的,责令改正,处以罚款,降低资质等级或者吊销资质证书;有违法所得的,予以没收;造成损失的,承担连带赔偿责任;构成犯罪的,依法追究刑事责任。工程监理单位转让监理业务的,责令改正,没收违法所得,可以责令停业整顿,降低资质等级;情节严重的,吊销资质证书。"

《建设工程质量管理条例》第六十二条:"工程监理单位转让工程监理业务的,责令改正,没收违法所得,处合同约定的监理酬金百分之二十五以上百分之五十以下的罚款;可以责令停业整顿,降低资质等级;情节严重的,吊销资质证书。"

第六十七条:"工程监理单位有下列行为之一的,责令改正,处五十万元以上一百万元以下的罚款,降低资质等级或者吊销资质证书;有违法所得的,予以没收;造成损失的,承担连带赔偿责任:①与建设单位或者施工单位串通,弄虚作假、降低工程质量的;②将不合格的建设工程、建筑材料、建筑构配件和设备按照合格签字的。"

第六十八条:"违反本条例规定,工程监理单位与被监理工程的施工承包单位以及建筑材料、建筑构配件和设备供应单位有隶属关系或者其他利害关系承担该项建设工程的监理业务的,责令改正,处五万元以上十万元以下的罚款,降低资质等级或者吊销资质证书;有违法所得的,予以没收。"

第七十二条:"违反本条例规定,注册建筑师、注册结构工程师、监理工程师等注册执业人员因过错造成质量事故的,责令停止执业一年;造成重大质量事故的,吊销执业资格证书,五年以内不予注册;情节特别恶劣的,终身不予注册。"

3) 建设工程监理的刑事责任

刑事责任是建设工程监理人承担最严重的法律责任类型,监理单位或监理工程师负有履行建设工程安全生产管理的法定职责,如在执业过程中履职不力,情节严重构成犯罪的,应依据刑事法律规范的规定承担刑事责任。实践中,监理涉及的刑事犯罪主要包括重大责任事故罪、重大劳动安全事故罪、工程重大安全事故罪等。

《中华人民共和国刑法》第一百三十四条:"在生产、作业中违反有关安全管理的规定,因而发生重大伤亡事故或者造成其他严重后果的,处三年以下有期徒刑或者拘役;情节特别恶劣的,处三年以上七年以下有期徒刑。"

《中华人民共和国刑法》第一百三十五条:"安全生产设施或者安全生产条件不符合国家规定,因而发生重大伤亡事故或者造成其他严重后果的,对直接负责的主管人员和其他直接责任人员,处三年以下有期徒刑或者拘役;情节特别恶劣的,处三年以上七年以下有期徒刑。"

《中华人民共和国刑法》第一百三十七条:"建设单位、设计单位、施工单位、工程监理单位违反国家规定,降低工程质量标准,造成重大安全事故的,对直接责任人员,处五年以下有期徒刑或者拘役,并处罚金;后果特别严重的,处五年以上十年以下有期徒刑,并处罚金。"

6.3 监理单位对建设工程合同管理

监理单位应当依照法律、行政法规及有关的技术标准、设计文件和建筑工程承包合同,对承包单位在施工质量、建设工期和建设资金使用等方面,代表建设单位实施监督、管理。

在建设工程合同管理过程中,监理单位应当根据建设单位的委托,客观、公正地执行监理任务。

6.3.1 建设工程合同的概念和种类

1)建设工程合同的概念

建设工程合同是指发包方和承包方为完成商定的建设工程,订立的明确双方权利义务的协议。建设工程合同的双方当事人是发包方和承包方,是平等的民事主体。《民法典》第七百八十八条规定,建设工程合同是承包人进行工程建设,发包人支付价款的合同。根据上述规定,承包方应按约定完成工程施工建设任务,发包方应向承包方支付工程款。

2)建设工程合同的种类

《民法典》第七百八十八条规定,建设工程合同包括工程勘察、设计、施工合同。上述法律规定以建设工程的环节和阶段为标准,将建设工程合同划分为建设工程勘察合同、建设工程设计合同与建设工程施工合同。

(1)建设工程勘察合同。

建设工程勘察合同是发包方与勘察人之间订立的,由勘察人完成一定勘察工作,发包方支付相应价款的合同。建设工程勘察合同的勘察人必须是持有工程勘察相应资质等级证书的勘察单位,必须在获批的资质范围内从事勘察活动。在建设工程勘察合同中,勘察人最主要的义务是受发包方委托对工程项目的地理、地质、水文情况等进行勘测、勘察,并依据发包方的要求提交成果资料;发包方的最主要义务是向勘察人支付相应的价款。《民法典》第七百九十四条的规定,勘察、设计合同的内容一般包括提交有关基础资料和概预算等文件的期限、质量要求、费用以及其他协作条件等条款。

(2)建设工程设计合同。

建设工程设计合同是发包方与设计人之间订立的,由设计人完成一定设计工作,发包方支付相应价款的合同。设计人必须是持有工程设计资质的设计单位,在获准的资质等级范围内从事设计活动,按照施工设计标准编制设计文件。在建设工程设计合同中,设计人的主要义务是提供建筑工程设计服务,按发包方的要求出具设计方案、图纸等成果文件;发包方的最主要义务是向设计人支付相应的价款。

(3)建设工程施工合同。

建设工程施工合同又称建设工程承包合同,简称施工合同,是发包方(也称建设单位或委托人)和承包方(也称施工单位)之间,为完成一定的建设工程,所签订的明确双方权利义务的协议。施工合同中,承包方的主要义务是完成工程的建筑与安装,发包方验收完毕后支付承包方工程款。根据《民法典》第七百九十五条的规定,建设工程施工合同的内容一般包括工程范围、建设工期、中间交工工程的开工和竣工时间、工程质量、工程造价、技术资料交付时间、材料和设备供应责任、拨款和结算、竣工验收、质量保修范围和质量保证期、相互协作等条款。

6.3.2　监理单位对建设工程施工合同的管理

监理单位应以发包方的委托及施工合同约定为依据实施建设工程施工合同管理,客观公正认定发包方和承包方的权利义务和责任,处理双方的纠纷。根据《建设工程监理规范》(GBT 50319—2013)(以下简称《监理规范》)的规定,监理单位应依据建设工程监理合同约定进行施工合同管理,处理工程暂停及复工、工程变更、索赔及施工合同争议、解除等事宜。

1)监理单位对工程暂停及复工的管理

(1)工程暂停。

工程暂停可以由发包方提出,也可由承包方提出,发包方认为必要时,可以通过监理单位向承包方提出工程暂停通知。项目监理机构根据施工合同和监理合同约定签发工程暂停令,可根据停工原因的影响范围和影响程度,确定停工范围。

依据《监理规范》的规定,在发生发包方要求停工且工程需要暂停施工或者施工单位未经批准擅自施工、未按审查通过的设计文件施工、违反工程建设强制性标准或发生重大质量、安全事故等情形的,总监理工程师应签发工程暂停令。

总监理工程师签发工程暂停令应事先征得发包方同意,在紧急情况下未能事先报告时,应在事后及时向发包方做出书面报告。在工程暂停期间,项目监理机构应如实记录所发生的情况,会同有关各方按施工合同约定,处理因工程暂停引起的与工期、费用有关的问题。

因施工单位原因暂停施工时,项目监理机构应检查、验收施工单位的停工整改过程、结果。

(2)复工。

监理单位应跟踪核查工程项目是否具备复工条件,当暂停施工原因消失、具备复工条件时,施工单位提出复工申请的,项目监理机构应审查施工单位报送的工程复工报审表及有关材料。符合要求后,总监理工程师应及时签署审查意见,并应报发包方批准后签发工程复工令。施工单位未提出复工申请的,总监理工程师应根据工程实际情况指令施工单位恢复施工。

2)监理单位对工程变更的管理

(1)工程变更的程序。

工程变更指在施工过程中,由于工程状况发生变化,建设工程参建单位结合实际情况,对工程量、设计文件等进行的变更。根据统计,工程变更是索赔的主要起因。由于工程变更对工程施工过程影响很大,会造成工期的拖延和费用的增加,容易引起双方的争执,所以要十分重视工程变更管理问题,在建设工程施工合同中明确约定工程变更的条件、处理方式、各方责任等内容。工程变更一般按照如下程序进行。

①提出工程变更申请。根据工程实施的实际情况,承包方、发包方、监理方、设计方都可以提出工程变更申请。

②工程变更的批准。承包方提出的工程变更,应该交由监理单位审查并批准;由设计方提出的设计文件修改的工程变更应该与发包方协商或经发包方审查并批准;由发包方提出的工程变更,涉及设计修改的应该与设计单位协商,且一般通过监理单位发出。监理单位发出工程变更的权利,一般会在施工合同中明确约定,通常在发出变更通知前应征得发包方批准。

③工程变更指令的发出及执行。为了避免造成工程进度延误,发包方和承包方就变更价格达成一致意见之前有必要先行发布变更指示,先执行工程变更工作,然后就变更价款进行协商和确定。工程变更指示的发出有两种形式:书面形式和口头形式。一般情况下要求用书面形式发布变更指示,如果由于情况紧急而来不及发出书面指示,承包方应该根据合同约定要求发包方书面认可。根据工程建设惯例,除非发包方的工程变更通知明显超越合同范围,承包方应该无条件地执行工程变更的指示。即使工程变更价款没有确定,或者承包方对发包方答应给予付款的金额不满意,承包方也必须一边进行变更工作,一边根据合同寻求解决办法。

(2)监理单位对工程变更的处理。

项目监理机构可按下列程序处理施工单位提出的工程变更。

①总监理工程师组织专业监理工程师审查施工单位提出的工程变更申请,提出审查意见。对涉及工程设计文件修改的工程变更,应由建设单位转交原设计单位修改工程设计文件。必要时,项目监理机构应建议建设单位组织设计、施工等单位召开论证工程设计文件的修改方案的专题会议。

②总监理工程师组织专业监理工程师对工程变更费用及工期影响做出评估。

③总监理工程师组织建设单位、施工单位等共同协商确定工程变更费用及工期变化,会签工程变更单。

④项目监理机构根据批准的工程变更文件监督施工单位实施工程变更。

项目监理机构可在工程变更实施前与建设单位、施工单位等协商确定工程变更的设计原则、计价方法或价款。

建设单位与施工单位未能就工程变更费用达成协议时,项目监理机构可提出一个暂定价格并经建设单位同意,作为临时支付工程款的依据。工程变更款项最终结算时,应以建设单位与施工单位达成的协议为依据。

项目监理机构可对建设单位要求的工程变更提出评估意见,并应督促施工单位按会签后的工程变更单组织施工。

监理单位在工程变更过程中应与发包方、承包方、设计单位进行沟通，注意审查工程变更是否降低工程质量、设计标准、是否有利于合同目的的实现，审查后签发工程变更单。此外，工程变更通常涉及合同造价的调整，监理单位应结合工程情况、合同文件对工程变更申请进行全面分析，以使合同造价控制在合理范围内。

监理单位在处理工程变更过程中应记录、收集、整理工程变更所涉及的各种文件，如图纸、各种计划、技术说明、规范等，以作为进一步分析工程变更影响的依据和处理工程变更产生的索赔的证据。

3）监理单位对费用索赔的管理

费用索赔主要是在建设工程施工合同履行期间，一方当事人因对方的违约行为遭受经济损失时，向对方提出的经济赔偿。

（1）监理单位在建设工程施工合同履行期间，负责收集整理与索赔有关的资料，处理施工单位向建设单位提出的费用索赔要求。监理单位在施工合同费用索赔中的作用详见 6.4 节"监理工程师的合同索赔管理"。

（2）监理单位在批准施工单位提出的费用索赔要求时应同时满足以下几个条件：

①施工单位在施工合同约定的期限内提出费用索赔；

②索赔事件非因施工单位原因造成，且符合施工合同要求；

③索赔事件造成施工单位直接经济损失。

（3）当施工单位提出的费用索赔要求与工程延期要求相关联时，项目监理机构可以提出费用索赔和工程延期的综合处理意见，与发包方和施工单位协商。

（4）因施工单位原因造成建设单位损失，建设单位提出索赔时，项目监理机构应与建设单位和施工单位协商处理。

4）监理单位对工程延期及工期延误的处理

（1）工程延期和工期延误。

工程延期和工期延误的主要区别在于原因不同。工程延期是指因发包方的原因造成工程竣工日期延迟，由于工程延期并非因承包方原因造成工程拖延，承包方可以据此提出工期、费用的索赔。工期延误是指因承包方自身原因造成工期拖延，因此产生的损失和责任均由承包方承担，且发包方可以要求承包方承担违约责任。

监理单位应正确区分判断工程延期和工期延误，客观公正审查工程延期或工期延误申请及处理由此产生的工期和费用索赔。

（2）对于施工单位提出的工程延期要求，监理单位经审查后认为符合施工合同约定的，应予以受理。项目监理机构在批准工程临时延期、工程最终延期前，均应与发包方和施工单位协商。

（3）当影响工期时间具有持续性时，项目监理机构应对施工单位的阶段性工程临时延期报审表进行审查，并应签署工程临时延期审核意见后报建设单位；当影响工期事件结束后,项目监理机构应对施工单位提交的工程最终延期报审表进行审查,并应签署工程最终延期审核意见后报建设单位。

(4)项目监理机构批准工程延期应同时满足下列条件:

①施工单位在施工合同约定的期限内提出工程延期;

②非因施工单位原因造成施工进度滞后;

③施工进度滞后影响施工合同约定的工期。

(5)施工单位因工程延期提出费用索赔时,项目监理机构按施工合同的约定进行处理。

5)监理单位对建设工程施工合同争议的处理

在发包方与承包方、施工单位就建设工程施工合同的履行产生争议时,监理单位应客观公正地处理双方争议事项。《监理规范》规定了监理单位在处理施工合同争议中的主要工作。

(1)项目监理机构处理施工合同争议时应进行下列工作:

①了解合同争议情况;

②及时与合同争议双方进行磋商;

③提出处理方案后,由总监理工程师进行协商;

④当双方未能达成一致时,总监理工程师应提出处理合同争议的意见。

(2)项目监理机构在施工合同争议处理过程中,对未达到施工合同约定的暂停履行合同条件的,应要求施工合同双方继续履行合同。

(3)在施工合同争议的仲裁或诉讼过程中,项目监理机构应按仲裁机关或法院要求提供与争议有关的证据。

6)监理单位对建设工程施工合同解除的处理

(1)建设工程施工合同的解除。

根据解除权主体的不同,建设工程施工合同的解除权分为发包方的合同解除权和承包方的合同解除权。

①发包方的合同解除权。

以发包方享有的法定合同解除权为例,根据《民法典》第八百零六条的规定,承包人将建设工程转包、违法分包的,发包人可以解除合同。

②承包方的合同解除权。

以承包方享有的法定合同解除权为例,根据《民法典》第八百零六条的规定,发包人提供的主要建筑材料、建筑构配件和设备不符合强制性标准或者不履行协助义务,致使承包人无法施工,经催告后在合理期限内仍未履行相应义务的,承包人可以解除合同。

(2)因建设单位的原因导致施工合同解除时,项目监理机构应按施工合同约定与建设单位和施工单位按下列款项协商确定施工单位应得款项,并应签发工程款支付证书。

　　①施工单位按施工合同约定已完成的工作应得款项；

　　②施工单位按批准的采购计划定购工程材料、构配件、设备的款项；

　　③施工单位撤离施工设备至原基地或其他目的地的合理费用；

　　④施工单位人员的合理遣返费用；

　　⑤施工单位合理的利润补偿；

　　⑥施工合同约定的建设单位应支付的违约金。

　　（3）因施工单位原因导致施工合同解除时，项目监理机构应按施工合同约定，从下列款项中确定施工单位应得款项或偿还建设单位的款项，并与建设单位和施工单位协商后，从书面形式提交施工单位应得款项或偿还建设单位款项的证明。

　　①施工单位已按施工合同约定实际完成的工作应得款项和已给付的款项；

　　②施工单位已提供的材料、构配件、设备和临时工程等的价值；

　　③对已完成工程进行检查和验收、移交工程资料、修复已完成工程质量缺陷所需的费用；

　　④施工合同约定的施工单位应支付的违约金。

　　（4）非因建设单位、施工单位原因导致施工合同解除时，项目监理机构应按施工合同约定处理合同解除后的有关事宜。

6.4　监理工程师的合同索赔管理

6.4.1　建设工程合同索赔的概念及特征

1）建设工程合同索赔的概念

　　建设工程合同索赔通常是指在建设工程合同的履行过程之中，合同一方当事人非因自身原因而受到经济损失或权利损害时，根据法律、合同及惯例，凭有关证据，通过合法程序向对方提出经济补偿（和）或工期补偿的要求。《建设工程工程量清单计价规范》（GB 50500—2013）（以下简称 13《规范》）术语部分中将索赔定义为：在工程合同履行过程中，合同当事人一方因非己方的原因而遭受损失，按合同约定或法律法规规定承担责任，从而向对方提出补偿的要求。

　　由此可见，建设工程合同索赔的目的重在保证非因自己原因遭受损害的合同一方，在损害发生后获得对方的经济与工期补偿。实践中，工程建设都是以签订的建设工程合同为基础的，合同应尽可能地明确双方的权利、义务，以保障建设工程的顺利实施，但是由于建设工程具有标的大、工期长、过程复杂等特点，导致施工过程中不可避免地有干扰因素出现，导致合同一方遭受损失，这时索赔就显得尤为重要，它通过风险与损失在合同主体之间的再分配来维护无过错方的合法权益，从而实现建设工程合同索赔制度的价值。

2) 建设工程合同索赔的特征

(1) 建设工程合同索赔是一种正当的权利主张。

《民法典》第五百七十七条规定:"当事人一方不履行合同义务或者履行合同义务不符合约定的,应当承担继续履行、采取补救措施或者赔偿损失等违约责任。"因此,索赔是非因自己原因而遭受损害的一方,向对方提出补偿要求的行为。从法律角度来看,索赔是合同双方依据合同约定维护自身合法利益的行为,这是公平原则的必然要求,其本质是在合同履行过程中无过错受损害方要求获得损失赔偿、维护自己合法权益的一种正当的权利主张,其性质属于经济补偿行为,而非惩罚。

(2) 建设工程合同索赔是双向的。

从建设工程合同索赔的概念来看,合同一方非因己方原因受到损害的,可以向合同另一方要求经济或工期补偿。因此,在建设工程合同中,合同双方都可以提出索赔。以最常见的建设施工合同索赔为例,发包方与承包方都可以提出索赔。如《民法典》第八百零一条规定:"因施工人的原因致使建设工程质量不符合约定的,发包人有权请求施工人在合理期限内无偿修理或者返工、改建。经过修理或者返工、改建后,造成逾期交付的,施工人应当承担违约责任。"发包方可以承包方施工的工程质量不符合约定为由向承包方索赔。第八百零三条规定:"发包人未按照约定的时间和要求提供原材料、设备、场地、资金、技术资料的,承包人可以顺延工程日期,并有权请求赔偿停工、窝工等损失。"承包人可以发包方未按约定的时间和要求提供相应物资造成承包人损失为由而向发包方提出索赔。

但是在实践中,由于发包方可以通过扣拨工程款、向履约担保方索赔、扣保留金等方式来实现对承包方的索赔,处理较方便。所以,实践中最常见、最有代表性、处理比较困难的则是承包方向发包方的索赔。

(3) 建设工程合同索赔以发生了实际的经济损失或权利损害为前提。

13《规范》9.13.1 款规定,合同一方向另一方提出索赔时,应有正当的索赔理由和有效证据,并应符合合同的相关约定。此条款规定了索赔的条件,即正当的索赔理由、有效的索赔证据及在合同约定的时间内提出。其中,正当的索赔理由和有效的索赔证据所指向的,是现实发生的经济损失或权利损害。

上述经济损失是指非因自身原因造成的合同之外的支出,包括额外的人工费、机械费、材料费等。上述权利损害是指非因己方原因所遭受的权利上的损害,例如因发包方原因导致承包方无法进场施工,造成工期延误。如果经济损失和权利损害同时存在,承包方可同时进行索赔。

(4) 建设工程合同索赔非因自身过错所致。

根据前述索赔的概念可知,建设工程合同中,索赔发生的前提是受损方遭受的损害非因自己的过错所致,只有在这种条件下,受损方才有权利向对方索赔,如果损害是自己过错所致,那么受损方应当自己承担损失,无权提出索赔。

具体来讲,索赔的原因包括以下两种:第一,由于合同对方在履约过程中存在过错;第二,由于并不可归责于合同双方的不可抗力事件发生而造成。这一特征使建设工程合同索赔区别于违约责任和侵权责任。

无论是违约责任还是侵权责任,都需要有直接明确的责任人,并且需要行为与损害结果之间有因果联系。但是如果在没有责任人仍产生实际损失的情况下,例如发生不可抗力,仍然可能造成索赔事件的发生。在这种情况下,不可抗力就成为导致索赔的直接原因,而这也成为发包方在工程建设过程中需要承担的风险之一。

(5)索赔并不必然以合同文件中存在明确约定为前提。

在建设工程合同的实际履行过程中,各种因素往往会发生不可预见的变化,发包方和承包方双方在订立合同时所确认的条件也会不可避免地随之发生变化。在当事人的权利义务发生变化的情况下,索赔发生的概率就会大大增加。从这一角度分析,建设工程合同索赔的发生同样具有不确定性和不可预见性,即使合同文本已经尽量做到了细致和明确,也很难对可能发生的索赔情况作出无遗漏的事先约定。

(6)建设工程合同索赔请求是一种单方表意行为。

根据前述概念可以发现,建设工程合同索赔是合同一方(受损方)向另一方提出的补偿请求,这一索赔请求只有得到双方确认(如通过双方协商、谈判、调解或者仲裁、诉讼等方式进行确认)后才能实现。建设工程合同的履行过程中,如果承包方提出费用补偿或工期延长等请求,并得到了发包方的认可,双方内容达成一致并形成相应的书面材料,则代表承包方已经获得了工程签证。工程签证是工程款结算的依据,也是承包方实现索赔目的的关键。从这一意义来说,索赔与工程签证之间存在紧密的联系。

虽然实践中任何一个建设工程合同的履行都会涉及变更和签证,但是由于发包方和承包方在利益上存在博弈关系,双方往往并不能轻易就经济损失或(和)权利损害引发的索赔要求达成一致,在形成书面签证、达成协议的过程之中,双方必然经历不断接触、谈判、协商甚至仲裁、诉讼的过程。

6.4.2　建设工程合同索赔程序

以承包人向发包人索赔程序为例:根据 13《规范》的规定,若承包人认为非承包人原因发生的事件造成了承包人的经济损失,承包人应在确认该事件发生后,按合同约定向发包人发出索赔通知。发包人在收到最终索赔报告后并在合同约定时间内,未向承包人作出答复,视为该项索赔已经认可。

承包人索赔按下列程序处理:

(1)发包人收到承包人的索赔通知书后,应及时查验承包人的记录和证明材料;

(2)发包人应在收到索赔通知书或有关索赔的进一步证明材料后的 28 天内,将索赔结果答复承包人,如果发包人逾期未作出答复,视为承包人索赔要求已被发包人认可;

(3)承包人接受索赔处理结果的,索赔款项应作为增加合同价款,在当期进度款中进行支付;承包人不接受索赔处理结果的,应按合同约定的争议解决方式办理。

根据13《规范》的规定,在索赔事件发生后,从承包方提出索赔申请到索赔事件处理完毕,大致要经过以下几个步骤。

(1)承包方提出索赔意向通知。

承包方应在知道或应当知道索赔事件发生后的28天内,向发包人或监理工程师提交索赔意向通知书,并说明发生索赔事件的事由。承包人逾期未发出索赔意向通知书的,丧失索赔的权利。

(2)提交索赔通知书。

承包方应在发出索赔意向通知书后的28天内,向发包人或监理工程师正式提交索赔通知书。索赔通知书应详细说明索赔的理由以及要求追加的付款金额和(或)延长的工期,并附必要的记录和证明材料。

索赔事件具有连续影响的,承包人应继续提交延续索赔通知,说明连续影响的实际情况和记录;在索赔事件影响结束后的28天内,承包人应向发包人或监理工程师提交最终索赔通知书,说明最终索赔要求,并附必要的记录和证明材料。

(3)监理工程师审核承包方的索赔通知书。

监理工程师接到承包方提交的索赔通知书后,应及时审核索赔通知书的内容、查验承包方的记录和证明材料。

(4)提出初步处理意见。

监理工程师处理索赔事件,应分清合同双方各自应负的责任,根据承包人的索赔通知书,及时并仔细查验分析承包人的记录和证明材料,提出初步处理意见。

(5)商定或确定解决索赔事件的方案。

在初步处理意见的基础上,与承包方和发包人商定或确定解决索赔事件的方案。

发包人应在收到索赔通知书或有关索赔的进一步证明材料后的28天内,将索赔处理结果答复承包人。如果发包人逾期未作出答复,视为承包人索赔要求已被发包人认可。

(6)发包方赔付。

承包人接受索赔处理结果的,索赔款项应作为增加合同价款,在当期进度款中进行支付;承包人不接受索赔处理结果的,应按合同约定的争议解决方式办理。

6.4.3　监理工程师合同索赔管理

索赔管理是监理工程师进行工程项目管理的主要任务之一。其基本目标是尽量减少索赔事件的发生,公平合理地解决索赔问题。具体地说,监理工程师的索赔管理工作应注意以下几个方面。

1)遵守索赔处理原则

要使索赔公正合理地解决,监理工程师在工作中必须遵守以下原则。

(1)公正原则。监理工程师应当公正地行事,中立地解释和履行合同,独立地做出判断。

（2）及时履行职责原则。在工程施工中，监理工程师应当及时地做出决定，下达通知、指令。

（3）协商一致原则。监理工程师在处理和解决索赔问题时应积极地与发包方和承包方沟通，在做出决定时，特别在价格、工期和费用方面的调解决定时，应充分地与发包方和承包方协商，达成一致。这是解决索赔争议的有效办法。

（4）诚实信用原则。监理工程师应本着诚实信用原则履行监理义务，行使监理权利。

2）树立预防索赔的意识

在施工合同的签订和履行过程中，监理工程师承担大量具体的技术、组织和管理工作。如果这些工作的疏漏给承包人施工造成干扰，则容易产生索赔。所以监理工程师在工作中应树立预防索赔的意识，在起草文件、下达指令、做出决定、请示答复时，都应注意程序和文件内容的严谨性，在颁发图纸、做出计划和实施方案时，都应考虑合理性与可行性。

3）做好日常合同管理工作

监理工程师应以积极主动的态度管理好工程，做好监理服务。在建设工程合同履行过程中，监理工程师作为发包方与承包方的纽带，应做好协调、缓冲工作，为双方创造一种良好的合作氛围。

监理工程师的日常合同管理工作包括以下方面：

（1）正确理解合同约定。

合同是约定当事人双方权利义务关系的文件。正确理解合同约定是双方协调一致地合理、完全履行合同的前提条件。由于建设工程合同通常比较复杂，所以"理解合同约定"就成为合同管理中十分重要的环节。

（2）及时发现合同履行中的问题。

监理工程师应善于预见、发现和解决问题。如果能够在某些问题对工程产生额外成本或其他不良影响之前，对其予以纠正，就可以避免发生与其有关的索赔。监理工程师应与承包方就工程质量、已完工作量积极沟通，对每天或每周的情况进行会签，出现问题及时协商解决，有效避免不必要的分歧，减少索赔事件的发生。

（3）公正处理索赔事项。

索赔的合理解决，不仅符合监理工程师的工作目标，而且符合工程总目标。索赔的合理解决是指索赔方按合同约定得到合理赔偿，责任方的赔偿数额与其过错程度相当，发包方与承包方对索赔处理结果均无异议，继续保持友好的合作关系。

4）严谨处理索赔细节

（1）严格审查索赔证据。

监理工程师对索赔通知或索赔报告的审查，首先是判断索赔方的索赔要求是否有理有据。所谓有理，是指索赔要求是否符合合同约定或有关法律法规规定，受到的损失是否属于非索赔方责任原因所造成的。所谓有据,是指提供的索赔证据足以能够证明索赔要求成立。索赔方可以提供的证据包括:合同文件、经监理工程师批准的施工进度计划、合同履行过程中的来往函件、施工现场记录、施工会议记录、工程照片、监理工程师发布的各种书面指令、中期支付工程进度款的单证、检查和试验记录、汇率变化表、各类财务凭证及其他有关资料。

监理工程师主要从以下几个方面审核索赔通知等材料:

①是否造成了实际的合同外费用增加或工期损失;

②造成费用增加或工期损失的原因是否由于承包方的过失;

③按合同约定是否由承包方承担风险;

④承包方在事件发生后是否在约定时限内提出书面索赔意向通知。

监理工程师收到索赔通知书或有关索赔的进一步证明材料后,应在合同约定时间内将索赔通知书提交发包人,并及时将发包人认可的索赔处理结果答复承包方。

(2)严格界定索赔事件的责任。

以工期索赔为例,因承包人的原因造成施工进度滞后,属于不可原谅的延期,只有承包人不应承担任何责任的延误,才是可原谅的延期。有时工期延期的原因中可能包含双方共同的责任,此时监理工程师应进行详细分析,分清责任比例,只对可原谅延期部分批准延展合同工期。

监理工程师处理索赔事件,应仔细分析双方的记录和证明材料,界定合同双方各自应承担的责任并提出处理建议。在索赔事件处理建议的基础上,监理工程师应与承包人和发包人协商确定解决索赔事件的方案。

(3)严格审查索赔费用的关联性。

费用索赔的原因可能是与索赔事件有关的内容,即属于可原谅并应予以费用补偿或工期补偿的理由,也可能是与索赔事件无关的理由。因此,监理工程师在审核索赔的过程中,除了界定索赔事件的责任以外,还应注意索赔计算的取费合理性和计算的正确性。

当承包人的费用索赔与工程延期索赔要求相关联时,发包人在做出费用索赔的批准决定时,应结合工程延期,综合做出费用赔偿和工程延期的决定。

(4)对不合理的索赔要求进行反驳。

索赔的反驳是指监理工程师对索赔方不合理索赔或者索赔中的不合理部分进行反驳。以对承包方索赔的反驳为例,为做好索赔反驳工作,监理工程师应做好如下日常工作。

①做好工程检查日志记录工作。

对承包人的施工活动进行日常现场检查是监理工程师的基础工作。这种检查工作由监理人授权的现场监理人员来进行,其目的是监督现场施工按合同要求进行。现场监理人员应由具有一定的实践经验,具有认真工作态度和良好合作精神的人来担当。现场监理人员应该善于发现问题,必须始终留在现场,随时独立对相关情况进行记录。必要时应对某些施工现场拍摄照片,每天下班前必须把一天的施工情况和自己的观察结果简明扼要地写成"工程检查日志",其中特别要指出承包人在哪些方面没有达到合同或计划要求。这种日志应该逐级加以汇总分析,最后由总监理工程师或其他授权代表把承包人施工中存在的问题连同处理建议书面通知承包人,为日后反驳索赔提供依据。

②做好资料清单的编制工作。

合同中通常都会约定承包人应该在一定的期限内或日期前向监理工程师提交资料供监理工程师批准、同意或参考。监理工程师应事先就编制一份"资料清单",其内容包括资料名称、合同依据、时间要求、格式要求及监理工程师处理时间要求等,以便随时核对。如承包人未能按期提交或提交资料的格式等不符合要求,则应该及时记录在案,并通知承包人。承包人的这些问题可能是今后用来说明某项索赔事件或索赔中的某部分应由承包人自行承担的重要依据。

③做好设备、材料情况的记录工作。

监理工程师要了解承包人施工材料和设备到货情况,包括材料质量、数量和存储方式以及设备种类、型号和数量。毫无疑问,材料设备情况会直接影响到工程施工的进度和质量,影响到工程成本。如果承包人材料的到货情况不符合合同要求或双方同意的计划要求,监理工程师应该及时记录在案,并通知承包人。这些也可能是今后反驳索赔的重要依据。

④做好工程档案的管理工作。

对监理工程师来说,做好工程档案管理工作也是非常重要的。完备的工程档案保存可以为反驳索赔提供充分的证据,如果工程档案不全,索赔处理时将会处于被动地位。

5）严格审查合同索赔计算

监理工程师审查索赔应当核实损失原因,正确划分赔偿责任,审查索赔项目以及索赔费用是否合理,在公平公正的基础上确定合同索赔费用。

（1）承包人索赔事项。

承包人要求赔偿时,可以选择下列一项或几项方式获得赔偿:

①延长工期;

②要求发包人支付实际发生的额外费用;

③要求发包人支付合理的预期利润;

④要求发包人按合同的约定支付违约金。

（2）发包人索赔事项。

发包人要求赔偿时,可以选择下列一项或几项方式获得赔偿:

①延长质量缺陷修复期限;

②要求承包人支付实际发生的额外费用;

③要求承包人按合同的约定支付违约金。

(3)索赔计算注意事项。

①涉及工期索赔时,应当结合工程延期考虑,根据13《规范》9.13.5 款规定,当承包人的费用索赔与工期索赔要求相关联时,发包人在做出费用索赔的批准决定时,应结合工程延期,综合做出费用赔偿和工程延期的决定。

②现场签证是索赔的重要依据,现场签证的工作如已有相应的计日工单价,现场签证中应列明完成该类项目所需的人工、材料、工程设备和施工机械台班的数量。如现场签证的工作没有相应的计日工单价,应在现场签证报告中列明完成该签证工作所需的人工、材料设备和施工机械台班的数量及单价。

③索赔请求应当在竣工结算前提出,发承包双方在按合同约定办理了竣工结算后,应认为承包人已无权再提出竣工结算前所发生的任何索赔。承包人在提交的最终结清申请中,只限于提出竣工结算后的索赔,提出索赔的期限应自发承包双方最终结清时终止。

④进行索赔计算时,优先考虑合同约定的赔偿方式和金额,发承包双方应在合同中约定误期赔偿费,并应明确每日历天应赔偿额度。误期赔偿费应列入竣工结算文件中,并应在结算款中扣除。

⑤在工程竣工之前,合同工程内的某单项(位)工程已通过了竣工验收,且该单项(位)工程接收证书中表明的竣工日期并未延误,而是合同工程的其他部分产生了工期延误时,误期赔偿费应按照已颁发工程接收证书的单项(位)工程造价占合同价款的比例幅度予以扣减。

【思考题】

1. 合同的概念与特征是什么?

2. 订立建设工程监理合同应注意哪些方面?

3. 简述建设工程合同的概念及类型。

4. 什么是索赔? 索赔的依据、证据应包括哪些?

【案例分析】

2015 年,A 公司中标某淤泥填埋场生态修复服务项目,与发包人签订工程设计、建设、运营总承包合同后,A 公司在未办理相关手续的情况下,未按合同约定仅建设污泥炭化工艺生产线 1 条,炭化生产线未建成前,A 公司放弃原设计工艺路线,在没有进行技术论证,也没有报请相关部门审批的情况下,委托 B 公司将污泥经现场压滤、翻拌、晾晒后,用于地块土壤改良,累计处置 22.3 万吨。项目建成投运后因运行成本过高等原因长期闲置,累计处理污泥量不到 4000 吨。2019 年 6 月、10 月,A 公司两次与张某(借 C 公司的名义)签订协议,擅自允许张某将 20.2 万吨的污泥简单掺混粉煤灰后用于园林绿化。

2018 年 7 月,发包人与 D 公司签订监理合同,要求 D 公司依据"投标文件中所允许的技术方案和技术规范,监督和跟踪承包人在服务提供过程中的具体的落实情况"。合同履行过程中,监理未执行到位,D 公司既没有按照合同约定对污泥处置过程进行监督,也没有对污泥最终产品去向进行实际跟踪,监理形同虚设。

后经相关主管部门核查,已处置并被发包人支付的 54 万吨污泥中,有 42.5 万吨未按照规定技术方案和技术规范进行处置,部分污泥违规用于农业;近 10 万吨由道路渣土冒充,直接倾倒在当地一处空地上;还有 2.5 万吨风干污泥至今违规堆存于绿洲苗圃角落,严重污染了周边环境。

问题如下。

1. 在发包人对 A 公司提出索赔请求时,监理单位的索赔管理应有哪些工作?

2. 本项目中,D 监理公司未履职尽责应承担什么法律责任?

第7章　建设工程监理安全管理

【本章要点】

本章简要介绍了建设工程安全生产特点、当前建设工程安全生产状况和存在的问题，以及为什么要在工程项目上实施安全监理。主要介绍了建设工程监理安全管理的基本要求和主要工作内容。要求学生重点掌握不同阶段安全监理的主要工作内容、方法及监理企业的安全责任。

7.1　建设工程安全生产管理概述

7.1.1　建设工程安全生产特点

1）建筑产品的多样性决定建筑安全问题的不断变化

建筑产品虽然是固定的，但是建筑结构、规模、功能和工艺方法是多样的，因此建造不同的建筑产品，对人员、材料、机械设备、防护用品、施工技术等就有不同的要求，而且施工现场环境千差万别，这些差别决定了建设过程中总会不断面临各类安全问题。

2）建筑工程的流水施工使得施工班组需要经常更换施工环境

与其他行业不同，建筑行业的工作场所和工作内容是动态的、不断变化的，混凝土的浇筑、钢结构的焊接、土方的搬运、建筑垃圾的处理等每一个工序的进行和转换都存在较大差异，安全风险无时不在。因此，每个工程项目建设过程中的周边环境、作业条件、施工技术等都是在不断发生变化的，存在着较高的风险，而相应的安全防护设施往往落后于施工过程。

3）建筑施工现场存在的不安全因素复杂多变

建筑施工的高能耗，施工作业的高强度，施工现场的噪声、热量、有害气体和尘土等，以及施工工人露天作业，场地大、人员多，受人（机）流动、施工环境、季节和天气变化以及进度要求的影响很多，高处作业、深基坑作业较多，危险性较大，影响安全生产的因素复杂多变。

4）多个建设主体的存在及其关系的复杂性决定了建筑安全管理的难度较高

工程建设的责任单位有建设、勘察、设计、施工及监理等诸多单位。施工现场安全由施工单位负责，实行施工总承包的，由总承包单位负责；分包单位向总承包单位负责，服从总承包单位对施工现场的安全生产管理。建筑安全虽然由施工单位负主要责任，但其他责任单位也都是影响建筑安全的重要因素。再加上现在施工企业队伍、人员是全国流动的,使得施工现场的人员经常发生变化,而且施工人员属于不同的分包单位,有着不同的管理措施和安全文化。所以,安全管理难度较高。

5）施工作业的非标准化使得施工现场危险因素增多

建筑业生产过程技术含量低、资本密集,需要大量的人力资源,属于劳动密集型行业,工人与施工单位间的短期雇佣关系,造成施工单位对施工人员的施工作业培训严重不足,使得施工人员违章操作的现象时有发生。而当前的安全管理和控制手段比较单一,很多方面依赖经验、监督和安全检查等。安全生产管理制度落实不到位的现象也比较严重。

7.1.2　我国建设工程安全生产的状况

在我国,建筑行业持续快速发展,改革开放后,更是如此。建筑业的发展推动了我国的国民经济发展,对提高国民经济产值起到重要的作用。但建筑业施工过程的特点决定了它是一个高危险、多事故行业。据有关资料统计,在不同时期,我国的安全事故死亡率是不同的,如中华人民共和国成立初期至"一五"期间,建筑业伤亡事故较少,1957 年万人死亡率仅为 1.67;"二五"期间,建筑安全生产工作受到冲击,1958 年万人死亡率高达 5.12;"三五"期间,国家进入经济调整时期,安全生产状况随之好转,至 1965 年万人死亡率降到 1.65;"六五"期间,1980 年万人死亡率降为 2.3;20 世纪 80 年代以后,随着我国改革开放步伐加快,我国建设行政主管部门加大了安全生产管理力度,至 1990 年,万人死亡率降至 1.5;20 世纪 90 年代以后,国民经济高速发展,建筑投资不断增加,建筑施工队伍持续扩大,但由于安全防护意识和操作技能不高,安全教育培训不够,重大伤亡事故发生概率一度出现上涨势头。1998 年 3 月 1 日,《建筑法》开始实施,建筑安全生产管理被单列为一章,中国的建筑安全生产管理从此走上了法制轨道。《建筑法》颁布的第一年,安全生产形势有所好转。但到了 2001 年,随着我国经济体制改革的不断深化,建筑生产经营单位的经济成分日趋多样化,投资主体多样化,建设规模越来越大,市场竞争越来越激烈。同时,建筑业的发展对安全技术、劳动力技能、安全意识、安全生产科学管理方面都提出了新要求。尤其是新材料、新工艺在建设工程上的应用,使得工程建设速度大大加快,施工难度不断加大,引发了新的危险因素,事故起数和死亡人数逐年增加。2000 年建筑业发生事故 846 起,死亡 987 人;2001 年发生事故 1 004 起,死亡 1 045 人;2002 年发生事故 1 208 起,死亡 1 292 人;2003 年发生事故 1 278 起,死亡 1 512 人。伤亡事故发生概率又呈明显上升趋势。2003 年,国务院颁布了《建筑工程安全生产管理条例》,这是我国第一部真正意义上的针对建设工程安全生产的法规,它充分显示了政府对建筑安全生产的关注程度。该条例的颁布实施,对建筑业安全生产的促进作用是巨大的,使得建筑业安全生产有法可依,对规范建筑安全管理起到了指导作用。在 2004 年,全国发生建筑施工事故 956 起,死亡人数 1125 人,比 2003 年有所降低。根据住房和城乡建设部办公厅关于 2019 年房屋市政工程生产安全事故情况的通报,

2019 年全国发生房屋市政工程安全事故 773 起,死亡 904 人,其中较大及以上事故 23 起,死亡 107 人;重大事故 2 起,死亡 23 人。

总结建筑业各个时期的发展状况不难看出,凡是社会政治稳定,安全规章制度健全,安全领导机构尽职尽责,各项管理工作到位,伤亡事故发生概率就会下降,安全生产工作就会好转;反之,就会出现伤亡事故发生概率上升的严峻局面。

建设部在 2004 年发布的《建设部关于贯彻落实国务院〈关于进一步加强安全生产工作的决定〉的意见》中,把建筑安全生产奋斗目标确定为:到 2007 年,全国建设系统安全生产状况稳定好转,死亡人数和建筑施工百亿元产值死亡率有一定幅度的下降;到 2010 年,全国建筑系统安全生产状况明显好转,重特大事故得到有效遏制,建筑施工和城市市政公用行业事故起数和死亡人数均有较大幅度的下降;力争到 2020 年,全国建设系统安全生产状况实现根本性好转,有关指标达到或者接近世界中等发达国家水平。目前,以上安全生产目标已基本实现,但安全生产形势仍严峻复杂。

7.1.3　当前建设工程安全生产管理存在的主要问题

1) 法律法规亟待进一步规范

现行法律、法规如《建筑法》《中华人民共和国安全生产法》《建设工程质量管理条例》《建设工程安全生产管理条例》等,在建设工程监理安全责任方面的规定不一致、可操作性差。法律、法规体系不健全,部分法律、法规还存在重复和交叉等问题,各种规范性文件也存在不协调现象。

2) 政府监管力度需要加大

建筑业安全生产的监督管理基本上还停留在突击性的安全生产大检查上,缺少日常的监督管理制度和措施。监管体系不够完善,资金落实不到位,监管力度不够,手段落后,不能适应市场经济发展的要求。

3) 人员素质有待全面提高

建筑行业从业人员整体素质有待全面提高,体现在以下方面。一是在建筑业目前的从业人员中,农民工占大多数,其安全防护意识和操作技能不高,而职业技能的培训却远远不够。我国农民工经过培训取得职业技能岗位证书的只占很小的比例。二是全行业技术、管理人员偏少。三是建设工程各个安全责任主体里,专职安全管理人员较少,素质不高,远达不到工程安全管理的需要。

4) 安全技术面临新挑战

建筑业安全生产科技相对落后。而科学技术含量高、施工难度大和施工危险性大的工程日益增多,如国家大剧院、中央电视台、奥运会场馆工程等,给施工安全生产管理提出了新课题、新挑战。

5) 企业安全管理薄弱环节较多

各类非国有生产经营单位大量增加,企业总量、就业人数、各类运输工具等大量增加,使得企业在安全管理方面存在着相当大的缺陷,与发达国家相比有很大的差距。施工企业安全生产投入不足,基础薄弱,企业违背客观规律,一味强调施工进度,轻视安全生产,"在侥幸中求安全"的现象相当普遍。

6）安全教育师资投入不足

高等教育中与建筑安全有关的技术教育和安全系统工程专业学科很少。参与建设的企业安全教育投入少,力度不够。

7）个人安全防护装备质量不高、技术落后

建筑业的个人安全防护装备技术落后,质量不高,配备严重不足。

8）建筑安全危险预测和评估机制待建

预防建筑工程中的安全事故,是实现建筑工程安全生产的基本保障。目前缺乏建筑安全危险的预测和评估机制。

9）"诚信制度"和"意外伤害保险制度"落实不够

按照市场经济客观规律,运用市场信誉杠杆,建立发育良好的保险市场,是市场经济安全生产管理的重要手段。目前我国建筑业的"诚信制度"和"意外伤害保险制度"建设与发达国家差距很大。

10）安全管理意识急需强化

参与工程建设的各方责任主体的安全生产管理意识及安全生产自我保护意识不强,各自承担的安全责任不清,安全管理专业水平不高,缺乏健全的安全生产管理制度和完善的安全管理体系。

建设工程安全及质量事故,会危及劳动者生命安全,造成国家经济财产损失,制约我国国民经济发展水平及建设工程安全生产水平的提高。

7.2　建设工程监理安全管理

7.2.1　建设工程监理安全管理的提出

从 20 世纪 80 年代改革开放至今,我国一直处于大规模经济建设时期,建设规模逐年加大,建设项目的科学技术含金量不断增加,施工难度也越来越大。虽然工程质量整体水平在不断提高,但在施工过程中安全生产管理未能与工程质量管理同步提高,安全事故时有发生。自 2000 年以来,建筑业中因高空坠落、土方塌陷、脚手架倒塌、支架失稳、触电等导致的安全事故频频出现,给国家造成了巨大经济损失,给伤亡人员的家庭带来不幸。因此,如何做好建筑业安全生产管理工作,减少伤亡事故的发生,越来越成为社会各界关注的焦点。2000 年 10 月 25 日南京电视台演播中心工程因模板支撑垮塌引起重大安全事故,造成 6 人死亡的严重后果。此事故的发生经过及处理结果经媒体披露后,在社会上特别是建筑行业中引起了广泛的关注,尤其是对该项目总监理工程师判刑 5 年的问题,引起强烈反响和争议。监理企业要不要对安全生产承担责任? 承担多大的责任? 在此之前,法律、法规对监理企业安全责任没有明确规定。2004年2月1日开始实施的由国务院颁布的《建设工程安全生产管理条例》,首先把监理单位的建设工程安全生产管理工作纳入了施工阶段监理的范畴,并对监理单位的安全管理工作和法律责任做出了原则性规定。鉴于建筑施工领域安全生产的形势和出于"齐抓共管"的客观需要,监理单位必须按照政府部门颁布的有关法规承担安全管理职责。至于安全监理的深度、实施细则以及安全监理责任的进一步明确还有待研究探讨,逐步完善相应的法律、法规体系。建设工程安全管理是一项责任重大、系统性的工作,各省市、各企业应根据国家相关标准,制定本地区、本企业、本项目的具体标准和要求。如天津市为了提高天津市建设工程安全生产监理工作水平,规范建设工程安全生产监理行为,在2019年发布了安全生产管理的监理工作标准指南。

7.2.2 建设工程监理企业的安全责任及相关法律责任

工程监理企业的安全生产管理要遵照法律、法规的有关规定。

我国在1998年开始实施的《建筑法》规定了有关部门和单位的安全生产责任。2003年由国务院通过并在2004年开始实施的《建设工程安全生产管理条例》,对于各级部门和建设工程有关单位的安全责任有了更为明确的规定。关于工程监理单位的安全职责及有关法律责任,主要有以下相关规定。

工程监理单位应当审查施工组织设计中的安全技术措施或者专项施工方案是否符合工程建设强制性标准。工程监理单位在实施监理过程中,发现存在安全事故隐患的,应当要求施工单位整改;情况严重的,应当要求施工单位暂时停止施工,并及时报告建设单位。施工单位拒不整改或者不停止施工的,工程监理单位应当及时向有关主管部门报告。工程监理单位和监理工程师应当按照法律、法规和工程建设强制性标准实施监理,并对建设工程安全生产承担监理责任。

工程监理单位有下列行为之一的,责令限期整改;逾期未改正的,责令停业整顿,并处以10万元以上30万元以下的罚款;情节严重的,降低资质等级,直至吊销资质证书;造成重大安全事故,构成犯罪的,对直接责任人员,依照刑法有关规定追究刑事责任;造成损失的,依法承担赔偿责任:

①未对施工组织设计中的安全技术措施或者专项施工方案进行审查的;

②发现安全事故隐患未及时要求施工整改或者暂时停止施工的;

③施工单位拒不整改或者不停止施工,未及时向有关主管部门报告的;

④未依照法律、法规和工程建设强制性标准实施监理的。

工程监理单位违反国家规定,降低工程质量标准,造成重大安全事故,构成犯罪的,对直接责任人员依法追究刑事责任。

7.2.3 建设工程监理安全管理的基本要求

建设工程监理安全管理(以下简称安全监理)的基本要求包括以下几个方面。

业主应在委托监理合同中明确规定监理企业实施安全监理的工作范围、内容、责任和相应的酬金。

安全监理应遵守安全生产,"谁主管谁负责"的原则,监理企业实施安全监理并不减免建设单位、勘察设计单位和承包单位的安全责任。

安全监理应坚持"安全第一,预防为主"的方针和"以人为本,防微杜渐"的管理原则。

总监理工程师应对项目监理机构的安全监理工作负责。

因为总监理工程师受监理企业任命和授权,全面负责履行委托监理合同并主持项目监理机构工作,因此要对项目监理机构的安全生产和安全监理负总的责任。责任主要表现在以下两个方面。

（1）对项目监理机构自身的安全生产负总责。

①建立和健全项目监理机构各岗位的安全生产责任制。

②制订项目监理机构的规章、制度和安全操作规程。

③确保监理活动应具备的安全措施、劳动保护的落实。

④定期检查项目监理机构的安全生产工作,及时消除监理活动中的安全事故隐患。

⑤及时、如实向监理企业报告本项目监理机构的安全生产状况与事故。

（2）对承担的安全监理工作负总责。

主要表现在总监理工程师应组织项目监理机构履行以下责任。

①按专业对工程施工阶段各经营主体的安全生产活动进行管理与协调。

②防止因下述原因引发重大安全事故。

a. 工程质量不合格。

b. 施工承包单位违反资质及安全许可规定。

c. 施工承包单位所制订和执行的施工安全技术措施不符合工程建设强制性标准或其他法规的要求。

d. 施工承包单位投入生产的人员、材料、设备不合格。

e. 施工现场及毗邻地域范围内地质水文资料或地下建（构）筑物和综合管线现状不明或有关处置措施不当。

③及时向建设单位报告安全监理工作及施工过程中的安全生产状况。必须指出的是,并不是施工现场所有的安全生产事项都纳入安全监理的范围。《建筑法》第45条明确规定:"施工现场安全由建筑施工企业负责。"实行安全监理不但不能取代施工企业的安全管理工作,而且需要强化施工承包单位对施工现场的安全生产管理。

安全监理的工作内容如下。

①审查承包单位的安全生产资质。

②审查承包单位的专项安全施工技术措施（方案）是否符合工程建设标准强制性条文的要求。

③监督施工实施过程中执行批准的专项安全施工技术措施(方案)的情况。

④参与安全事故的调查。项目监理机构应要求承包单位建立工程项目安全管理制度,要求总承包单位建立对分包单位安全生产的管理制度。

要求施工承包单位在施工现场建立有效的安全生产管理机构。施工承包单位应当配置与施工规模相适应的专职安全生产管理机构和安全技术人员,独立行使施工现场的安全管理职权。在第一次工地会议上,最好要求施工承包单位提供安全生产管理机构的组织与名单,并一直将其管理活动纳入监理的视线。实行施工总承包的,由承包方对施工现场的安全全面负责,对分包单位的安全生产实施管理。项目监理机构应掌握总承包方对分包方进行竖向管理的机构与制度,要求总承包方介入实质性的管理工作。

7.2.4　安全监理基本工作方法和手段

①审查:审查资质证书、安全生产许可证、特种作业人员上岗证、施工单位安全管理体系、施工组织设计中的安全技术措施及专业施工方案等。

②检查:检查安全生产规章制度、施工现场各种安全标志和安全防护措施等。

③巡视:定期巡视检查施工单位对危险性较大的工程的作业和监管等。

④通知:发现安全事故隐患,或违反现行法律、法规、规章和工程建设强制性标准,未按照施工组织设计中的安全技术措施和专项施工方案组织施工的现象,应发监理工程师通知单。

⑤停工:在实施监理过程中,发现存在安全事故隐患的,应当要求施工单位整改;情况严重的,应当要求施工单位暂时停止施工,并及时报告建设单位。

⑥报告:施工单位拒不整改或不停止施工的,监理单位应当及时向有关主管部门报告。

⑦会议:第一次工地会议及工地例会的会议内容应包括安全监理工作内容,必要时召开安全生产专题会议,并做好会议纪要。通过各种会议增强安全意识,明确各方安全责任,落实安全措施,解决安全生产问题。

⑧文档管理:随时整理安全管理资料,每天做好安全监理记录,竣工后做好有关安全生产技术、安全生产管理的资料归档工作。

7.2.5　施工准备阶段的安全监理

1) 施工准备阶段项目监理机构应要求建设单位提供的文件和资料

①施工现场及毗邻区域内供水、供电、供气、供热、通信、广播电视、排水等地下管线资料和地质水文资料,相邻建筑物、构筑物、地下工程有关资料。

②对拆改、重新装修工程,如涉及建筑主体和承重结构变动或荷载发生变化的,应提供原设计单位或具有相应资质等级的设计单位的设计文件,并对结构的安全性进行认定。

当建设单位不能提供这类文件时,监理方可提出不宜开工的书面陈述。

2）项目监理机构应根据工程的特点,通过建设单位要求设计单位提供的文件

①涉及施工安全的重点部位和环节的设计说明或指导意见。

②针对工程所采用的新结构、新材料、新工艺和特殊结构,提出保障施工作业人员安全和预防生产安全事故的措施或建议。

3）项目监理机构必须要求承包单位(及其分包单位)提供的文件

(1)相关资质证明文件。

①企业资质证书和安全生产许可证书。

②承担下列工程施工的,应提供企业专项资质证书及专项安全生产许可证:

a. 安装、拆卸、起重机械设备;

b. 整体提升脚手架、模板等自升式架设设施;

c. 拆除、爆破工程;

d. 国家和地方规定的其他危险性较大的工程。

③承包单位项目部安全生产组织机构及负责人名单,并附项目经理、现场专职安全生产管理人员的资质证书及建设行政主管部门核发的安全教育培训合格证书。

④特种作业人员的作业操作资格证书,上岗证书、安全培训证书等。

(2)施工组织设计(应包括安全生产的内容)及专项安全施工技术措施文件。

(3)向建设行政主管部门办理的施工起重机械登记表复印件。

(4)填写施工设施(机具、措施用材料)备案表,报项目监理机构备案。

4）项目监理机构应审查上述文件的合法性及有效性

总监理工程师应组织专业监理工程师对施工组织设计(安全生产篇)及专项安全施工技术措施文件进行审查,审查重点应放在对其程序性、符合性以及针对性的审查上。审查主要内容如下。

①施工单位编制的地下管线保护措施方案是否符合强制性标准要求。

②基坑支护与降水、土方开挖与边坡防护、模板、起重吊装、脚手架、拆除、爆破等分部分项工程的专项施工方案是否符合强制性标准要求。

③施工现场临时用电施工组织设计或者安全用电技术措施和电气防火措施是否符合强制性标准要求。

④冬季、雨季等季节性施工方案的制订是否符合强制性标准要求。

⑤施工总平面布置图是否符合安全生产的要求,办公室、宿舍、食堂、道路等临时设施设置以及排水、防火措施是否符合强制性标准要求。

5）对危险性较大的工程或施工作业的安全监理

项目监理机构应要求施工单位执行专项开工报审制度,并要求施工单位专职安全生产管理人员进行现场监督。

6）总监理工程师编制监理规划应注意的问题

施工准备阶段,总监理工程师在主持编制监理规划时,应根据《建设工程安全生产管理条例《建设工程监理规范》以及工程建设强制性标准和委托监理合同编写安全监理的内容,明确安全监理工作范围、深度、工作程序、原则和做法,对危险性较大的分部分项工程应在施工开始前组织编制安全生产管理专项实施细则。实施细则应当明确安全监理的方法、措施和控制要点,以及对施工单位安全技术措施的检查方案。

7)开工前项目监理机构的查验重点

开工前,项目监理机构应查验承包单位对施工有关人员上岗前的安全技术培训记录。

7.2.6 施工实施阶段的安全监理

1)项目监理机构在施工实施过程中的监理内容

①监督施工单位按照施工组织设计中的安全技术措施和专项施工方案组织施工,及时制止违规施工作业。

②定期巡视检查施工过程中的危险性较大的工程作业情况。

③核查施工现场施工起重机械、整体提升脚手架、模板等自升式架设设施和安全设施的验收手续。

④检查施工现场各种安全标志和安全防护措施是否符合强制性标准要求,并检查安全生产费用的使用情况。

⑤督促施工单位进行安全自查工作,并对施工单位自查情况进行抽查,参加建设单位组织的安全生产专项检查。

2)施工实施过程中安全隐患和问题整改的监理办法

①出现安全隐患和问题时项目监理机构应填写监理通知单,通知承包单位整改,紧急情况可口头通知承包单位立即整改,但必须补发书面通知。

②发生下列情况之一的,总监理工程师应向施工单位下达局部或全部工程的工程暂停令,待承包单位整改报监理检查同意后再下达复工指令。

a. 承包单位无安全施工技术措施或措施存在严重缺陷。

b. 承包单位拒绝监理的安全管理,对安全生产整改要求不予执行并擅自继续施工。

c. 施工现场发生了必须停工的安全生产紧急事件。

d. 施工出现重大安全隐患,监理认为有必要停工以消除隐患。

监理下达工程暂停令,在正常情况下应事前向建设单位报告,并征得建设单位同意。在紧急情况下,总监理工程师也可先下达工程暂停令,此后在 24 小时以内向建设单位报告。

③当承包单位接到监理通知单或工程暂停令后拒不整改或者不停止施工时,项目监理机构应报监理企业并及时向建设行政主管部门提出书面报告。

3)对专项工程或施工作业的安全监理

项目监理机构应审查施工单位报审的专项施工方案,符合要求的,由总监理工程师签认后报建设单位。专项施工方案审查应包括以下基本内容:

①编审程序应符合相关规定;

②安全技术措施应符合工程建设强制性标准。

对达到一定规模的、危险性较大的分部分项工程的专项施工方案,还应检查其是否附具安全验算结果。对涉及深基坑工程、地下暗挖工程、高大模板工程的专项施工方案,还应检查施工单位组织专家进行论证、审查的情况。

专项施工方案报审表应按《建设工程监理规范》(GB/T 50319—2013)中的附录表 B.0.1(见本书附录中的表 B.0.1)的要求填写。

项目监理机构应要求施工单位按照已批准的专项施工方案组织施工。专项施工方案需要调整的,施工单位应按程序重新提交项目监理机构审查。

项目监理机构应巡视检查危险性较大的分部分项工程专项施工方案实施情况。发现未按专项施工方案实施的,应签发监理通知,要求施工单位按照专项施工方案实施。

项目监理机构在实施监理过程中,发现工程存在安全事故隐患的,应签发监理通知,要求施工单位整改;情况严重的,应签发工程暂停令,并及时报告建设单位。施工单位拒不整改或者不停止施工的,项目监理机构应及时向有关主管部门报送监理报告。

监理报告应按《建设工程监理规范》(GB/T 50319—2013)中的附录表 A.0.4(见本书附录 A 中的表 A.0.4)的要求填写。

4) 针对性地召开安全生产会议

项目监理机构可针对安全生产及管理存在的问题,召开专题安全生产会议,并做好安全会议纪要工作。

5) 处理重大安全事故

①当发生重大安全事故时,项目监理机构必须在 24 小时内向监理企业和建设单位书面报告,特大事故不能超过 2 小时。报告包括以下内容。

a. 事故发生的时间、地点、工程项目、企业名称。

b. 事故发生的简要过程、伤亡人数和直接经济损失的初步估计。

c. 事故发生原因的初步判断。

d. 事故发生后采取的措施及事故控制情况。

e. 事故报告的项目监理部名称及报告人。

②项目监理机构应要求事故发生单位严格保护事故现场,采取有效措施抢救人员和财产、防止事故扩大。有条件时,应摄影或录像。

③项目监理机构应配合事故的调查,以监理的角度,向调查组提供各种真实情况,并做好维权、举证工作。监理举证一般包含以下几个方面。

a. 反映监理依据合法性的证据。

b. 反映监理工作程序、方法的合法性、规范性的证据。

c. 反映监理进行过程中的协调和处理问题合理性的证据。

d. 针对所追究的事故责任,要提出有证有据的事故原因分析报告。

6) 完善安全管理资料

项目监理机构应做好安全监理记录,完善自身安全管理资料,包括施工单位安全保证体系资料、监理规划(安全部分)、监理安全管理细则、监理安全检查表、安全类书面指令台账、施工单位安全检查周报等,记录及资料应当真实、清楚。

7)做好立卷归档工作

工程竣工后,监理单位应将有关安全生产的技术文件、验收记录、监理规划、监理实施细则、监理月报、监理会议纪要及相关书面通知等按规定立卷归档。

7.2.7 监理人员如何更好地履行安全监理职责

①认真学习和掌握工程建设法规和强制性标准,加强相关安全知识的学习,努力钻研专业技术知识,提高对施工组织设计中的安全技术措施或专项施工方案的技术性审查能力,提高安全管理的专业水平。

②对安全薄弱环节、安全事故多发部位加强巡视和检查,在施工方案中提到的安全措施一定要兑现,对不符合工程建设强制性标准的建设行为,应该采取措施加以制止,当发现存在安全事故隐患时,坚决要求施工单位立即整改或暂时停止施工。

③如实记录安全监理工作,及时收集、整理和保存安全生产资料、事故现场资料,及时向监理企业、建设单位和建设行政主管部门报告安全监理工作。

④增强安全风险防范意识和安全监理主动控制意识,提高安全监理的责任心。

7.2.8 监理企业如何加强安全监理工作

①建立健全监理企业安全管理机构和安全管理制度。
②落实安全监理责任制,明确监理人员的安全监理职责。
③做好安全监理的预防性工作。
④落实安全监理措施。
⑤对监理人员加大安全培训教育力度。

【思考题】

1. 为什么要实施安全监理?
2. 建设工程安全生产的特点有哪些?
3. 工程监理单位的安全责任有哪些?
4. 安全监理有哪些基本要求?
5. 施工准备阶段安全监理的主要工作内容有哪些?
6. 施工实施阶段安全监理的主要工作内容有哪些?

【案例分析】

案例1:某工程,建设单位委托监理单位承担施工阶段的监理任务,总承包单位按照施工合同约定选择了设备安装分包单位。在合同履行过程中发生如下事件。

事件1:项目监理机构在审查土建工程施工组织设计时,认为脚手架工程危险性较大,要求施工单位编制脚手架工程专项施工方案。施工单位项目经理部编制了专项施工方案,凭以往经验进行了安全估算,认为方案可行,并安排质量检查员兼任施工现场安全员,遂将方案报送总监理工程师签认。

事件 2:专业监理工程师检查主体结构施工时,发现总承包单位在未向项目监理机构报审危险性较大的预制构件起重吊装专项方案的情况下已自行施工,且现场没有管理人员。于是,总监理工程师下达了监理工程师通知单。

事件 3:施工单位在进行深基础施工时,基坑开挖后,周边没按照安全技术措施要求进行必要的防护,监理单位发现存在安全隐患,要求施工单位整改,但被施工单位拒绝。监理机构负责人认为一般不会发生事故,因此没有报告建设单位及有关部门,结果造成两人摔成重伤。

问题如下。

1. 指出事件 1 中脚手架工程专项施工方案编制和报审过程中的不妥之处,写出正确做法。

2. 根据《建设工程安全生产管理条例》的规定,事件 2 中起重吊装专项方案需经哪些人签字后方可实施?

3. 指出事件 2 中总监理工程师的做法是否妥当,并说明理由。

4. 对事件 3 进行安全事故责任分析。

案例 2:某工程,甲施工单位按合同约定将开挖深度为 5 m 的深基坑工程分包给乙施工单位。工程实施过程中发生如下事件。

事件 1:乙施工单位编制的深基坑工程专项施工方案经项目经理审核签字后报甲施工单位审批,甲施工单位认为该深基坑工程已超过一定规模,要求乙施工单位组织召开专项施工方案专家论证会,并派甲施工单位技术负责人以论证专家身份参加专家论证会。

事件 2:深基坑工程专项施工方案经专家论证须进行修改,乙施工单位项目经理根据专家论证报告中的意见对专项施工方案进行修改完善后立即组织实施。

事件 3:专业监理工程师巡视施工现场时,发现正在施工的部位存在安全事故隐患,便立即签发监理通知单,要求施工单位整改,施工单位拒不整改,总监理工程师拟签发工程暂停令,要求施工单位停止施工,建设单位以工期紧为由不同意停工,总监理工程师没有签发工程暂停令,也没有及时向有关主管部门报告,最终因该事故隐患未能及时排除而导致严重的生产安全事故。

问题如下。

1. 根据《危险性较大的分部分项工程安全管理规定》,指出事件 1 中的不妥之处,写出正确做法。

2. 根据《危险性较大的分部分项工程安全管理规定》,指出事件 2 中的不妥之处,写出正确做法。

3. 分别说明事件 3 中建设单位、施工单位和总监理工程师是否应对该生产安全事故承担责任,并说明理由。

案例 3:某日 22 时左右,某工程高大厅堂顶盖预应力混凝土空心板浇筑时,模板支架发生整体坍塌事故,造成 8 人死亡、21 人受伤。

该工程楼板采用混凝土输送泵和两台布料机浇筑。出于对施工安排因素的考虑,在大厅的三面相邻的大跨度楼盖混凝土均未浇筑的情况下,确定先浇筑位于其内的中厅楼盖混凝土。

对此施工单位未编制专项施工方案,也未组织专家进行论证,监理也未制止施工单位的违法行为。

浇筑从当日 17 时开始,至 22 时左右,顶板部分突然发生塌陷。据现场人员描述:当时看到楼板形成 V 形下折,支架立杆多波弯曲并迅即扭转,随即预应力空心顶板连同布料机一起垮塌下来,砸落在地下一层顶板上,整个过程只延续了数秒钟。落下的混凝土、钢筋、模板和支架绞缠在一起,形成厚 0.5～2 m 的堆积层。事故发生后,与之相邻轴跨的模板、钢筋向中厅下陷,梁钢筋从圆形柱子中被拉出 1 m 左右,地下一层顶板局部严重破坏、下沉,其下支架严重变形、歪斜。

问题如下。

1. 现场安全管理存在哪些问题?

2. 监理在高大模板支撑体系实施的安全监理工作中应做好哪些工作?

案例 4: 某住宅楼是一幢地上 6 层、地下 1 层的砖混结构住宅,总建筑面积 3 200 m²。在现浇顶层一间屋面的混凝土施工过程中出现坍塌事故。坍塌物将与之垂直对应的下面各层预应力空心板砸穿,10 名施工人员与 4 辆手推车、模板及支架、混凝土一起落入地下室,造成 2 人死亡、3 人重伤、经济损失 26 万元的事故。从施工事故现场调查得知,屋面现浇混凝土模板采用 300 mm×1 200 mm×55 mm 和 300 mm×1 500 mm×55 mm 定型钢模,分三段支承在平放的 50 mm×100 mm 方木龙骨上,龙骨下为间距 800 mm 均匀支撑的 4 根直径 100 mm 圆木立杆,这 4 根圆木立杆顺向支承在作为第 6 层楼面的 3 块独立的预应力空心板上,并且这些预应力空心板的板缝混凝土浇筑仅 4 天,其下面也没有任何支撑措施,从而造成这些预应力空心板超载。施工单位未对模板支撑系统进行计算也无施工方案,监理方也未提出异议,便允许施工单位进行施工。出事故时监理人员未在场。

问题如下。

1. 请简要分析本次事故发生的原因。

2. 对于本次事故,可以认定为几级事故? 依据是什么?

3. 监理单位在这起事故中是否应该承担责任? 为什么?

4. 针对类似的模板工程,通常采取什么样的质量安全措施?

第8章　建设工程监理风险管理

【本章要点】

本章简要介绍了风险管理的含义、分类及内容。重点介绍了建设工程风险的特点、对策以及监理企业和监理工程师的风险防范。通过对本章的学习,要求掌握建设工程风险的特点及对策,熟悉监理行业的风险来源及防范措施,了解风险管理的基本内容。

8.1　风险管理概述

随着我国经济的飞速发展,风险管理在工程建设项目中逐渐被认识和应用。监理企业作为工程参与方,在当前工程建设市场大环境下,自身存在的风险也越来越多。如何直面风险,将先进的管理方法运用到实际工作中,做到"防患于未然",控制、回避和缓解风险,是当前摆在监理工程师和监理企业面前的重要课题。

8.1.1　风险的含义

1)风险的定义

从不同的角度可以给出多种风险的定义。当前被普遍接受的有以下两种定义。

其一,风险是出现损失的不确定性。

其二,风险是在给定的情况下和特定的时间内,可能发生的实际结果与预期结果之间的差异。

综上所述,风险一般具备两方面条件:一是不确定性;二是产生损失后果。否则就不能称之为风险。

因此,肯定蒙受或肯定不蒙受损失不是风险。

2)风险的属性

(1)风险事件的随机性。

风险事件的发生及其后果虽然遵循一定的规律,但都具有偶然性,这种性质称为风险事件的随机性。

(2)风险的相对性。

风险是相对项目活动主体而言的。不同的主体对风险事件的承受能力也不同。对于项目风险,影响人们承受能力的有以下几个主要因素。

①收益的大小。收益越大,人们愿意承担的风险也越大。

②投入的大小。一般项目活动投入越多,愿意承担的风险也就越小。

③活动主体拥有的资源。个人或组织拥有的资源越多,其风险承受能力也越强。

（3）风险的可变性。

外界条件发生变化时，往往会引起风险发生变化。风险的可变性有如下含义。

①风险性质的变化。例如，计算机未普及使用时，使用计算机软件管理出现了问题，会使人们手足无措，带来较大的风险。但随着计算机的推广使用，使用计算机软件进行管理不会引起较大风险，而且能明显提高管理效率。

②风险后果的变化。一般风险后果包括风险发生的概率、损失大小。科学技术的发展，能够在一定程度上降低风险事件发生的概率，同时也能相对降低风险损失。而且，现在某些风险可以准确地预测，大大降低了风险的不确定性。

③新风险的出现。随着事件的发展，会有新风险出现。人们为了控制某些风险采取行动时，另外的风险又会出现。例如，有些建设项目，为了提前竣工，边设计、边施工，虽然加快了进度，但增加了设计变更带来的风险。

8.1.2　风险分类

为了全面认识风险，对风险进行有针对性的管理，应将风险分类。风险可从以下角度进行分类。

1）按风险来源分类

按风险来源不同可分为人为风险和自然风险。所谓人为风险是指由于人的活动带来的风险。人为风险可进一步分为行为、技术、经济、政治和组织风险等。所谓自然风险是指由于自然力的作用造成的风险。例如反常气候造成的工程停滞，地震、洪水等不可抗力造成的灾难等，都属于自然风险。

2）按风险后果分类

按风险后果不同可分为纯粹风险和投机风险。所谓纯粹风险是指不能带来机会、没有获得利益可能的风险。所谓投机风险是指既可能带来机会、获得利益，也可能隐含威胁、造成损失的风险。投机风险有三种可能的结果：造成损失、不造成损失和获得利益。而纯粹风险只有两种可能的结果：造成损失、不造成损失。纯粹风险和投机风险在一定条件下可以相互转化，应避免投机风险转化为纯粹风险。

3）按风险承担主体分类

项目风险的后果可能由项目业主、承建商、监理企业、供应商、担保方和保险公司等来承担。弄清楚风险承担者有助于合理分散风险，提高项目对风险的承受能力。

4）按风险影响范围分类

风险按影响范围可分为局部风险和整体风险。局部风险和整体风险是相对的。局部风险影响的范围小，而整体风险影响的范围大。

5）按风险是否可管理分类

所谓可管理的风险是指可预测，并可采取相应的措施加以控制的风险。反之，则称为不可管理的风险。随着数据、资料等信息的增加以及管理水平的提高，有些不可管理的风险可能变为可管理的风险。

8.1.3　风险管理

所谓风险管理是指人们通过风险识别、风险估计和风险评估,合理地使用多种管理方法、技术和手段对风险实行有效的控制,尽量增加风险事件的有利结果,妥善处理风险事故造成的不利后果,从而减少意外损失。

风险管理全过程可以划分为风险分析和狭义的风险管理两个阶段。风险分析包括风险识别、风险估计和风险评价。狭义的风险管理包括风险规划、风险控制和风险监督。

1) 风险分析

风险分析就是通过识别找出各种潜在的风险,对其后果进行量化,并以此为基础提出减少风险的各种对策。

①风险识别。风险分析的第一步是风险识别,其目的是系统而全面地识别出风险事件并进行适当归纳。

②风险估计。风险估计是指估计风险的性质、估算风险事件发生的概率及其后果的严重程度。

③风险评价。风险评价是指确定各风险后果的严重程度。

在实践中,风险识别、风险估计和风险评价常常交替进行。风险分析的组成及内容可用图 8-1 表示。

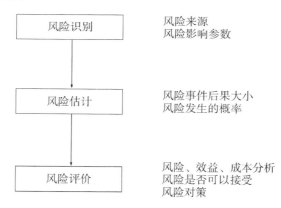

图 8-1　风险分析组成

2) 狭义的风险管理

狭义的风险管理在风险分析之后,针对风险做出决策。一般有规划、控制和监督三个阶段。

①风险规划。风险规划是指风险管理者针对前面的风险分析结果,选择适当的风险规避策略。

②风险控制。风险控制是指实施风险规避策略的控制计划。

③风险监督。风险监督是在决策实施之后进行的,其目的是检查决策的结果与预期结果是否吻合。

风险管理过程各部分不是相互独立的。建设工程项目的实施过程是复杂的,因此应随时对决策做出调整。

8.1.4 建设工程风险与风险管理

1) 建设工程风险

认识建设工程风险,应先了解以下两点。

①参与工程建设的各方均有风险,但各方风险不尽相同。因此,在对建设工程风险进行具体分析时,首先应明确从哪一方的角度进行分析。对同一风险事件进行分析时,出发点不同,其结果也不一样。例如,同样是通货膨胀事件,在固定总价合同条件下,对业主来说没有风险,而对承包商来说就有较大风险;但是,在可调价格合同条件下,对承包商来说风险很小,而对业主来说风险就很大。

②建设工程风险较大。建设工程所涉及的风险因素众多,有政治、社会、技术、经济、自然等因素,这些因素会产生错综复杂的影响,并可能引发风险事件,从而造成损失。

2) 建设工程风险管理

建设工程风险管理过程一般包括风险识别、风险评价、风险对策决策、实施决策、检查五个方面。

①风险识别。风险识别是指通过一定的方式,系统地识别出影响建设工程目标实现的风险事件,并适当归类的过程。风险识别有时还需对风险事件的后果做出定性的估计。

②风险评价。风险评价是将建设工程风险事件的发生可能性和损失后果进行量化的过程。

③风险对策决策。风险对策决策是确定应对建设工程风险事件最佳对策的过程。根据风险评价的结果,对不同风险事件选择最合适的风险对策,从而形成最佳的风险对策组合。

④实施决策。实施决策是指将风险对策落实到具体的计划和措施中。例如,制订预防计划、灾难计划、应急计划等。

⑤检查。检查是指对各项风险对策的执行效果进行评价。有时还需检查是否存在遗漏的工程风险。在工程实施条件发生变化时,要确定是否需要提出不同的风险处理方案。

3) 建设工程风险管理的目标

在风险事件发生前,风险管理的首要目标是使潜在损失最小;其次是减少忧虑及相应的忧虑价值;再次是满足外部的附加义务。建设工程风险管理目标可具体表述为以下内容。

①实际投资不超过计划投资。

②实际工期不超过计划工期。

③实际质量达到预期的质量要求。

④建设过程安全。

4）建设工程风险对策

风险对策也称为风险防范手段，主要有以下四种。

（1）风险回避。

风险回避是指以一定的方式中断风险源，使其不再发展或发生，从而避免可能产生的潜在损失。例如，某建设工程的可行性研究报告表明，虽然从净现值、内部收益率指标看是可行的，但敏感性分析的结论是对产品价格、经营成本、投资额等均敏感，这表示该建设工程的不确定性很大，因而决定放弃建造该建设工程。

采用风险回避这一对策时，需要做出一些牺牲，但与承担风险相比，风险回避对策可能造成的损失要小得多。例如，某承建商参与某建设工程的投标，开标后发现自己的报价远低于其他承包商的报价，经过仔细分析，发现自己的报价存在严重的误算和漏算，因而拒绝与业主签订合同。这样做虽然投标保证金被没收，但比承包后严重亏损的损失要小得多。

在采用风险回避对策时应注意以下问题。

首先，回避一种风险可能会产生另一种新风险。例如，在地铁工程建设中，采用明挖法施工可能会有支撑失败、顶板坍塌等风险，如果为了回避这一风险采用逆作法施工方案，又会产生地下连续墙失败等新风险。

其次，回避风险的同时也失去了可能从风险中获得的收益。例如，在涉外工程中，由于缺乏有关外汇市场的知识和信息，为避免承担由此带来的风险，决定选择本国货币作为结算货币，从而失去了从汇率变化中获益的可能性。

再次，有时回避风险可能不实际。例如，任何建设工程都必然会发生经济风险、自然风险和技术风险，根本无法回避。

总之，虽然风险回避是一种必要的、有时甚至是最佳的风险对策，但这是一种消极的风险对策。如果处处回避、事事回避，其结果就是停止发展。因此，应当勇敢地面对风险，适当地运用风险回避以外的其他风险对策。

（2）损失控制。

损失控制是一种积极主动的风险对策。损失控制可分为预防损失和减少损失两方面。预防损失措施是为了降低损失发生的概率或消除损失发生的可能性，而减少损失措施是为了降低损失的严重性或者遏制损失的进一步发展，使损失最小化。一般损失控制方案是预防损失措施和减少损失措施的有机结合。

为确保损失控制措施取得预期控制效果，制订损失控制措施必须依据定量风险评价结果。风险评价要特别注意间接损失和隐蔽损失。此外，制订损失控制措施还必须考虑费用和时间两方面的代价。因此，损失控制措施的选择也应当进行多方案的技术经济分析和比较，所制订的损失控制措施应当形成一个周密的、完整的损失控制计划系统。就施工阶段而言，一般应由预防计划、灾难计划和应急计划三部分组成。

①预防计划。预防计划的作用主要是降低损失发生的概率，在很多情况下也能降低损失的严重性。在损失控制计划系统中，预防计划的内容最广泛，具体措施包括组织措施、管理措施、合同措施和技术措施。

a. 组织措施的首要任务是明确各部门和人员在损失控制方面的职责分工,以使各方人员都能有效配合。此外,还需要建立相应的工作制度和会议制度。

b. 管理措施是将不同的风险分离间隔开来,将风险限制在尽可能小的范围内,以避免在某一风险发生时,产生连锁反应,互相牵连。例如,施工现场平面布置时,易发生火灾的木材加工场应尽可能远离办公用房。

c. 合同措施要保证整个建设工程总体合同结构合理,避免不同合同之间出现矛盾。还应注意做出与特定风险相应的规定。

d. 技术措施是在建设工程实施过程中常用的预防损失措施。例如地基加固、材料检测等。与其他方面措施相比,技术措施需付出费用和时间两方面代价,应慎重选择。

②灾难计划。灾难计划是指事先编制好的、目的明确的工作程序和具体措施。在紧急事件发生后,为现场人员提供明确的行动指南。

灾难计划是针对严重风险事件来制订的,其内容应满足以下要求:

a. 援救及处理伤亡人员。

b. 安全撤离现场人员。

c. 保证受影响区域的安全,并使其尽快恢复正常。

d. 控制事故的进一步发展,尽可能减少资产损失和环境损害。

③应急计划。应急计划是风险损失基本确定后的处理计划。其作用是使因严重风险事件而中断的工程作业尽快全面恢复,并减少进一步的损失,从而使其影响程度减至最少。应急计划包括的内容有:调整整个建设工程的施工进度计划,要求各承包商相应调整各自的施工计划;调整材料、设备的采购计划,及时与材料、设备供应商联系,必要时应签订补充协议;准备保险索赔依据,确定保险索赔的额度,起草保险索赔报告;全面审查可使用的资金情况,必要时需调整资金使用计划等。

(3) 风险自留。

风险自留就是将风险留给自己承担,是从企业内部财务的角度应对风险。与其他风险对策的根本区别在于,它不改变建设工程风险的客观性质,即既不改变工程风险发生的概率,也不改变工程风险潜在损失的严重性。风险自留可分为以下两种类型。

①非计划性风险自留。这样的风险自留是非计划的、被动的。由于风险管理人员没有意识到建设工程某些风险的存在,导致风险发生后只能由自己承担,产生这种情况的原因一般有:缺乏风险意识、风险识别错误、风险评价失误、风险决策延误和风险决策实施延误。

对于复杂的建设工程来说,风险管理人员几乎不可能识别出全部的工程风险。因此,非计划性风险自留是不可避免的。但风险管理人员应尽量减少风险识别和风险评价的失误,应及时做出风险对策决策并实施决策,避免被动承担重大或较大的工程风险。

②计划性风险自留。计划性风险自留是主动的、有计划的,是风险管理人员在经过风险识别和风险评估后做出的风险对策,是整个建设工程风险对策计划的一个组成部分。计划性风险自留不可能单独运用,应与其他风险对策结合使用。

计划性风险自留的计划性主要体现在风险自留水平和损失支付方式两个方面。风险自留水平是指选择哪些风险作为风险自留的对象。损失支付方式是指风险事件发生后,对所造成的损失通过什么方式来支付。常见的损失支付方式有以下几种:从现金净收入中支出、建立非基金储备、自我保险和母公司保险。

计划性风险自留至少要符合以下条件之一才予以考虑。

a. 别无选择。有些风险既不能回避也不能转移,只能自留,是一种无奈的选择。

b. 期望损失不严重。根据经验和有关资料,风险管理人员确信损失低于保险公司的估计。

c. 损失可准确预测。

d. 企业有短期内承受最大潜在损失的能力。由于风险的不确定性,如果短期内发生最大的潜在损失,已有的专项基金不足以弥补损失,就需要企业从现金收入中支付。如果企业没有这种能力,可能会受到致命打击。

e. 投资机会好。如果市场投资前景好,由于保险费的机会成本较大,不如采取风险自留,将保险费作为投资,以取得较多的回报。

f. 内部优质服务。如果保险公司所能提供的多数服务可由风险管理人员在内部完成,而且由于他们直接参与工程的建设和管理活动,风险可能更小。在这种情况下,风险自留是合理的选择。

（4）风险转移。

风险转移可分为非保险转移和保险转移两种形式。

①非保险转移。非保险转移也称为合同转移,因为这种风险转移一般是通过签订合同的方式将工程风险转移给非保险人的对方当事人。建设工程风险最常见的非保险转移有以下三种情况。

a. 业主将合同责任和风险转移给对方当事人。例如,采用固定总价合同将涨价风险转移给承包商。

b. 承包商进行合同转让或工程分包。例如,承包商中标后,将该工程中专业技术要求较强的工程内容分包给专业分包商。

c. 第三方担保。合同当事人的一方要求另一方为其履约行为提供第三方担保。

与其他风险对策相比,非保险转移的优点主要体现在:一是可以转移某些不可保的潜在损失,如物价上涨、设计变更等引起的投资增加;二是被转移者一般能较好地进行损失控制。但非保险转移的媒介是合同,这就有可能因为双方当事人对合同条款的理解发生分歧而导致转移失败。而且,有时可能因为被转移者无力承担实际发生的重大损失,导致转移失败。

②保险转移。保险转移通常称为保险,是指通过购买保险,建设工程业主或承包商将应由自己承担的工程风险转移给保险公司。

通过保险,在建设过程中发生的重大损失可以从保险公司及时得到赔偿,从而保证建设工程实施稳定进行,最终保证达到工程目标。通过保险还可以减少决策者对建设工程风险的担忧,可以集中精力研究和处理建设工程实施中的其他问题。而且,保险公司可向业主和承包商提供全面、专业的风险管理服务,从而提高整个建设工程风险管理的水平。

保险的缺点表现如下：首先增加了工程项目的机会成本；其次工程保险合同的内容一般较为复杂，保险合同谈判要耗费较多的时间和精力。而且在进行工程保险后，投保人可能产生心理麻痹而疏于制订损失控制计划，以致增加实际损失和未投保损失。

此外，进行保险转移还需考虑以下几个问题：一是保险的安排方式，即选择由承包商安排保险计划还是由业主安排保险计划；二是选择保险类别和保险人，一般应通过多家比较后确定；三是可能要进行保险合同谈判，这项工作最好委托保险经纪人或保险咨询公司来完成，但免赔额的数额或比例要由投保人确定。

需要说明的是工程保险并不能转移建设工程的所有风险，一方面有些风险不易投保，另一方面存在不可保风险。因此，对于建设工程风险，应将风险转移与风险回避、损失控制和风险自留结合起来。对于不可保的风险，必须采取损失控制措施；即使对于可保风险，也应采取一定的损失控制措施，这样有利于改变风险性质，达到降低风险量的目的，从而改善工程保险条件，节省保险费用。

8.2 监理企业和监理工程师的风险管理

8.2.1 监理企业和监理工程师的风险

从监理企业角度看，虽然风险种类繁多、成因复杂，但主要来自以下三个方面。

1）来自业主的风险

（1）业主对监理在认识上存在缺陷。

由于我国监理制度实行的时间不长，有些业主对监理的作用和内涵认识不清，认为监理仅仅是监督工程质量而已，认为请监理是"花钱找麻烦"。但由于建设监理的强制性政策，只能被动地委托监理，因此对监理工作不配合。具体表现为以下三点。

①项目管理双轨制。

②不授予监理人员相应的权力。

③对监理人员工作横加干涉。

（2）业主的行为不规范。

部分业主在选择监理企业时，向监理企业索贿；有些业主盲目压价或拖欠监理费用；有些业主刻意刁难监理企业，滥用权力，随意罚款；有些业主对监理人员的工作要求苛刻。如此一来，使本来就收费不高的监理企业面临很大的经济风险。

（3）业主不遵循建设规律。

有些业主本身不懂工程，不遵循工程建设的客观规律。例如有些业主在设备、材料采购时，产品到货后检验不合格，但迫于工期或其他原因，业主坚持要求使用该产品，埋下了安全隐患。部分业主为追求竣工后的利润，制定的工期较短，有的投资上亿的大型工程，不分昼夜施工，本来合理工期应是一年左右，但为了投产后的经济效益,将工期压至几个月。

(4) 业主的资金不到位。

有些业主资金不到位,强行要求开工,破坏了监理工作开展的基本前提。尤其是一些要求承包商带资进场的工程,监理人员没有发言权。一旦工程出了问题,业主会责怪监理人员控制不力,工作失职等,监理企业就有被处罚的风险。

2) 来自承包商的风险

(1) 承包商对监理认识不清,不配合监理工作。

许多承包商对监理内涵认识不清,认为监理就是业主派来监督他们的,因此并不愿意接受监理,自然也不会配合监理人员的工作。有些承包商把监理人员当技术员、质检员使用,而完全放弃了自身的质量管理。如果出了质量问题,承包商就会将责任推给监理企业。

(2) 承包商片面追求自身利益。

在一般情况下,承包商总是千方百计地争取监理人员对其手下留情,对坚持原则的监理人员,有些承包商认为他们妨碍了自身的利益,不断给监理人员出难题,客观上给监理人员造成额外的工作和心理负担。在有些情况下,施工企业为追求利润、降低成本,在工程上偷工减料。例如,建筑材料市场情况复杂,业主或监理稍不注意,就会被施工单位钻空子;在工程内容上,不按规范要求的程序和步骤施工,能少干就少干,存在侥幸心理。这些做法会加大监理企业的风险。

(3) 承包商不履约。

有些承包商为了获得工程任务,在投标时以低价中标,一旦取得业务后,就在施工过程中层层加码,要求提高承包价格。如果监理工程师予以拒绝,有的承包商甚至以停工要挟。虽然监理工程师可以凭合同条款对其进行惩罚,但这样做的结果对业主也没有好处,通常是两败俱伤。发生这样的情况,业主会迁怒于监理人员,监理工程师则有口难辩。

(4) 承包商与业主关系密切。

有些承包商与业主关系密切,致使监理的指令无法贯彻实施,一旦出现质量问题,业主便会追究监理企业的责任。

(5) 工程资金不到位,承包商垫资施工。

工程资金不到位,有时严重短缺,如果承包商垫资施工,会导致监理工程师工作时经济措施失效,监理权基本丧失,对于业主、监理企业都潜伏着风险。

(6) 承包商多次转包,挂靠承包。

工程建设市场存在着不少挂靠的施工企业,根本不具备资质,甚至连基本的设备及技术人员都是临时拼凑的,而监理企业根本奈何不了这种行为。

3) 监理企业内部的风险

(1) 管理体制存在问题。

目前,一些大型监理企业的管理还停留在国有企业管理模式上,缺乏市场竞争机制,风险意识不强。这样的监理企业大部分缺乏独立管理能力和有效的风险控制手段。

（2）监理人员素质良莠不齐。

目前,建设行业监理人员整体素质偏低,同时具备专业、经济、法律、管理等综合素质的人才较少,导致监理企业只能承揽常规监理业务,而不具备审查复杂工程施工方案的能力,而且对工程前沿的新材料、新设备和新技术了解很少,开展业务很被动。

（3）监理企业鱼目混珠。

受经济利益驱使,部分小型监理企业甚至个人通过各种渠道,挂靠在某个大型监理企业上承揽业务,根本不具备相应能力,这样从事监理工作肯定会有潜在的风险。

（4）不良环境影响增多。

由于不正之风及业主干预过多,监理工程师很难按正常秩序开展工作。在这种环境下监理企业人员队伍不稳定,一部分监理工程师身心疲惫,无力专心负责监理工作。

8.2.2　监理企业和监理工程师的风险分类及防范措施

监理风险大致可分为合同风险、执行风险、技术风险和管理风险。

1）监理合同风险及防范措施

（1）监理合同风险产生的主要原因。

①监理项目投标之前,可行性研究不充分,未能准确估计监理工作量、监理费用和监理风险。

②为了承揽到监理业务,对委托单位的苛刻要求随意让步。

这两种情况都会造成监理合同执行困难。因此,监理企业会减少监理人员或让一个监理人员同时监理几个项目。这样容易使监理工作流于形式,最终导致监理效果不佳。

（2）防范监理合同风险的主要措施。

①投标之前仔细研究监理招标文件及全部附件,了解建设单位的资信、经营状况和财务状况,确认工程项目的合法性和资金来源;明确项目目标、项目内容和具体要求;明确建设单位的委托监理目标、监理范围、监理内容和监理依据,准确估计监理工作量、监理费用和监理风险,并将其写入监理投标书和监理大纲。

②签订监理合同之前,对委托单位提出的合同文本要仔细研究,对重要问题要慎重考虑,尽可能争取对风险较大和过于苛刻的条款做出适当调整,不接受明显不能完成、不公平的委托合同。

2）监理执行风险及防范措施

开展监理工作时,监理工程师的以下几种行为存在极大风险,也可能影响监理成效。

①失职行为。监理工程师未能全面正确地履行监理委托合同中规定的监理职责或从事超出监理委托合同中规定的监理范围之外的工作。

②过失行为。监理工程师由于主观上的无意行为未能严格履行监理职责。

为防范这种风险,总监理工程师应严格按照监理合同编制监理规划,认真审核各监理工程师所编制的监理实施细则。监理工程师应严格按照经过批准的监理规划和监理实施细则执行监理,不要轻信承建单位的承诺,不要过分相信个人的经验和直观判断,不要随意缩小监理范围并减少监理内容,也不要超越委托范围去做职责之外的工作。

3）监理技术风险及防范措施

监理企业尽管履行了监理委托合同中所规定的监理职责,但由于技术能力有限未能发现本应该发现的问题。另外,现有的技术手段和方法并不能保证及时发现所有隐患。

为防范这种风险,监理工程师应不断提高自身素质,防范由于自身技能不足带来的风险。监理企业应加强对监理工程师的技术培训,同时也要为监理工程师配备必要的硬件设备和软件工具。

4）监理管理风险及防范措施

如果监理企业的管理机制不健全,可能造成人才流失等不良后果,影响监理工作有效进行。

为防范这种风险,监理企业应根据自身实际情况,明确管理目标,建立合理的组织结构和有效的约束机制;并根据责、权、利统一的原则,制订严格的监理人员岗位责任制、明确的业绩考核办法和合理的薪酬分配原则,充分调动监理人员的积极性。

【思考题】

1. 常见风险分类方式有哪几种?具体如何分类?
2. 简述风险管理的基本过程。
3. 风险对策有哪几种?简述各种风险对策的要点。
4. 监理单位及监理工程师的风险主要体现在哪些方面?

【案例分析】

某工业项目建设单位委托一家监理单位协助组织工程招标并负责施工阶段监理工作。总监理工程师在主持编写监理规划时,安排了一名专业监理工程师负责项目风险分析和相应监理规划内容的编写工作。根据该项目的具体情况,监理工程师对建设单位的风险事件提出了相应的风险对策,制定了风险控制措施,见表 8-1。

表 8-1　风险事件、风险对策及控制措施

序　号	风 险 事 件	风 险 对 策	控 制 措 施
1	人工和材料费波动比较大	风险转移	签订固定总价合同
2	建设单位购买的昂贵设备在运输过程中出现意外	风险转移	从现金净收入中支出
3	采用新技术较多,施工难度大	风险回避	变更设计,采用成熟技术
4	工程所在地风灾频发	风险自留	购买工程保险
5	场地内可能有残留地下障碍物	风险回避	设立专项基金

问题如下。

分析监理工程师针对各项风险事件提出的风险控制措施是否正确,并说明理由。

第9章 监理文件

【本章要点】

本章主要介绍监理大纲、监理规划和监理实施细则的作用、编写依据及内容。通过对本章的学习，要求学生掌握上述三个监理文件的编写依据及主要内容，能够编写一般工程项目的监理规划。

9.1 监理文件概述

建设工程监理文件有多种，其中包括监理大纲、监理规划、监理实施细则、监理月报、监理总结等。本章重点介绍监理大纲、监理规划、监理实施细则三个文件。

9.1.1 三个监理文件的概念

1）监理大纲

监理大纲又称监理方案，它是监理企业在业主开始委托监理的过程中，特别是在业主进行招投标过程中，为承揽到监理业务而编制的监理方案性文件。

2）监理规划

监理规划是对工程建设项目实施监理的工作计划，它是监理企业接受业主委托合同后，在项目总监理工程师的主持下，根据委托监理合同，在监理大纲的基础上，结合工程实际情况，广泛收集工程信息和资料的情况下制订，经监理企业技术负责人批准，用来指导项目监理机构全面开展监理工作的指导性文件。

3）监理实施细则

监理实施细则简称监理细则，它是在项目监理机构已建立、各专业监理工程师已经就位、监理规划已经制订的基础上，由项目监理机构的专业监理工程师针对建设工程中的某一专业或某一方面的监理工作来编写，并经总监理工程师批准实施的具有可操作性的业务文件。

9.1.2 三个监理文件的区别与关系

监理大纲、监理规划和监理实施细则是监理企业在不同阶段编制的工作文件，它们之间既有区别、又有关联。

1）区别

（1）目的和性质不同。

监理大纲是监理企业在招投标过程中为承揽到监理业务而编写的监理方案性

文件;监理规划是监理企业为了更好地履行监理合同,完成业主委托的监理工作,结合工程项目具体情况而编写的指导项目监理机构全面开展监理工作的纲领性文件;监理细则是项目监理机构落实监理规划,针对中型以上或专业性较强的工程,结合专业特点而编写的指导本专业具体业务实施的操作性文件。

(2)编写时间不同。

监理大纲是在监理招投标阶段编写的;监理规划是在签订监理委托合同及收到设计文件后编写的;监理细则是在监理规划编制后编写的。

(3)内容粗细程度和侧重点不同。

监理大纲内容较粗,相当于监理工作的框架。侧重点放在满足招标文件要求,作为拟采用的监理方案。

监理规划内容比监理大纲内容翔实、全面。侧重点放在整个项目监理机构所开展的监理工作。

监理细则内容更具体,更有针对性。侧重点放在监理工作流程及监理控制要点等方面。

(4)编写主持人员不同。

监理大纲一般由监理企业经营部门或技术管理部门人员负责编写;监理规划由项目监理机构总监理工程师主持编写;监理细则由项目监理机构专业监理工程师编写。

2)关系

监理大纲、监理规划、监理实施细则是相互关联的,它们之间存在着明显的互为依据的关系。在编写监理规划时,一定要严格根据监理大纲的有关内容来编写;在制订监理实施细则时,一定要在监理规划的指导下进行。

一般说来,监理企业开展监理活动应当编制以上监理工作文件,但这也不是一成不变的。对于简单的监理活动只编写监理实施细则就可以了,而有些建设项目也可以制订比较详细的监理规划,而不再编写监理实施细则。

9.2　监理大纲

9.2.1　监理大纲的作用

1)为赢得业主的信任,获得监理业务

业主在进行监理招标时,一般要求投标单位提交监理资信标书、监理技术标书和监理商务标书三部分文件,其中监理技术标书即监理大纲。工程监理企业要想在投标中显示自己的技术实力和监理业绩,获得业主的信任而中标,必须写出自己的监理经验和能力,以及对本项目的理解和监理的指导思想、拟派驻现场的主要监理人员的资质情况等。业主通过对所有投标单位的监理资信、监理大纲和监理费用的

综合考评,最终评出中标监理企业。需要特别说明的是,业主评定监理投标书的重点在监理大纲即技术标书上,所以监理大纲对能否中标影响较大。

2)为下一步编制监理规划提供依据

工程监理企业一旦中标,在签订建设工程委托监理合同后,监理企业就要求项目总监理工程师着手编制项目监理规划。而监理规划的编制必须依据工程监理企业投标时的监理大纲。因为,监理大纲是建设工程委托监理合同的重要组成部分,也是工程监理企业对业主所提技术要求的认同和答复,所以工程监理企业必须以此编写监理规划,来进一步指导项目的监理工作。

3)是业主检查、监督监理工程师工作的依据

工程监理企业依据建设工程委托监理合同为建设单位提供监理服务,而监理大纲往往被纳入监理合同附件中。在监理过程中业主检查、监督监理工程师的工作质量的优劣,就是依据建设工程委托监理合同中的监理大纲对监理工程师应达成的工作要求来衡量的。因此,工程监理企业在编写监理大纲时,一定要措辞严谨、表达清楚,明确自己的责任和义务。监理合同一旦签订就要履行自己的诺言,严格按照监理大纲的要求开展监理工作,树立良好的企业形象。

9.2.2 监理大纲的编写

监理大纲的编写应反映工程监理企业与监理项目有关的经验和能力,以及对业主提出的监理任务的理解,特别要突出能够给业主节约投资、缩短工期、保证工程质量的具体建议和自己承担本工程的优势,这些内容往往是监理企业长期监理工作经验积累的结晶,对业主通常具有较强的吸引力和说服力。

1)监理大纲编写的依据

①国家有关建设工程方面的法律、法规。

②建设单位提供的勘察、设计文件。

③建设单位的工程监理招标文件。

④工程监理企业有关的人力资源和技术资源。

2)监理大纲的内容

监理大纲的内容应当根据监理招标文件的具体要求制订,一般包括以下内容。

①项目概况。

②监理工作的指导思想和监理目标。

③拟派往项目上的主要监理人员及其资质情况。

④现场监理组织及其职责。

⑤各阶段监理工作目标及其措施。

⑥安全监理的方法和措施。

⑦合同管理的任务与方法。

⑧信息管理的方法和措施。

⑨组织协调的任务与方法。

⑩工程监理主要工作程序。

⑪拟派驻项目监理机构的技术装备。

⑫拟提供给业主的监理报告目录及主要监理报表格式。

⑬对本项目建设、设计、施工的建议。

⑭投标书要求的其他资料。

监理大纲应重点介绍拟派驻项目监理机构的总监理工程师的情况,针对项目监理工作采取的方法与措施,以及提供给业主的有关建议和监理阶段性文件。这将有助于业主掌握工程建设过程,也有利于监理企业顺利承揽到该建设工程的监理业务。

9.3　监理规划

9.3.1　监理规划的作用

1)指导项目监理组织全面开展工作

监理规划的基本作用是指导项目监理机构全面开展监理工作。建设工程监理的目的是协助业主实现建设工程的总目标。实现建设工程总目标是一个系统的过程,它需要制订计划,建立组织,配备合适的监理人员,进行有效的指导,实施建设工程目标控制。只有系统地做好上述工作,才能完成建设工程监理的任务。实施目标控制,在实施建设监理的过程中,监理企业要集中精力做好目标控制工作。因此,监理规划需要对项目监理机构开展的各项监理工作做出全面、系统的组织和安排。它包括确定监理工作目标,制订监理工作程序,确定目标控制、合同管理、信息管理、安全管理、组织协调等各项措施以及确定各项工作的方法和手段。

2)监理规划是建设监理主管机构对工程监理企业监督管理的依据

政府建设监理主管机构对建设工程监理企业要实施监督、管理和指导,对其人员素质、专业配套和建设工程监理业绩要进行核查和考评,以确认其资质和资质等级,使整个建设工程监理行业能够达到应有的水平。要做到这一点,除了进行一般性的资质管理工作之外,更重要的是通过监理企业的实际监理工作来认定它的水平。而监理企业的实际水平可从监理规划和它的实施中充分地表现出来。因此,政府建设监理主管机构对监理企业进行考核时,应当十分重视对监理规划的检查,也就是说,监理规划是政府建设监理主管机构监督、管理和指导监理企业开展监理活动的重要依据。

3)监理规划是业主确认工程监理企业是否认真、全面履行监理合同的重要依据

因为监理规划的前期文件,即监理大纲,是监理规划的框架性文件。而且,经由谈判确定的监理大纲应当纳入监理合同的附件之中,成为监理合同文件的组成部分,所以作为监理的委托方,业主有权监督监理企业全面、认真执行监理合同。而监

理规划正是业主了解和确认监理企业是否履行监理合同的主要文件。监理规划应当能够全面而详细地为业主监督监理合同的履行提供依据。

4) 监理规划是监理企业内部考核的依据和重要的存档资料

从监理企业内部管理制度化、规范化、科学化的要求出发,需要对各项目监理机构的工作进行考核,其主要依据就是监理规划。通过考核,可以对有关监理人员的监理工作水平和能力做出客观、正确的评价,这样有利于今后在其他工程上更加合理地安排监理人员,提高监理工作效率。

从建设工程监理控制的过程可知,监理规划的内容必然随着工程的进展而逐步调整、补充和完善。它在一定程度上真实地反映了一个建设工程监理工作的全貌,是最好的监理工作过程记录。因此,它是监理企业的重要存档资料。

9.3.2 监理规划的编写

1) 监理规划编写的依据

(1) 工程建设方面的法律、法规。

工程建设方面的法律、法规具体包括以下三个层次。

①国家颁布的有关工程建设的法律、法规和政策。这是工程建设相关法律、法规的最高层次。在任何地区或任何部门进行工程建设,都必须遵守国家颁布的工程建设方面的法律、法规和政策。

②工程所在地或所属部门颁布的工程建设相关的法规、规定和政策。一项建设工程必然是在某一地区实施的,也必然是归属于某一部门的,这就要求工程建设必须遵守建设工程所在地颁布的工程建设相关的法规、规定和政策,同时也必须遵守工程所属部门颁布的工程建设相关规定和政策。

③有关工程建设的各种标准、规范。这些标准、规范也具有法律效力,必须遵守和执行。

(2) 建设工程外部环境调查研究资料。

①自然条件方面的资料,包括建设工程所在地的水文、地质、地形、气象以及自然灾害发生情况等方面的资料。

②社会和经济条件方面的资料,包括建设工程所在地社会治安、政治局势、建筑市场状况、相关单位(勘察和设计单位、施工单位、材料和设备供应单位、工程咨询和建设工程监理单位)、基础设施(交通设施、通信设施、公用设施、能源设施)、金融市场情况等方面的资料。

(3) 政府批准的工程建设文件。

政府批准的工程建设文件包括以下两个方面。

①政府工程建设主管部门批准的可行性研究报告、立项批文。

②政府规划部门确定的土地使用条件、规划条件、环境保护要求、市政管理规定等。

（4）建设工程监理合同。

在编写监理规划时，必须依据建设工程监理合同或有关内容，如监理企业和监理工程师的权利和义务、监理工作范围和内容、有关建设工程监理规划方面的要求。

（5）其他建设工程合同。

在编写监理规划时，也要考虑其他建设工程合同中关于业主和承建单位权利和义务的内容。

（6）业主的正当要求。

根据监理企业应竭诚为客户服务的宗旨，在不超出合同职责范围的前提下，监理企业应最大限度地满足业主的正当要求。

（7）监理大纲。

监理大纲中的监理组织计划，拟投入的主要监理人员，投资、进度、质量控制方案，合同管理方案，信息管理方案，安全管理方案，定期提交给业主的监理工作阶段性成果等内容都是编写监理规划的依据。

（8）工程实施过程中输出的有关工程信息。

这方面的内容包括方案设计、初步设计、施工图设计文件及工程招标投标情况、工程实施状况、重大工程变更、外部环境变化等。

2）监理规划的编写要求

（1）监理规划的基本构成内容应当力求统一。

由于监理规划是指导整个项目开展监理工作的纲领性文件，在编制监理规划时应当力求做到内容构成统一。这是监理工作规范化、制度化、统一化的基本要求，也是监理工作科学化的要求。

监理规划的基本作用是指导项目监理组织全面开展工作，如果监理规划的基本构成内容不能统一，项目监理工作就会出现漏洞，使正常的监理工作受到影响，甚至出现失误。因此，针对一个具体项目的监理规划，必须对整个监理工作的计划、目标、组织、控制等内容进行统一的考虑，以目标控制为中心，全面系统地对整个项目进行组织、规划，依据监理企业与业主所签订的建设工程委托监理合同中的监理范围和要求来编写。

对每个监理项目来说，编制监理规划既要因地制宜、突出重点，又要力求统一完整。

（2）监理规划的具体内容应具有针对性。

监理规划基本构成内容应当统一，但各项具体的内容要有针对性。这是因为，监理规划是指导某一特定建设工程监理工作的技术组织文件，它的具体内容应与建设工程相适应。由于所有建设工程都具有单件性和一次性的特点，即每个建设工程都有自身的特点，而且每个监理企业和每位总监理工程师对某个具体建设工程在监理思想、监理方法和监理手段等方面都会有自己的独到之处。所以，不同的监理企业和不同的监理工程师在编写监理规划的具体内容时，必然会体现出自己鲜明的特色。

每个监理规划都是针对某一具体建设工程的监理工作计划,都必然有它自己的投资目标,进度目标,质量目标,项目组织形式,监理组织机构,目标控制措施、方法和手段,信息管理制度,合同管理措施和安全管理措施。建设工程监理规划只有具有针对性,才能真正起到指导具体监理工作的作用。

(3) 监理规划应当遵循建设工程的运行规律。

监理规划是针对一个具体建设工程编写的,不同的建设工程具有不同的工程特点、工程条件和运行方式。这就决定了建设工程监理规划必然与工程运行客观规律具有一致性,必须把握、遵循建设工程运行的规律。只有把握建设工程运行的客观规律,监理规划的运行才是有效的,才能实施对该项工程的有效监理。因此,监理规划要随着建设工程的展开进行不断的补充、修改和完善。

监理规划要把握建设工程运行的客观规律,就需要不断收集大量的信息。如果掌握的工程信息量少,就不可能对监理工作进行详尽的规划。例如,随着设计的不断进展、工程招标方案的出台和实施,工程的信息量越来越多,监理规划的内容也就越来越完整。就一项建设工程的全过程监理规划来说,想一气呵成的做法是不实际的,也是不科学的,这样的规划即使编写出来也没有任何实施的价值。

(4) 项目总监理工程师是监理规划编写的主持人。

监理规划应当在项目总监理工程师的主持下编写,这是建设工程监理实施项目总监理工程师负责制的必然要求。当然,要编制好建设工程监理规划,还应充分调动整个项目监理机构中专业监理工程师的积极性,要广泛征求各专业监理工程师的意见和建议。在监理规划编写的过程中,还应当充分听取业主的意见,最大限度地满足他们的合理要求,为进一步搞好监理服务奠定基础。

(5) 监理规划一般要分阶段编写。

如前所述,监理规划的内容与工程进展密切相关,没有规划信息就没有规划内容。因此,监理规划的编写需要有一个过程,需要将编写的整个过程划分为若干个阶段。

监理规划编写阶段可按工程实施的各阶段来划分,工程实施各阶段所输出的工程信息就是相应的监理规划信息。例如,可划分为设计阶段、施工招标阶段和施工阶段。设计的前期阶段完成规划的总框架并将设计阶段的监理工作进行"近细远粗"的规划,使监理规划内容与已经掌握的工程信息紧密结合。设计阶段结束,大量的工程信息能够提供出来,这样施工招标阶段监理规划的大部分内容能够落实。随着施工招标的进展,各承包单位逐步确定下来,工程施工合同逐步签订,施工阶段监理规划所需的工程信息基本齐备,这时才可能编写出完整的施工阶段监理规划。在施工阶段,有关监理规划的主要工作是根据工程进展情况进行调整、修改,使监理规划能够动态地控制整个建设工程。

(6) 监理规划的表达方式应当格式化、标准化。

现代科学管理应当讲究效率、效能和效益,其表现之一就是使控制活动的表达方式格式化、标准化,从而使控制的规划显得更明确、更简洁、更直观。我国的建设监理制度应当走规范化、标准化的道路,这是科学管理与粗放型管理在具体工作上的明显区别。因此,需要选择最有效的方式和方法来表示监理规划的各项内容。比较而言,图、表和简单的文字说明是应当采用的基本方法。所以,编写建设工程监理规划各项内容时应当采用什么表格、图示以及哪些内容需要采用简单的文字说明,应当做出统一规定。

（7）监理规划应当经过审核。

监理规划在编写完成后需进行审核并经批准。监理企业的技术主管部门是内部审核单位,其负责人应当签认。监理规划是否要经过业主认可,由委托监理合同或双方协商确定。监理规划的审核重点应放在:监理范围,工作内容,监理目标是否符合委托监理合同的要求,是否与业主意图一致;项目监理机构组织形式是否合理,人员是否满足专业配套及数量的要求;监理工作计划是否合理可行;投资、进度、质量控制方法及措施是否科学、合理;监理内、外工作制度是否健全。

从上述监理规划编写的要求来看,它的编写既需要由主要负责者(项目总监理工程师)主持,又需要形成编写班子。同时,项目监理机构的各部门负责人也有相关的任务和责任。监理规划涉及建设工程监理工作的各方面。所以,有关部门和人员都应当关注它,使监理规划科学、完备,真正发挥全面指导监理工作的作用。

9.3.3　监理规划的内容

监理规划的内容,应在监理大纲和建设工程委托监理合同的基础上,结合项目的特点、规模及相关的技术标准、规程等制订。根据《建设工程监理规范》(GB/T 50319—2013)的规定,一般包括以下几个方面。

1）工程概况

工程概况部分主要编写以下内容。

①建设工程名称。

②建设工程地点。

③建设工程组成及建设规模。

④主要建筑结构类型。

⑤预计工程投资总额。

⑥建设工程计划工期,可用两种方式表示。

一种方式以建设工程的计划持续时间表示,如工程项目工期为"××个月"或"×××天";另一种方式以建设工程开、竣工的具体日历时间表示,如工程项目计算工期为____年____月____日至____年____月____日。

⑦工程质量要求,应具体提出建设工程项目的质量目标要求。

⑧建设工程设计单位及施工单位名称。

⑨建设工程项目结构图与编码系统。

2) 监理工作的范围、内容、目标

(1)监理工作的范围。

监理工作的范围是指监理企业所承担监理任务的工程范围。如果监理企业承担全部建设工程的监理任务,监理范围为全部建设工程,否则应按监理企业所承担的建设工程的建设阶段或子项目划分确定建设工程监理范围。

(2)监理工作的内容。

①立项阶段监理工作的主要内容。

a. 协助业主整理工程报建手续。

b. 项目可行性研究咨询(监理)。

c. 组织技术、经济、环保论证,优选建设方案。

d. 编制建设工程项目投资估算。

e. 组织设计任务书编制。

②设计阶段监理工作的主要内容。

a. 根据工程项目特点,调查并搜集有关技术、经济、环保等资料。

b. 编写设计要求文件。

c. 组织设计方案竞赛或设计招标,协助业主优选勘察设计单位。

d. 协助业主拟定和商谈建设工程设计合同。

e. 向设计单位提供设计所需基础资料。

f. 配合设计单位开展方案论证,优化设计方案。

g. 组织设计方案评审工作。

h. 配合设计进度,组织设计单位与其他有关单位的协调工作。

i. 组织各设计单位之间的协调工作。

j. 参与项目主要设备和材料的选型。

k. 审核主要设备和材料清单。

l. 审核工程项目估算和设计概算。

m. 全面审核设计图纸。

n. 检查和控制设计进度。

o. 检查和控制设计质量。

p. 组织设计文件的报批。

③施工招标阶段监理工作的主要内容。

a. 拟定工程项目施工招标方案,并征得业主同意。

b. 准备工程项目施工招标条件。

c. 办理工程项目招标申请。

d. 协助业主编写施工招标文件。

e. 编制工程项目标底,经业主同意后,报送当地建设主管部门审核。

f. 协助业主组织工程项目施工招标工作。

g. 组织投标单位进行现场勘察，回答投标人提出的问题。

h. 协助业主组织开标、评标和定标工作。

i. 协助业主同中标单位商签建设工程施工合同。

④材料、设备采购供应的监理工作主要内容。

对于由业主负责采购供应的材料、设备等，监理工程师应负责供应计划的制订，并监督合同的执行和供应工作。具体有以下几项监理工作。

a. 制订材料、设备供应计划和相应的资金需求计划。

b. 通过对质量、价格、交货期、运输、维修服务等条件的分析和比选，确定材料、设备等供应厂家。重要设备还应了解用户使用的有关情况，并考察生产厂家的质量保证体系及认证情况。

c. 协助业主拟定并商签材料、设备的订货合同。

d. 监督合同的落实，确保材料、设备的及时供应。

⑤施工准备阶段监理工作的主要内容。

a. 审查施工单位选择的分包单位的资质。

b. 监督检查施工单位质量保证体系及安全技术措施，完善质量管理程序与制度。

c. 参加设计单位向施工单位的技术交底。

d. 审查施工单位上报的实施性施工组织设计，重点对施工方案、劳动力、材料、机械设备的组织以及保证工程质量、安全、工期和控制造价等方面的措施进行监督，并向业主提出监理意见。

e. 在单位工程开工前检查施工单位的复测资料，特别是两个相邻施工单位之间的测量资料、控制桩橛是否交接清楚，手续是否完善，质量有无问题，并对贯通测量、中线及水准桩的设置、固桩情况进行审查。

f. 对重点工程部位的中线、水平控制进行复查。

g. 监督落实各项施工条件，审批一般单项工程、单位工程的开工报告，并报业主备查。

⑥施工阶段监理工作的主要内容。

a. 施工阶段的质量控制。

对所有的隐蔽工程在隐蔽以前进行检查并办理签证，对重点工程要派监理人员驻点跟踪监理，签署重要的分项工程、分部工程和单位工程质量评定表。

对施工测量、放样等进行检查，发现质量问题应及时通知施工单位纠正，同时做好监理记录。

检查确认运到现场的工程材料、构件和设备的质量，并查验试验、化验报告单及出厂合格证是否齐全、合格。对不符合质量要求的材料、设备，监理工程师有权禁止其进入工地和投入使用。

监督施工单位严格按照施工规范、设计图纸要求进行施工,严格执行施工合同。

对工程项目主要部位、重要环节及技术复杂工程加强检查。

检查施工单位的工程自检工作数据是否齐全、填写是否正确,并对施工单位质量评定自检工作做出综合评价。

对施工单位的检验测试仪器、设备、度量衡定期检验,不定期地进行抽验,保证计量资料的准确。

监督施工单位对各类土木和混凝土试件按规定进行检查和抽查。

监督施工单位认真处理施工中发生的一般质量事故,同时认真做好监理记录。

对重大质量事故以及其他紧急情况,及时报告业主。

b. 施工阶段的进度控制。

监督施工单位严格按施工合同规定的工期组织施工。

对重点工程、关键工作,审查施工单位提出的保证进度的具体措施,如果发生延误,应及时分析原因,采取对策。

建立工程进度台账,核对工程形象进度,按月、季向业主报告施工计划执行情况、工程进度以及存在的问题。

c. 施工阶段的投资控制。

审查施工单位申报的月、季度计量报表,认真核对其工程数量,不漏计、不超计,严格按合同规定进行计量支付签证。

保证支付签证的各项工程数量准确、质量合格。

建立计量支付签证台账,定期与施工单位核对清算。

按业主授权和施工合同的规定审核变更设计。

⑦施工验收阶段监理工作的主要内容。

a. 督促、检查施工单位及时整理竣工文件和验收资料,受理单位工程竣工验收报告,并提出监理意见。

b. 根据施工单位的竣工报告,提出工程质量检验报告。

c. 组织工程预验收,参加业主组织的竣工验收。

⑧工程项目合同管理方面监理工作的主要内容。

a. 拟定工程项目合同体系及合同管理制度,包括合同草案的拟定、会签、协商、修改、审批、签署、保管等工作制度。

b. 协助业主拟定工程项目的各类合同条款,并参与各类合同的商谈。

c. 合同执行情况的分析和跟踪管理。

d. 协助业主处理与工程有关的索赔及合同争议事宜。

⑨委托的其他服务。

监理企业及监理工程师受业主委托,还可为业主提供其他方面的服务。

a. 协助业主办理供水、供电、供气、电信线路等申请或签订协议。

b. 协助业主制订建筑产品营销方案。

c. 为业主培训技术人员等。

（3）监理工作的目标。

建设工程监理目标是指监理企业接受业主委托，对所承担的工程项目进行监理控制，达到预期的目标。通常以建设工程的投资、进度、质量三大目标的控制值来表示。

①投资控制目标：以＿＿年预算为基价，静态投资为＿＿万元（或合同价为＿＿万元）。

②工期控制目标：＿＿个月或自＿＿年＿＿月＿＿日至＿＿年＿＿月＿＿日。

③质量控制目标：建设工程质量合格及达到业主的其他要求。

3）监理工作依据

①工程建设方面的法律、法规。

②政府批准的工程建设文件。

③建设工程监理合同。

④其他建设工程合同。

4）监理组织形式、人员配备及进退场计划、监理人员岗位职责

（1）监理组织形式。

项目监理机构的组织形式应根据建设工程项目特点、业主委托服务内容、监理企业自身情况进行选择，并可用组织结构图的形式表示。

（2）项目监理机构的人员配备计划。

项目监理机构的人员配备应根据建设工程监理的进程合理安排。

（3）项目监理机构的人员岗位职责。

项目监理机构中总监理工程师、总监理工程师代表、专业监理工程师和监理员的岗位职责，已在第 4 章阐述，此处不再赘述。

5）监理工作制度

以施工阶段监理工作制度为例，其监理工作制度包括以下几个方面。

（1）设计文件、图纸审查制度。

监理工程师收到施工设计文件、图纸，在工程开工前，会同施工及设计单位复查设计图纸，广泛听取意见。避免图纸中的差错、遗漏。

（2）设计交底制度。

监理工程师要督促、协助、组织设计单位向施工单位进行施工设计图纸的全面技术交底（设计意图、施工要求、质量标准、技术措施），并根据讨论决定的事项做出书面纪要交设计、施工单位执行。

（3）施工组织设计审核制度。

①施工前，施工单位必须编制施工组织设计和技术方案并填报施工组织设计及技术方案审查表，交监理机构审查。

②项目总监理工程师组织监理人员审查施工组织设计和施工方案。

③在认真审查方案的基础上,由项目总监理工程师向监理组成员进行四大交底,即设计要求交底、施工要求交底、质量标准交底、技术措施交底。

④监理人员应严格监督施工单位按照施工组织设计(施工方案)组织施工,如发现有未按施工组织设计施工的,及时提出监理意见。

(4)工程开工申请审批制度。

当单位工程的主要施工准备工作已完成时,施工单位可提交工程开工报告书,经监理工程师现场落实后,一般工程即可审批,并报监理机构。对重大工程及有争议的工程报监理机构审批。

(5)工程材料、半成品质量检验制度。

分部工程施工前,监理人员应审阅进场材料和构件的出厂证明、材质证明、试验报告,填写材料、构件监理合格证。对于有疑问的主要材料进行抽样,在监理工程师的监督下,使用施工单位设备进行复查,不得使用不合格材料。

(6)隐蔽工程分项(部)工程质量验收制度。

工程隐蔽部位隐蔽以前,施工单位应根据《建筑工程施工质量验收统一标准》(GB 50300—2013)进行自检,并将评定资料报监理工程师。施工单位应对需检查的隐蔽工程提前三天提出检查计划报监理工程师。监理工程师应排出计划,通知施工单位进行隐蔽工程检查,重点部位或重要项目应会同施工、设计单位共同检查签认。

(7)设计变更处理制度。

如发现设计图错漏或实际情况与设计不符,应由提议单位提出设计变更申请,经施工、设计、监理三方会签同意后进行设计变更,设计完成后由设计组填写设计变更通知单。监理机构审核无误后签发设计变更指令。

(8)工程质量事故处理制度。

①凡在建设过程中,由于设计或施工错误,造成工程质量不符合规范或设计要求,或者超出《建筑工程施工质量验收统一标准》(GB 50300—2013)规定的偏差范围,须返工处理的统称工程质量事故。

②工程质量事故发生后,施工单位必须以电话或书面形式逐级上报。对重大的质量事故和工伤事故,监理机构应立即上报业主。

③凡对工程质量事故隐瞒不报,或拖延处理,或处理不当,或处理结果未经监理机构同意的,对事故部分及受事故影响的部分工程应视为不合格,不予验工计价,待合格后,再补办验工计价。

施工单位应及时上报质量问题报告单,并应抄报业主和项目机构部各一份。对于一般工程质量事故,应由施工单位研究处理,填写事故报告一份,报项目监理机构;对较大工程质量事故,由施工单位填写事故报告,一式两份,由项目监理机构组织有关单位研究处理;对重大工程质量事故,施工单位填写事故报告,一式三份,报监理机构,由监理机构组织有关单位研究处理方案,报业主批准后,施工单位方能进行事故处理。待事故处理后，经监理机构复查，确认无误，方可继续施工。

（9）施工进度监督及报告制度。

①监督施工单位严格按照合同规定的计划进度施工，监理机构每月以月报的形式向业主报告各项工程实际进度及与计划的对比和工程实施形象进度情况。

②审查施工单位编制的实施性施工组织设计，要突出重点，并使各单位、各工序密切衔接。

（10）监理报告制度。

监理机构应逐月编写监理月报，并于年末提出本机构年度报告和总结报业主。年度报告或监理月报的内容应以具体数字说明施工进度、施工质量、资金使用以及重大安全、质量事故和有价值的经验等。

（11）工程竣工验收制度。

①竣工验收的依据是批准的设计文件（包括变更设计），设计、施工有关规范，工程质量验收标准以及合同、协议文件等。

②施工单位按规定编写和提交验收交接文件是申请竣工验收的必要条件，如竣工文件不齐全、不清晰，则不能验收交接。

③施工单位应在验收前将编好的全部竣工文件及绘制的竣工图提交监理机构一份，审查确认完整后，报业主，其余分发有关接管、使用单位保管。交接竣工文件内容如下。

a. 全部设计文件一份（包括变更设计）。

b. 全部竣工文件（图表及清单按照管理段的行政区划编制，以便接管单位存档使用）。

c. 各项工程施工记录一份。

d. 工程小结。

e. 主要机械及设备的技术证书一份。

（12）监理日志和会议制度。

①监理工程师应逐日将所从事的监理工作写入监理日志，特别是涉及设计、施工单位和需要返工、改正的事项，应详细做出记录。

②监理机构每周应召开监理例会，检查本周监理工作，沟通情况，商讨难点问题，安排下周监理工作，总结经验，不断提高监理业务水平。

（13）项目监理机构内部工作制度。

①监理组织工作会议制度。

②对外行文审批制度。

③监理工作日志制度。

④监理周报、月报制度。

⑤技术、经济资料及档案管理制度。

⑥监理费用预算制度。

（14）监理工作程序。

监理工作程序可以分阶段编制，如设计阶段监理工作程序、施工准备阶段监理工作程序、施工阶段监理工作程序、竣工验收阶段监理工作程序；也可以按控制的内容编写，如投资控制、质量控制、进度控制监理工作程序，计量支付程序等；还可以按分部分项工程编制，如房建工程可分为基础工程、主体工程、装修工程、屋面工程监理工作程序等。

监理工作程序比较简单明了的表达方式是监理工作流程图，一般对不同的监理工作内容应分别制订监理工作程序。例如：①分包单位资质审查基本程序，如图 9-1 所示；②计量支付监理工作程序，如图 9-2 所示。

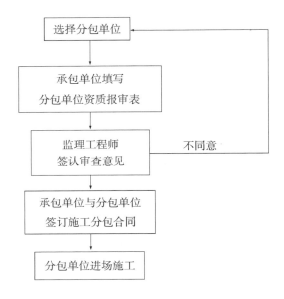

图 9-1　分包单位资质审查基本程序

6) 工程质量控制

①质量控制的目标描述。

a. 设计质量控制目标。

b. 材料质量控制目标。

c. 设备质量控制目标。

d. 土建施工质量控制目标。

e. 设备安装质量控制目标。

f. 其他说明。

②质量目标实现的风险分析。

③绘制质量控制工作流程图。

④质量控制措施。

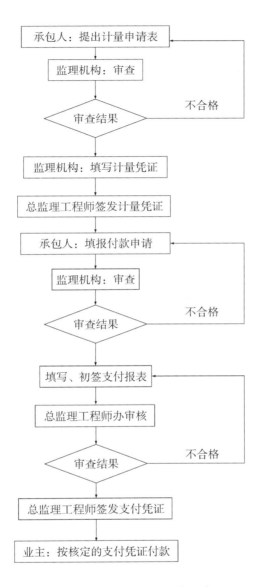

图 9-2　计量支付监理工作程序

　　a. 质量控制的组织措施:建立健全监理组织,完善职责分工及有关质量监督制度,落实质量控制责任。

　　b. 质量控制的技术措施:协助完善质量保证体系,以事前控制为主,严格事中、事后的质量监督检查。

　　c. 质量控制的经济措施及合同措施:严格履行质量检验和验收制度,对于不符合合同规定质量要求的,监理人员应拒签工程款支付申请,建设单位不得拨付工程进度款;对达到业主特定质量目标要求的,按合同支付质量补偿金或奖金。

⑤质量目标控制的动态分析。

⑥编制质量控制表格。

7）工程造价控制

工程造价控制即对投资目标进行控制。

①投资目标分解。

a. 按项目建设投资的费用组成分解。

b. 按项目建设年、季(月)度的投资分解。

c. 按项目实施阶段分解。

d. 按项目结构组成分解。

②投资使用计划。投资使用计划可分年度按季(月)度列表编制。

③投资目标实现的风险分析。

④绘制投资控制工作流程图。

⑤投资控制措施。

a. 投资控制的组织措施:建立健全项目监理机构,完善职责分工以及有关规章制度,落实投资控制的目标责任。

b. 投资控制的技术措施:在设计阶段,推行限额设计和优化设计;在招投标阶段,合理确定标底及合同价;对材料、设备采购,通过质量价格比选,合理确定生产供应厂家;在施工阶段,通过审核施工组织设计和施工方案,合理支出施工各项费用,合理组织施工。

c. 投资控制的经济措施:项目实施过程中监理工程师应及时进行计划投资与实际投资的比较分析,同时监理人员在监理工作中提出的合理化建议,如果被采用后使业主节约投资或经济效益提高,业主应按建设工程委托监理合同专用条款中的约定给予经济奖励。

d. 投资控制的合同措施:严格履行工程款支付计量、签字程序,按合同条款支付已经验收合格的工程款,防止过早、过量支付;全面履约,减少对方提出索赔的条件和机会;客观公正地处理索赔。

⑥投资控制的动态分析。

a. 投资目标分解值与概算值的比较。

b. 概算值与施工图预算值的比较。

c. 合同价与实际投资的比较。

⑦编制投资控制表格。

8）工程进度控制

①工程项目总进度计划。

②总进度目标的分解。

a. 年度、季度进度目标。

b. 各阶段的进度目标。

c. 各子项目进度目标。

③进度目标实现的风险分析。

④绘制进度控制工作流程图。

⑤进度控制措施。

a. 进度控制的组织措施:落实进度控制的责任,建立进度控制协调制度。

b. 进度控制的技术措施:建立多级网络计划体系,监控承建单位的作业实施计划。

c. 进度控制的经济措施:对工期提前者实行奖励;由于承包商原因造成工期延误的,对承包商进行经济处罚;对应急工程实行较高的计件单价;确保资金的及时供应等。

d. 进度控制的合同措施:按合同要求及时协调有关各方的进度,以确保建设工程的整体进度。

⑥进度控制的动态比较。

a. 进度目标分解值与进度实际值的比较。

b. 进度目标值的预测分析。

⑦编制进度控制表格。

9)安全生产管理的监理工作

①安全管理风险分析。

②绘制安全管理监理工作流程图。

③安全管理措施。

④安全管理动态分析。

⑤编制安全管理表格。

10)合同与信息管理

(1)合同管理。

①合同结构。

绘出项目的合同结构图,明确各类合同间的联系。

②合同目录,见表 9-1。

表 9-1　合同目录

序　号	合同编号	合同名称	承　包　商	合　同　价	合同工期	质量要求

③绘制合同管理的工作流程。

④合同管理措施。

⑤合同执行情况动态分析。

⑥合同争议调解与索赔程序。

⑦编制合同管理表格。

（2）信息管理的方法与措施。

①绘制信息流程图。

②编制信息分类表,见表 9-2。

表 9-2 信息分类

序　　号	信息类别	时　　间	信息名称及内容	信息管理要求	负　责　人

③信息管理的具体措施。

④编制信息管理表格。

11）组织协调

①与工程项目有关单位的协调。

a. 项目内部单位的协调。

b. 项目外部单位的协调。

②协调分析。

a. 与内部相关单位协调分析。

b. 与外部相关单位协调分析。

③协调工作程序。

a. 投资控制协调程序。

b. 进度控制协调程序。

c. 质量控制协调程序。

d. 其他方面协调程序。

④编制协调工作表格。

12）监理工作设施

业主应提供委托监理合同约定的满足监理工作需要的办公、交通、通信、生活设施。

项目监理机构应根据建设工程的类别、规模、技术复杂程度、所在地的环境条件,按委托监理合同的约定,配备满足监理工作需要的常规检测设备和工具,见表 9-3。

表 9-3 常规检测设备和工具

序　　号	仪器设备名称	型　　号	数　　量	使用时间	备　　注

9.4 监理实施细则

根据《建设工程监理规范》(GB/T 50319—2013)的规定,对专业性较强、危险性较大的分部分项工程,项目监理机构应编制监理实施细则。监理实施细则应符合监理规划的要求,并应结合工程项目的专业特点,做到详细具体、具有可操作性。

9.4.1 监理实施细则的作用

监理实施细则是在监理规划的基础上,根据项目实际情况,对各项监理工作的具体实施和操作要求的细化文件。它应根据工程项目的特点,由专业监理工程师编制,并经总监理工程师批准,且报送建设单位。监理细则一般应重点写明关键工序、特殊工序、重点部位的质量控制点及相应的控制措施等。对于技术资料不全或新施工工艺、新材料应用等,应在充分调查研究的基础上,以单独章节列出,并予以细化。监理细则对工程项目的监理工作具有以下几点作用。

1)项目监理工作实施的技术依据

在项目监理工作实施过程中,由于工程项目的一次性和单件性特点及周围环境条件变化,即使同一施工工序,在不同的项目上也存在不同的影响工程质量、投资、进度的各种因素。所以,为了做到防患于未然,专业监理工程师必须依据相关的标准、规范、规程及施工检评标准,对可能出现偏差的工序写出监理细则,以便做到事前控制,防止出现偏差。

2)规范项目施工行为,落实项目计划的实施

在项目施工过程中,不同专业有不同的施工方案。如果没有一个详细的监督实施方案,作为专业监理工程师,要想使各项施工工序做到规范化、标准化,达到预期的监理规划目标是难以做到的。因此,对于复杂的大型工程,专业监理工程师必须编制各专业的监理细则,以规范专业施工过程。

3)明确专业分工和职责,协调各类施工过程

对于专业工种较多的工程项目,各专业间相互影响的问题往往会在施工过程中逐渐暴露出来,如施工面相互交叉、施工顺序相互影响等。产生这些问题是在所难免的,但若专业监理工程师在编制监理细则时就考虑了不同专业工种间的各种协调问题,那么在施工中就会尽可能减少或避免这些问题的出现,从而使各项施工活动能够连续不断地进行,减少停工、窝工等的发生。

9.4.2 监理实施细则的编写

1)编写依据

①已批准的监理规划。

②与专业工程相关的标准设计文件和技术资料。

③施工组织设计。

2)编写要求

(1)要结合本专业自身的特点并兼顾其他专业的施工。

监理细则是具体指导各专业开展监理工作的技术性文件,各专业间相互配合协调,才能实现项目的有序进行。如果各管各的专业,而不考虑其他专业,那么整个项目的实施就会出现混乱,甚至影响目标的实现。

(2)严格执行国家的规范、规程并考虑项目自身特点。

国家的标准、规范、规程及施工技术文件,是开展监理工作的主要依据。对于非强制性的规范、规程可以结合当前项目专业施工的特点和监理目标,有选择地采纳适合项目自身特点的部分,决不能照抄、照搬,否则就会出现偏差,影响监理目标的实现。

(3)尽可能地对专业方面的技术指标进行细化、量化,使其更具有可操作性。

依据监理细则可指导项目实施过程中的各项活动,并对各专业的实施进行监督和对结果进行评价。因此,专业监理工程师必须尽可能依靠技术指标来进行检验评定。在监理细则编写中,要明确国家规范、规程和规定中的技术指标及要求。只有这样,才能使监理细则更具针对性和可操作性。

9.4.3 监理实施细则的主要内容

监理规范规定,监理实施细则应包括的主要内容有:专业工程特点;监理工作流程;监理工作要点;监理工作方法及措施。下面以不上人平顶屋面为例,详细阐述监理细则内容。

①屋面工程监理流程,见图 9-3。

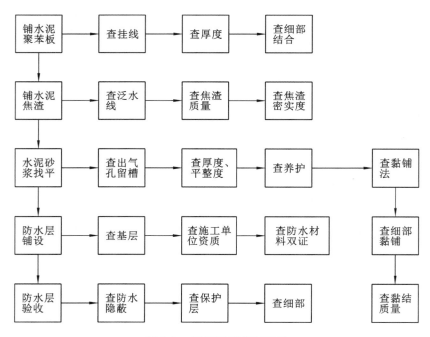

图 9-3 屋面工程监理流程

②屋面工程监理控制要点,见表 9-4。

③屋面细部工程监理要点,见表 9-5。

④屋面工程质量控制措施,见表 9-6。

表 9-4　屋面工程监理控制要点

序号	工程名称	控 制 要 点	控制手段	监控表格
1	放线	查泛水坡度线、油毡收头高度和出水口高度	尺量	监理日志
2	铺水泥聚苯板	查材质	观察检查	质评表、监理日志
		查铺设方法	观察检查	
		查细部节点做法	观察检查	
3	铺水泥焦渣	查泛水坡向	观察检查	监理日志
		查焦渣材质	观察检查	
		查焦渣表面、平整度	观察检查	
4	水泥砂浆找平	查出气孔留槽	观察检查	监理日志
		查厚度、平整度、坡度	尺量检查	
		查养护	观察检查	
5	防水层铺设	查施工资质与管理人员上岗证	检查资料	质评表、监理日志
		查基层处理情况	检查资料	
		查防水材料合格证,复试报告	核实检查	
		查附加层铺设和细部做法	观检资料	
		查黏结质量及搭接尺寸	观察尺量	
6	防水层验收	查闭水试验	观察检查	—

表 9-5　屋面细部工程监理要点

序号	工程名称	控 制 要 点	控制手段	监控表格
1	焦渣	查材质、质量	观察检查	监理日志
2	屋面突出部分及转角找平层	查转角处圆弧半径达 150 mm	尺量检查	监理日志
3	细部做法	各种出屋面部件均应高于相对部位的女儿墙不小于 250 mm;出气管(孔)根部均应做高度不小于 250 mm 的细部节点涂抹	观察及尺量检查	监理日志
		伸缩缝必须交圈、严密、平稳、牢固	观察检查	
		防雷网除规定接地埋设外,还应与出屋面管件串接	观察检查	
		出水嘴设计无规定时,伸出长度应不小于 150 mm,应伸入防水层之中不小于 100 mm	观察及尺量检查	

表 9-6　屋面工程质量控制措施

质 量 通 病	防 控 措 施
松散保温层铺设不规范	在墙上弹线,施工时按坡挂线,不能任意铺设
	分隔铺设,分层铺设,适当压实
	焦渣应保证质量,无土块、石块、有机杂质及未燃尽的煤块
保温层、块状制品有外形缺陷,拼缝宽窄不一致	运输和装卸过程中要精心,勿随意扔掷
	铺设块状制品与找平层,应分区流水作业
	铺设前在合格的找平层上弹线,标出拼缝宽度
防水层黏结不牢固,局部有气泡	屋面防水层基层必须平整密实、清洁干燥
	一次涂刷厚度适宜均匀
	施工气温以 10~30 ℃为宜,禁止在低温下施工
	防水层涂刷每道工序间一般有 12~24 h 间歇,整个防水层施工完毕,应有一周以上的自然干燥养护期
	不能使用已变质失效的防水材料
	找平层应断块分格,有缺陷应先处理后涂刷

【思考题】

1. 监理工作中一般需要制订哪些工作制度?
2. 简述建设工程监理大纲的编写依据、作用及主要内容。
3. 简述建设工程监理规划的编写依据、作用及主要内容。
4. 简述建设工程监理实施细则的编写依据、作用及主要内容。

【案例分析】

案例 1:某学院投资建设一栋教学楼。项目立项批准后,业主委托某监理企业对工程实施阶段进行监理,并签订了监理合同,学院与监理企业拟定监理任务时,学院提出了委托意见,其中部分内容如下。

①公布设计竞赛公告;

②对参赛单位进行资格审查;

③决定工程设计方案;

④协助业主选择设计单位;

⑤签订工程设计合同。

学院将设计工作委托某设计院,施工任务委托某建筑总承包工程公司。总监理工程师组织有关的监理人员先后制订了设计、施工等不同阶段的监理规划。

在各阶段监理规划中,分别对相应阶段监理工作的范围和任务、目标控制内容和措施等做出了规定,其中设计阶段、施工阶段的监理工作范围和任务部分内容如下。

（1）设计阶段监理工作范围和任务。

①审查可行性研究报告。

②投资控制方面。

a. 审核工程概算。

b. 收集设计所需技术经济投资数据，协助业主制订投资目标规划。

③进度控制方面。

与外部协调，保障设计顺利进行。

④质量控制方面。

a. 审查阶段性成果。

b. 组织及参加设计交底、图纸会审。

c. 进行工程变更审查，严格控制设计变更。

（2）施工阶段监理工作范围与任务。

①质量控制方面。

a. 审查承包单位的资质及其质量保证体系。

b. 对施工人员、施工机械设备及施工环境质量进行全面控制。

②进度控制方面。

a. 及时协调各方关系。

b. 预防和处理工期延长索赔。

③投资控制方面。

a. 严格控制合同价格的调整。

b. 保障实际发生的费用不超过计划投资。

在该教学楼施工过程中，总承包公司将桩基础施工部分分包给某专业施工队。分包工程开工前，专业监理工程师审核了承包单位报送的分包单位资格报审表和分包单位有关资质资料，认为符合有关规定，于是进行了签认。

在工程完成后，学院组织施工、监理等单位对教学楼进行验收，验收合格后，学院正式使用该教学楼。竣工验收后，各单位整理了相关的建设工程文件，并按要求进行归档。

问题如下。

1. 从监理工程师责权角度和监理工作的性质出发，监理企业在与业主就合同委托内容进行磋商时，学院提出的委托内容，哪些不合理？

2. 监理规划中设计阶段监理工作范围和任务，你认为哪些条款不妥当？为什么？

3. 专业监理工程师的工作是否符合其职责？不符合其职责的工作应由谁做？

案例 2：某建设单位投资一工程项目，业主委托某监理公司负责施工阶段的监理工作。该公司副经理出任项目总监理工程师。

总监理工程师责成公司技术负责人组织、技术部门人员编制该项目监理规划。

参编人员根据本公司已有的监理规划标准范本,将投标时的监理大纲做适当改动后编成该项目监理规划,该监理规划经公司经理审核签字后,报送建设单位。

该监理规划包括以下 8 项内容。

①工程概况。

②监理工作依据。

③监理工作内容。

④项目监理机构的组织形式。

⑤项目监理机构人员配备计划。

⑥监理工作制度。

⑦项目监理机构的人员岗位职责。

⑧监理工作设施。

在第一次工地会议上,建设单位根据监理中标通知书及监理公司报送的监理规划,宣布了项目总监理工程师的任命及授权范围。项目总监理工程师根据监理规划介绍了监理工作内容、项目监理机构的人员岗位职责和监理设施等内容。

(1)监理工作内容。

①编制项目施工进度计划,报建设单位批准后下发施工单位执行。

②检查现场施工质量情况并与规范标准对比,发现偏差时下达监理指令。

③协助施工单位编制施工组织设计。

④审查施工单位投标报价的组成,对工程项目造价目标进行风险分析。

⑤编制工程量计量规则,依此进行工程计量。

⑥组织工程竣工验收。

(2)项目监理机构人员岗位职责。

本项目监理机构设总监理工程师代表,其职责如下。

①负责日常监理工作。

②审批监理实施细则。

③调换不称职的监理人员。

④处理索赔事宜,协调各方的关系。

监理员的职责包括:①进场工程材料的质量检查及签认;②隐蔽工程的检查验收;③现场工程计量及签认。

(3)监理设施。

监理工作所需测量仪器、检验及试验设备向施工单位借用,如不能满足需要,指令施工单位提供。

问题如下。

请根据《建设工程监理规范》(GB/T 50319—2013)回答。

1. 请指出该监理公司编制监理规划的做法不妥之处,并写出正确的做法。

2. 请指出该监理规划内容的缺项名称。

3. 请指出第一次工地会议上建设单位不正确的做法,并写出正确做法。

4. 在总监理工程师介绍的监理工作内容、项目监理机构的人员岗位职责和监理设施的内容中,找出不正确的内容并改正。

案例 3:某工程项目分为三个相对独立的标段,由三家施工企业分别承包,承包合同价分别为 3 652 万元、3 225 万元和 2 733 万元;合同工期分别为 30 个月、20 个月和 24 个月。其中第三标段工程中的打桩工程分包给某专业基础工程公司施工,全部工程项目的施工监理由 A 监理企业承担。

1. 监理企业按如下要求编制了监理规划。

(1) 监理规划的内容构成应具有可操作性。

(2) 监理规划的内容应具有针对性。

(3) 监理规划的内容应具有指导编制项目资金筹措计划的作用。

(4) 监理规划的内容应能协调项目在实施阶段的进度。

2. 监理规划的部分内容如下。

(1) 工程概况。

(2) 监理阶段、范围和目标。

① 监理阶段——本工程项目的施工阶段。

② 监理范围——本工程项目的三个施工合同标段内的工程。

③ 监理目标——静态投资目标:9 610 万元人民币;进度目标:30 个月;质量目标:优良。

(3) 监理工作内容如下。

① 协助业主组织施工招标。

② 审核工程概算。

③ 审查、确认承包单位选择的分包商。

④ 审查工程使用的材料、构件、设备的规格和质量。

(4) 监理控制措施。

监理工程师应将主动控制和被动控制紧密结合,按控制流程进行控制。

(5) 监理组织结构与职责。

(6) 监理工作制度。

问题如下。

1. 编制监理规划所依据的各条编制要求是否恰当? 为什么?

2. 监理规划的内容有哪些不妥之处? 为什么? 如何改正?

案例 4:

1. 某业主计划将拟建的工程项目的实施阶段监理任务委托给某监理企业,监理合同签订以后,总监理工程师组织监理人员对监理规划的制订进行了讨论,有人提出了如下一些看法。

(1) 监理规划的作用与编制原则。

① 监理规划是指导监理工作的技术组织文件。

② 监理规划的基本作用是指导施工阶段的监理工作。

③ 监理规划的编制应符合监理合同、项目特征及业主的要求。

④监理规划应一气呵成，不应分阶段编写。

⑤监理规划应符合监理大纲的有关内容。

⑥监理规划应为监理细则的编制提出明确的目标要求。

（2）监理规划应包括的基本内容。

①工程概况。

②监理单位的权利和义务。

③监理单位的经营目标。

④工程项目实施的组织。

⑤监理范围内的工程项目总目标。

⑥项目监理组织机构。

⑦质量、投资、进度控制。

⑧合同管理。

⑨信息管理。

⑩组织协调。

（3）监理规划文件分为三个阶段制订，各阶段的监理规划交给业主的时间安排如下。

①设计阶段监理规划应在设计单位开始设计前的规定时间内提交给业主。

②施工招标阶段监理规划应在招标书发出后提交给业主。

③施工阶段监理规划应在正式施工后提交给业主。

2．在施工阶段，该监理公司的施工监理规划编制后递交给了业主，其部分内容如下。

（1）施工阶段的质量控制。

质量的事前控制内容如下。

①掌握和熟悉质量控制的技术依据。

……

③审查施工单位的资质。

a．审查总包单位的资质。

b．审查分包单位的资质。

……

⑤行使质量监督权，下达停工指令。

为了保证工程质量，出现下述情况之一者，监理工程师报请总监理工程师批准，有权责令施工单位立即停工整改。

a．工序完成后未经检验即进行下道工序者。

b．工程质量下降，经指出后未采取有效措施整改，或采取措施不力、效果不好，继续作业者。

c．擅自使用未经监理工程师认可或批准的工程材料。

d．擅自变更设计图纸。

e．擅自将工程分包。

f. 擅自让未经同意的分包单位进场作业。

g. 没有可靠的质量保证措施而贸然施工,已出现质量下降征兆。

h. 其他对质量有重大影响的情况。

(2)施工阶段的投资控制。

①建立健全监理组织,完善职责分工及有关制度,落实投资控制的责任。

②审核施工组织设计和施工方案,合理审核签证施工措施费,按合理工期组织施工。

③及时进行计划费用与实际支出费用的分析比较。

④准确测量实际完工工程量,并按实际完工工程量签证工程款付款凭证。

问题如下。

1. 监理企业讨论中提出的监理规划的作用及编制原则是否恰当,其基本内容中,你认为哪些项目不应编入监理规划?

2. 向业主提交监理规划文件的时间安排中,你认为哪些是合适的,哪些是不合适或不明确的? 如何安排才合适?

3. 监理工程师在施工阶段应掌握和熟悉哪些质量控制的技术依据?

4. 监理规划中规定了对施工队伍的资质进行审查,请问总包单位和分包单位的资质应安排在什么时候审查?

5. 如果在施工中发现总包单位未经监理同意,擅自将工程分包,监理工程师应如何处置?

6. 你认为该监理企业提出的监理规划中的施工阶段投资控制措施中第几项不完善,为什么?

第 10 章　建设工程监理信息管理

【本章要点】

本章主要介绍信息与信息管理的概念、建设工程监理信息系统的构成、监理档案资料的管理和常见的监理文件。要求学生掌握信息的表现形式和分类；熟悉建设工程监理信息系统的构成；熟悉信息管理的基本任务；熟悉信息收集的原则；熟悉监理工作的常用表格。

10.1　建设工程监理信息管理概述

建设工程监理的主要方法是控制，而控制的基础是信息，因此信息管理是建设工程监理任务的主要内容之一。监理工程师如及时掌握准确、完整的信息，就可了解建设工程发展的动态，更好地完成监理任务。信息管理工作直接影响监理工作的成效。因此监理工程师应重视建设工程项目的信息管理工作，掌握信息管理方法。

信息与数据是相关的，数据是从客观实体收集来的，是对客观实体的真实反映，它表现为数值、文字、图表等形态。对数据进行统计分析后就产生了信息，它来源于数据，但高于数据。

信息管理是对信息的搜集、加工、整理、储存、传递与应用等一系列工作的总称。信息管理的目的就是通过有组织的信息流通，使决策者能及时、准确地获得相应的信息。所以，信息管理对监理工作是非常重要的。

10.1.1　信息管理是监理工作的基础

在建设工程全过程中，无时无刻不在产生数据和信息。传统的工程管理一般依据管理者的经验，对问题进行定性地分析，而不是定量分析。传统工程管理工作不是建立在定量分析基础上，难免带有主观性、被动性，会给建设工程带来工期的延缓、资金的一再追加、质量的低劣的问题。实际上，之所以产生这些问题就在于没有利用所获得的数据形成信息，然后用信息去指导决策。

在建设工程中，主要的生产要素是人、资金、材料、设备、能源以及相宜的管理方法。只有合理地利用这些生产要素，处理好它们之间错综复杂的关系，才能加快建设速度，带来经济效益。而沟通这些要素的正是信息。沟通得越好，则体现建设工程管理水平越高，生产效率越高，经济效益也越高。在建设过程中，从原材料采购、施工，直到完成整个工程建设，是一个物质的形态、性质发生变化的过程，会时刻产生数据和信息。因此，掌握好信息流就掌握了工程建设的主动权，这是进行建设工程信息管理的目的所在。信息管理要求工程建设者依据信息进行决策、控制、预测及建立各部门之间的联系等,这样才能实现定量化管理,实现工程的真正现代化管理。

10.1.2　建设工程监理信息系统的作用

建设工程监理信息系统是以计算机技术的应用为手段,以系统思想为依据,收集、传递、处理、分发、存储建设监理各类数据,为决策、预测和管理提供依据的系统。它是建设工程信息系统的一个组成部分,是主要为监理工作服务的信息系统。

建立建设工程监理信息系统的目标是实现信息的系统管理及提供必要的决策支持。

建设工程监理信息系统可为监理工程师提供标准化的、合理的数据来源;提供预测、决策所需的信息以及数学—物理模型;提供编制计划、修改计划、计划调控的必要科学手段及应变程序;对随机性问题处理时,为监理工程师提供多个可供选择的方案。其作用体现在以下几方面。

1) 建设工程监理信息系统相当于给监理企业配备了神经和大脑

由于采用了建设工程监理信息系统,监理就可能及时掌握国内和世界经济变化的实时数据,据此监理企业才能按经济规律控制投资总额。建设工程监理信息系统还能帮助及时获取最新科技发展动态,使工程建设能及时采用新技术、新材料、新设备。重要的是监理信息系统,通过对大量数据的处理,产生了各级监理决策所需要的信息,保证决策建立在可靠的数据基础上,减少决策的失误。同时,它也提供了必要的科学决策及预测的手段,相当于给监理工程师配备了一个“万能博士”作助手,监理工程师可以更全面的角度来处理实际工程中发生的问题,提高了监理工程师的决策水平。由于监理信息系统提供了决策支持子系统,它在数据库、知识库、模型库的支持下,提供给监理工程师必要的决策支持。它可提供各级决策所需要的内、外部信息;提出处理问题所需要的专业知识及决策模型;提出可供选择的多个可行方案及各方案的优、缺点,提出影响决策的约束条件及建议采用的最佳方案,帮助监理工程师进行决策,提高决策的科学水平。

2) 监理信息系统使监理工程师在处理工程业务时,变事后管理为事前管理

在监理工程中,获取及时、全面、准确的信息,一方面能提高工程管理的质量,使工程管理由被动变为主动;另一方面又为监理人员提供了事前分析及预测的可能性,改变过去单纯从编制计划到调整计划的管理方式。过去,因信息的滞后、工程实际的千变万化,迫使监理工程师忙于处理实际工作中不断出现的各类问题。采用监理信息系统后,一方面能及时获得各种信息,另一方面即使发生问题,也会在工程实施前,凭借过去工程的经验,及时根据目前实施工程的特点,对可能出现的问题进行科学的分析,周密的调查,把一些不确定的问题变成确定性的问题,找到离散性问题的相关性,事前设计好相应的对策方案,借助计算机的帮助即可做出迅速的反应,使问题不出现或出现后能及时准确地处理。这样,才能真正做到以计划为中心,发生偏离能及时调整,做到实时处理,变被动为主动。

3)监理信息系统可以提高监理工作效率

监理信息系统可以使监理工程师从事务性工作中脱出身来,将更多的精力放在提高工程的科学性,提高决策水平,更好地完成创造性的工作上,使工作发生质的变化。

4)监理信息系统使监理工程师收集的数据更及时、更完整、更准确

监理信息系统的使用给监理工程师带来了基础数据的规范化、标准化,使工程数据的收集更及时、更完整、更准确、更统一。可以在多个数据源存在的情况下确定一个最准确的数据源,以保证数据的准确性;可以事先规定数据收集的时间,以保证数据的时效性;可以事先规定数据提供的数量、规格,以保证数据的标准化;可以事先设定数据提供的范围,以保证数据能及时准确供给需要的部门,方便各部门的工作又不致造成不必要的泄密及不相干数据对部门工作的干扰;可以事先规定数据存储要求,以保证工程资料的完整,系统又不至于重复,还可以为定量分析、处理问题提供全面的资料。

5)监理信息系统的使用拓宽了与外界的联系渠道

监理工程师尤其总监理工程师,应把较多的精力放在了解建设单位的要求、国家政策、市场变化、科学技术最新发展方面,即广泛地收集情报,根据情报进行决策、调整计划、编制计划,根据情报及时采用最新科技,以提高工程质量。实际上监理信息系统是监理企业的情报收集、处理的参谋部,也是及时与政府、银行、供应商、建设单位、承包商及各方面联系的一个窗口,尤其在计算机网络广泛应用的今天,其作用更显著。

10.1.3 建设工程监理信息系统的构成

建设工程监理的信息管理是由建设工程监理信息系统来完成的。建设工程监理信息系统对不同的监理企业是不完全相同的,主要因为不同的监理企业有不同的组织机构,没有一个统一的"模式"可适用于不同的监理企业,有的只是开发各监理企业建设工程监理信息系统的"工具"软件及用于组建系统的"模块"。实际上,这也符合信息时代"多样化"的特点。

建设工程监理信息系统是由多个子系统组成的系统。子系统的划分与监理组织机构的组成是密切相关的。每个子系统都有处理本部门业务所需的软件,以及必要的事务性决策支持软件。

建设工程监理信息系统的基本构成应包括投资控制、质量控制、进度控制、合同管理、安全管理等子系统。

1)投资控制子系统

①各种原始数据的搜集、录入、修改;

②合同价格的构成及与概算和预算的对比分析；

③实际投资支出的统计分析；

④实际投资与计划投资的动态比较；

⑤投资计划的调整；

⑥各种投资报表。

2）质量控制子系统

①质量标准的录入、修改；

②已完工程的质量与质量标准和质量要求的对比分析；

③工程综合质量与质量标准和质量要求的对比分析；

④分部和分项工程质量验收记录的录入和修改；

⑤质量事故记录的录入和统计及质量事故的预测；

⑥各种质量报表。

3）进度控制子系统

①各种原始数据的搜集、录入、修改；

②编制总网络计划和各级网络计划；

③各级网络计划之间的关系分析；

④工程实际进度统计分析；

⑤工程实际进度与计划进度的对比分析；

⑥进度计划的调整；

⑦进度计划的预测分析；

⑧各种进度计划报表。

4）合同管理子系统

①合同文件的录入和修改；

②合同文件的统计和分类；

③对合同的执行情况进行跟踪检查，记录好合同分歧的处理过程；

④各种法规的录入；

⑤工程变更指令的录入和修改。

5）安全管理子系统

①搜集、录入安全标准和规范；

②安全施工方案的录入和修改；

③施工合同中对安全生产和文明施工的约定与实际安全生产情况的对比分析；

④安全事故记录的录入、查询和统计分析；

⑤安全事故的预测分析。

建设工程监理信息系统是由大量的单一功能的"功能模块"，配合数据库、模型库、知识库组合而成的。

建设工程监理信息系统是信息管理部门的主要信息管理手段。信息管理部门就是监理企业的中枢神经和大脑。

10.1.4　信息管理部门的主要职责

在监理信息系统参考的建立与使用过程中,信息管理部门应做以下工作。

①信息管理部门不是代替监理工程师去操作计算机,而是组建监理企业的建设工程监理信息系统,构建管理信息网络。计算机终端应放在每一位监理工程师的办公桌上,帮助监理工程师开发相应专业的应用软件,并对监理工程师使用的软、硬件进行维护,协助他们进行监理工作。

②信息管理部门应完成数据库的统一管理、使用和维护,以保证数据的安全性、准确性和保密性,让每位监理工程师都能及时、准确得到信息,同时要求监理工程师在特定的时间内,以特定的形式,提供标准化的信息给数据库。信息管理部门还要组织好合理的信息流,完成内外部、纵横向的信息衔接,并将这些信息流与数据库联系起来。

③信息管理部门应协助总监理工程师完成对工程外部信息的收集、整理和分析,提供资金、物资、科技、政策法规、气象、能源、环保和交通等多方面的信息,同时协助总监理工程师完成与建设单位、承包商、物资供应商、政府有关部门等的信息联系。

④信息管理部门还应完成文档的收集、存储、处理、传递和检索工作,采用计算机后,文件、档案、报表和图纸都不用传统手段去处理,而是由工程建设信息管理系统来完成这些文档统一管理。

⑤信息管理部门更重要的工作是协助决策,相当于总监理工程师的“参谋部”。由于决策过程是由决策支持系统在数据库、知识库、模型库的支持下,提出可能的决策方案,供决策者选择,而对决策支持系统、数据库、知识库和模型库的使用、维护和更新都要求使用者既要有专业知识,又要有计算操作能力,所以,应由信息管理部门来担任此工作。

综上所述,一个现代化的监理企业应建立建设工程监理信息系统,使信息管理成为“三控制、三管理、一协调”中不可缺少的部分。

10.1.5　建设工程监理信息系统的开发

建设工程监理信息系统的开发一般应由监理企业聘请有关专家或软件开发单位协助完成。

建设工程监理信息系统的开发分调查研究、可行性研究、系统分析、系统设计、系统实施几个阶段。

①调查研究是开发建设工程监理信息系统的准备阶段。

②在调查研究的基础上进行可行性分析。

③在确认建设工程监理信息系统开发可行后,进行系统分析。系统分析的主要

目的是分析系统的功能体系能否满足使用者要求。

④系统分析完成后即进入实质性的系统设计阶段,这个阶段主要由信息管理部门人员完成。

⑤系统实施是在系统设计基础上具体实现系统。

10.1.6 工程建设监理软件简介

建设工程监理在我国起步较晚,相应的软件开发在我国起步较晚。国外在有关方面的研究则相对较早、较成熟,并引入了决策支持系统(DSS)及专家系统(ES),一些大型的咨询公司都有自己的一套 DSS 或 ES 系统,作为公司的科技财富用于建设工程监理之中。

目前我国较成熟的工程监理软件有同济大学于 1990 年推出的 PMIS 监理软件包,重庆建筑大学于 1992 年推出的项目进度控制软件,原水电部开发司及成都水利勘测设计研究院于 1993 年推出的工程建设监理软件包。

经过实践,这些软件都可用于建设工程监理。此外,一些监理企业还根据本企业业务、组织的特点,开发具有自己特色的监理软件,取得了较好的效果。只有根据监理企业的特点,选择适合自己的软件或功能模块作为进一步开发企业特有的信息管理系统的基础,才能使其为我所用,在建设工程监理中发挥更大的作用。

10.2 建设工程信息管理

10.2.1 建设工程项目信息的表现形式

1)书面文字、图形信息

书面文字、图形信息包括地质勘察报告、土地测绘图、设计施工图纸及说明书和计算书、标准图集、所有的合同、施工验收规范、施工组织设计、监理通知单、联系单、原始记录、统计图表、报表、信函中的信息等。

2)语言信息

语言信息包括口头通知、汇报、平行和巡视检查、会议中的信息等。

3)声音和图像信息

声音和图像信息包括通过网络、电话、电报、传真、电视录像、录音、照片等手段搜集、处理的信息。

10.2.2 建设工程项目信息的分类

1)按照建设工程的监理工作内容划分

(1)投资控制信息。

投资控制信息包括:合同价格的构成;清单报价书;变更的内容及计算方法;已

完工程量及工程进度款付款报表;工程量变化表;人工及材料调查表;贷款利息变动;招标投标文件;竣工决算;工程索赔等。

（2）进度控制信息。

进度控制信息包括:施工总进度计划;月进度计划;目标分解计划;计划进度与实际进度的偏差;网络计划的调整及优化;进度控制的方法和手段及风险分析等。

（3）质量控制信息。

质量控制信息包括:施工组织设计的审批;组织机构人员配备情况;施工人员的素质;施工机械的配备情况;施工材料的进场报验及复检;国家颁布的有关的质量标准及法规;合同约定的质量标准;质量控制的方法;抽样检查记录;检验批次及分项和分部工程检查记录;质量事故记录和处理报告等。

（4）安全管理信息。

安全管理信息包括:施工操作人员的岗前培训情况;安全控制措施;安全操作方案及实施情况等。

（5）合同管理信息。

合同管理信息包括:施工过程中所签订的所有合同;招投标文件等。

2）按照建设工程信息的来源划分

（1）内部信息。

内部信息主要来自于建设工程参建各方。

（2）外部信息。

来自建设工程项目外部环境的信息称为外部信息。如市场的变化、材料价格调整、国家政策和法规的约束,物价指数及贷款利息的变化,新工艺、新材料、新技术的应用情况。

3）按照工程建设不同阶段划分

（1）工程建设前期的信息。

包括可行性研究报告的信息,设计文件的信息,勘察和测绘的信息等。

（2）工程实施阶段的信息。

工程实施阶段参与的单位较多,施工情况复杂,来自各方面的信息都有,而且信息量大。建设单位作为工程项目建设的负责人,经常要提一些自己的意见和看法,并对合同约定单位提一些要求;承包商作为施工的主体也必须与其他参建各方联系,接收、发放各种文件,还有来自设计单位的设计变更或通知等。

（3）工程竣工阶段的信息。

工程竣工验收阶段需要整理大量的竣工验收资料,填写许多与验收有关的表格,这些资料和表格包含许多信息,工程是否按合同约定完成所有内容,使用功能是否完备,施工质量是否达到了验收规范的要求,这些结论都需从平时收集的信息中分析整理以后得出。

4）按其他标准划分

①按照信息范围不同,把建设监理信息分为精细的信息和摘要的信息两类。

②按照信息时间不同,把建设监理信息分为历史性信息、即时信息和预测性信息三类。

③按照监理阶段不同,把建设监理信息分为计划信息、作业信息、核算信息、报告信息。

④按照对信息的期待性不同,把建设监理信息分为预知信息和突发信息两类。

⑤按照信息的稳定程度不同,把建设监理信息分为固定信息和流动信息等。

10.2.3　建设工程监理信息的特点

1）真实性

事实是信息的基本特点,找到事物真实的一面,就可以为决策和管理服务。

2）时效性

在工程建设监理中,在工程建设中会产生大量的实时数据,工程建设又具有投资大、工期长、项目分散、管理部门多、参与建设单位多的特点,如果不能及时得到工程中的数据,不能及时把不同的数据传递到需要相关数据的单位、部门,会影响各部门工作,影响监理工程师的判断,进而影响监理项目的工程质量。

3）层次性

建设工程监理的不同层次、不同部门、不同阶段虽然都需要信息,但侧重点不同。在工程前期,较多地需要外界的信息,例如资金市场、期货市场、劳务市场、科技市场的信息。一旦工程开工,则需要收集工程中发生的工程质量、工程进度、合同执行情况的信息。工程后期则要收集工程中实际执行情况的信息,及关于竣工验收和保修所需的信息。不同的业务部门收集信息侧重点也不同。例如,经管部门需要知道工程的大致进度,但他们更关心的是工程中实际发生的资金使用情况及其与计划价格之间的差异;对监理高层管理者来说,不一定需要工程细部发生的资金使用情况,而更多的是关心分项、分部工程使用资金的总体情况;对具体的监理业务部门来讲,则需要详细的、系统的、全面的本部门所需数据,以及其他部门信息。因此,监理信息管理部门就应该满足这些不同阶段、不同层次、不同部门的信息需要,提供不同类型、不同精度、不同来源的信息。

4）系统性

信息可以来自很多方面,只有全面地掌握各方面的数据后才能得到信息。信息是系统中的组成部分,必须用系统的观点来对待各种信息,才能避免工作的片面性。监理工作中要求全面掌握投资、进度、质量、合同、安全等各个方面的信息。

10.2.4　建设工程监理信息的收集

收集信息是进行信息处理的基础,收集信息是为了更好地运用信息。信息收集应遵循以下原则。

1）工作主动性原则

监理工程师要想做到主动控制,就必须积极主动地收集信息,善于发现和捕捉各类信息,这样才能及时、准确地收集到有价值的信息,信息才具有时效性。

2）可预见性原则

监理工程师通过对已收集到的信息进行分析,可以预测未来的情况。例如通过已收集到的质量信息来预测以后的质量情况,就可以做到事前控制。

3）真实有效性原则

只有收集到真实反映工程情况的信息,监理工程师才能做出正确的判断,选择合理有效的预控方案。

10.2.5 信息管理的基本任务

因为监理工程师在监理过程中承担着信息管理的工作,所以平时就应做好各种信息的收集和整理。信息管理的任务主要包括以下几个方面。

①了解和掌握信息来源,对信息进行分类。

②收集来自项目内部和外部的各种信息,将其汇总整理,按照目标控制的要求,及时修改监理规划,并确保信息畅通。

③按照目标分解的原则,建立子目标信息流程,确保该系统正常运行。

④按照《建设工程监理规范》(GB/T 50319—2013)要求的格式汇总监理资料。

信息管理会影响监理组织内部和整个项目管理系统的工作效率,是各个部门沟通的桥梁。

10.2.6 建设工程文件和监理档案资料管理

建设工程文件包括工程准备阶段文件(立项、审批、用地、勘察、设计、招投标等文件)、施工文件、监理文件、竣工图、竣工验收文件等。

建设工程档案资料是工程建设活动中直接形成的具有归档保存价值的文字、图纸、图表、声像、电子文件等各种形式的历史记录。其中监理资料应按照《建设工程监理规范》(GB/T 50319—2013)、《建设工程文件归档规范》(GB/T 50328—2014)、《建设电子文件与电子档案管理规范》(CJJ/T 117—2017)中的要求进行整理归档。

(1) 监理文件资料应包括以下主要内容:

① 勘察设计文件、建设工程监理合同及其他合同文件;

② 监理规划、监理实施细则;

③ 设计交底和图纸会审会议纪要;

④ 施工组织设计、(专项)施工方案、施工进度计划报审文件资料;

⑤ 分包单位资格报审文件资料;

⑥ 施工控制测量成果报验文件资料;

⑦ 总监理工程师任命书,工程开工令、暂停令、复工令,工程开工或复工报审文件资料;

⑧ 工程材料、构配件、设备报验文件资料;

⑨ 见证取样和平行检验文件资料；

⑩ 工程质量检查报验资料及工程有关验收资料；

⑪ 工程变更、费用索赔及工程延期文件资料；

⑫ 工程计量、工程款支付文件资料；

⑬ 监理通知单、工作联系单与监理报告；

⑭ 第一次工地会议、监理例会、专题会议等会议纪要；

⑮ 监理月报、监理日志、旁站记录；

⑯ 工程质量或生产安全事故处理文件资料；

⑰ 工程质量评估报告及竣工验收监理文件资料；

⑱ 监理工作总结。

（2）监理日志应包括以下主要内容：

① 天气和施工环境情况；

② 当日施工进展情况；

③ 当日监理工作情况（包括旁站、巡视、见证取样、平行检验等情况）；

④ 当日存在的问题及处理情况；

⑤ 其他有关事项。

（3）监理月报应包括以下主要内容：

① 本月工程实施情况；

② 本月监理工作情况；

③ 本月施工中存在的问题及处理情况；

④ 下月监理工作重点。

（4）监理工作总结应包括以下主要内容：

① 工程概况；

② 项目监理机构；

③ 建设工程监理合同履行情况；

④ 监理工作成效；

⑤ 监理工作中发现的问题及其处理情况；

⑥ 说明和建议。

（5）设备采购文件资料应包括以下主要内容：

① 建设工程监理合同及设备采购合同；

② 设备采购招投标文件；

③ 工程设计文件和图纸；

④ 市场调查、考察报告；

⑤ 设备采购方案；

⑥ 设备采购工作总结。

（6）设备监造文件资料应包括以下主要内容：

① 建设工程监理合同及设备采购合同；

② 设备监造工作计划;

③ 设备制造工艺方案报审资料;

④ 设备制造的检验计划和检验要求;

⑤ 分包单位资格报审资料;

⑥ 原材料、零配件的检验报告;

⑦ 工程暂停令、开工或复工报审资料;

⑧ 检验记录及试验报告;

⑨ 变更资料;

⑩ 会议纪要;

⑪ 来往函件;

⑫ 监理通知单与工作联系单;

⑬ 监理日志;

⑭ 监理月报;

⑮ 质量事故处理文件;

⑯ 索赔文件;

⑰ 设备验收文件;

⑱ 设备交接文件;

⑲ 支付证书和设备制造结算审核文件;

⑳ 设备监造工作总结。

1) 监理文件资料归档

项目监理机构应及时整理、分类汇总监理文件资料,按规定组卷,形成监理档案。工程监理单位应根据工程特点和有关规定,保存监理档案,并向有关单位、部门移交需要存档的监理文件资料。

监理文件档案资料管理的主要内容是:监理文件档案资料的收/发文及登记;监理文件档案资料的传阅;监理文件档案资料的分类存放;监理文件档案资料归档/借阅/更改/作废。

① 应设专人负责监理资料的收集整理和归档工作,所有收/发文必须进行登记,标明文件名称,文件主要内容,文件的收/发单位,文件编号和收/发文日期。

② 监理文件档案资料的传阅须经总监理工程师同意,如需传阅应注明传阅人员范围及名单。传阅人员阅后应在文件上签名,并注明日期,传阅期限不应超过该文件的处理期限。传阅完毕后,文件原件应交还信息管理人员归档。

③ 所有发文必须有总监理工程师或监理工程师签名,加盖项目机构图章,进行分类编码。

④ 监理资料必须采用科学的方法进行分类存放,便于今后查阅和求证。

⑤ 所有文件资料需登记造册,收/发文需登记,借阅要严格履行借阅程序,不得随意更改和损坏。

项目监理机构存放的监理文件和档案原则上不得外借，如确有需要应经过总监理工程师同意，并办理借阅手续。

监理文件档案的更改应由原制订部门相应责任人执行，涉及审批程序的，由原审批责任人执行。对于作废文件信息，管理部门可以保存文件的样本以备查阅。

2）监理文件档案资料的存放

按照《建设工程文件归档规范》（GB/T 50328—2014），监理文件有 6 大类、27 小类，要求在不同的单位存档保存。具体要求见表 10-1。

表 10-1　监理文件归档要求

类别	归 档 文 件	保 存 单 位				
		建设单位	设计单位	施工单位	监理单位	城建档案馆
B1	监理管理文件					
1	监理规划	▲			▲	▲
2	监理实施细则	▲		△	▲	▲
3	监理月报	△			▲	
4	监理会议纪要	▲		△	▲	
5	监理工作日志				▲	
6	监理工作总结				▲	▲
7	工作联系单	▲		△	△	
8	监理工程师通知	▲		△	△	△
9	监理工程师通知回复单	▲		△	△	△
10	工程暂停令	▲		△	△	▲
11	工程复工报审表	▲		▲	▲	▲
B2	进度控制文件					
1	工程开工报审表	▲		▲	▲	▲
2	施工进度计划报审表	▲		△	△	
B3	质量控制文件					
1	质量事故报告及处理资料	▲		▲	▲	▲
2	旁站监理记录	△		△	▲	
3	见证取样和送检人员备案表	▲		▲	▲	
4	见证记录	▲		▲	▲	

类别	归档文件	保存单位				
		建设单位	设计单位	施工单位	监理单位	城建档案馆
5	工程技术文件报审表			△		
B4	造价控制文件					
1	工程款支付	▲		△	△	
2	工程款支付证书	▲		△	△	
3	工程变更费用报审表	▲		△	△	
4	费用索赔申请表	▲		△	△	
5	费用索赔审批表	▲		△	△	
B5	工期管理文件					
1	工程延期申请表	▲		▲	▲	▲
2	工程延期审批表	▲			▲	▲
B6	监理验收文件					
1	竣工移交证书	▲		▲	▲	▲
2	监理资料移交书	▲			▲	

注:表中符号"▲"表示必须归档保存;"△"表示选择性归档保存。

10.2.7 监理工作常用表单

根据《建设工程监理规范》(GB/T 50319—2013),基本用表有以下三类。

A类表共8个,为监理单位与承包单位之间的联系用表,包括"总监理工程师任命书""工程开工令""监理通知单""监理报告""工程暂停令""旁站记录""工程复工令"和"工程款支付证书"。

B类表共14个,为承包单位与监理单位之间的联系用表,包括"施工组织设计/(专项)施工方案报审表""工程开工报审表""工程复工报审表""分包单位资格报审表""施工控制测量成果报验表""工程材料、构配件、设备报审表""隐蔽工程、检验批、分项工程报验表和施工试验室报审表""分部工程报验表""监理通知回复单""单位工程竣工验收报审表""工程款支付报审表""施工进度计划报审表""费用索赔报审表""工程临时/最终延期报审表"。

C类表共3个,为通用表格,是建设单位、监理单位和承包单位之间的联系用表,包括"工作联系单""工程变更单"和"索赔意向通知书"。

中国建设监理协会于2020年3月20日发布了《房屋建筑工程监理工作标准(试行)》,在基本用表的基础上进行了整合、补充和细化。A类表新增8个,分别为"监理日志""会议纪要""监理规划""监理实施细则""监理月报""工程质量评估报告""监理工作总结"和"危大工程巡视检查记录表"。B 类表新增 3 个,分别为"施工通用报审表""混凝土浇筑报审表"和"施工起重机械设备安装/使用/拆卸报审表"。

中国建设监理协会于 2021 年 3 月 24 日发布的《城市道路工程监理工作标准(试行)》和《城市轨道交通工程监理规程(试行)》补充了部分监理工作常用表格,具体有"监理交底记录""施工单位安全生产体系审核记录表""危大工程清单""施工机械、安全设施报验表""危大工程专项巡视检查记录""危大工程专项验收记录""见证记录""巡视记录""竣工移交证书""施工现场质量管理检查报审表"等。

监理工作常用表单详情见附录 A、附录 B、附录 C。

10.2.8　常见监理文件

1)监理规划

编制内容及要求见本书第 9 章。

2)监理实施细则的编制

编制内容及要求见本书第 9 章。

3)监理日记的记录

监理日记每天应从不同的角度记录,应包括以下主要内容:

①天气和施工环境情况;

②当日施工进展情况;

③当日监理工作情况(包括旁站、巡视、见证取样、平行检验等情况);

④当日存在的问题及协调解决情况;

⑤其他有关事项。

4)监理月报

监理月报应由总监理工程师组织编制,签认后报建设单位和本监理单位,具体报送时间由双方协商确定。施工阶段监理月报应包括以下主要内容:

①本月工程实施情况;

②本月监理工作情况;

③本月施工中存在的问题及处理情况;

④下月监理工作重点。

10.3　BIM 技术在工程监理工作中的应用

10.3.1　BIM 技术

建筑信息模型(Building Information Modeling,BIM)作为一项新的信息技术,在业界得到了普遍关注,通过 BIM 技术的应用可促进建筑业的技术升级和生产方式转变。BIM 技术是工程项目物理和功能特性的数字化表达,是工程项目有关信息的共享技术。BIM 技术的作用是使工程项目信息在规划、设计、施工和运营维护的全过程充分共享、无损传递,使工程技术和管理人员能够对各种建筑信息正确理解和做出高效应对,为多方参与的协同工作奠定坚实基础,并为建设项目从概念到拆除的全生命期中各参与方的决策提供可靠依据。

BIM 技术的提出和发展,对建筑业产生了重大影响。应用 BIM 技术,可望大幅度提高建筑工程的集成化程度,促进建筑业生产方式的转变,提高投资、设计、施工的质量和效率乃至整个生命期内工程的质量,提升决策和管理水平。在投资方面,有助于业主提升对整个项目的掌控能力和科学管理水平、提高效率、缩短工期、降低投资风险;在设计方面,支持绿色建筑设计、强化设计协调性、减少因"错、缺、漏、碰"导致的设计变更,促进设计效率和设计质量的提升;在施工方面,促进工业化建造和绿色施工、优化施工方案、促进工程项目实现精细化管理、提高工程质量、降低成本和安全风险;在运维方面,有助于提高资产管理和应急管理水平。

BIM 是一种应用于工程设计、建造、管理的数字化工具,支持项目各种信息的连续应用及实时应用,可以大大提高设计、施工的质量和效率乃至整个工程的质量,显著降低成本。

BIM 技术正在成为继 CAD 之后推动建设行业技术进步和管理创新的一项新技术,将是进一步提升企业核心竞争力的重要手段。BIM 的发展得到了我国政府和行业协会的高度重视。住房和城乡建设部在 2011 年发布的《2011—2015 年建筑业信息化发展纲要》中提出:要加快 BIM 等新技术在工程中的应用,推动信息化标准建设。住房和城乡建设部在 2013 年 9 月发布的《关于推进 BIM 技术在建筑领域内应用的指导意见》中明确指出:"2016 年,所有政府投资的 2 万平方米以上的建筑的设计、施工必须使用 BIM 技术。"住房和城乡建设部在 2016 年 8 月发布的《2016—2020 年建筑业信息化发展纲要》中 28 次提到 BIM 技术。2016 年 12 月 2 日住房和城乡建设部发布《建筑信息模型应用统一标准》(GB/T 51212—2016)。2017 年 5 月 4 日住房和城乡建设部发布《建筑信息模型施工应用标准》(GB/T 51235—2017)。

10.3.2　BIM 技术给工程监理带来的机遇

BIM 技术的发展给当前建筑业带来了一场技术革命,给建筑市场的各参与主体带来了新的机遇与挑战。作为建筑市场中的重要参与主体,工程监理行业针对未来建筑业的 BIM 环境,主动转变,制定适宜的应用实施策略就显得尤为重要。下面通过 BIM 技术在工程监理中的应用效果,探讨 BIM 技术对监理工作的影响以及在监理行业的应用前景。

1) BIM 技术与传统监理方式的区别

有别于传统的二维抽象方式,BIM 技术是以三维数字为基础集成了建筑工程项目各种相关信息的可视化的数字建筑模型,并且可以扩展为 4D、5D 等多维状态。

2）应用 BIM 技术对监理工作的影响

工程监理工作是根据建设单位的要求，依照工程建设文件、法律、法规、技术标准和图纸，对整个项目进行质量、投资、进度、安全等方面的管理。监理企业运用 BIM 技术的重点是确定哪些监理工作需要在 BIM 模型上得到体现，监理人员需要在 BIM 模型中提取、插入、修改何种信息。

3）传统监理模式存在的不足及 BIM 技术的优势

（1）传统监理模式的不足。

①监理工作方式单一。传统监理模式下的监理工作一般采用现场巡视检查的方式，在对施工过程的监督、控制、协调等方面工作中的难点、重点的事前控制方式单一。因此迫切需要将信息技术应用到监理工作中。

②信息管理方式落后。工程信息的传播一般采用手工填写、人工传递的方式。由于参建各方缺乏沟通，容易使大量的工程信息无法及时得到处理，且不能有效共享，致使工程管理决策所需的支持信息不充分。

（2）BIM 技术的优势。

①可视化。

传统的 CAD 模式要求工作人员观看二维的线条后，在大脑中翻译成三维图像，不可避免地会产生错、漏、碰、缺等问题，导致设计变更增加，而在应用 BIM 技术的工作环境下，项目设计、建造、运营过程中的汇报、沟通、决策等工作都可以在可视化的状态下进行，更为准确、直观。

②便捷化。

通过将施工现场关键点的实时施工视觉信息（照片、视频）与 BIM 模型进行对比，及时发现工程中的问题，极大地减少了由于隐蔽工程出现质量问题造成的返工情况，提高了施工效率。

③信息完备化。

BIM 模型中涵盖了工程建设中的事前约定所需要的信息，参建各方可以根据需求随时进行查询，通过 BIM 协作平台实现施工过程中所需信息的共享，较好地解决了由于处理或传递不及时所带来的信息滞后问题。

4）BIM 技术在监理工作中的实际应用

基于 BIM 技术的优势，并结合实际监理工作过程中所遇到的问题及需求。BIM 技术在监理工作中的许多方面得到了应用，并取得了良好的效果。

（1）进度控制中的应用。

在工程建设过程中存在的各种来自不同部门、不同阶段的影响因素，会对工程进度产生复杂的影响，使得工程难以一直执行原定的进度计划。因此，监理人员要不断了解掌握工程实际进展情况，并与进度计划进行对比。从中找出偏离计划的原因并制订调整措施。

为此，可应用 BIM 技术针对计划进度及实际进度分别建立 3D 模型。按照时间节点将工程建设情况在模型中予以展示，通过对比监理人员可以直观准确地掌握实际进度与计划进度的偏差。

（2）质量控制中的应用。

检验批是施工现场监理检查验收的最小单元，在实际工作中，经常会遇到某些检验批不能一次验收通过需要进行多次验收的情况。当此类情况繁多时，会使得监理工程师不能及时掌握检验批的整体情况，无法进行有效的管理，为此在 3D 模型中可根据实际情况用不同颜色区分施工流水段，将各种监理检查及验收资料链接至模型中并将检查及验收结果在模型中予以展示。如检查不合格项用特殊颜色进行标示，同时可以通过查阅链接资料随时了解某一检查项的材料验收情况、施工情况、检查验收情况、不合格原因以及整改后的情况，这样一来，施工过程中所有检验批的情况一目了然，工程中存在的资料传递不及时及检验批不合格的问题也可以借助此办法加以解决。

（3）造价控制中的应用。

在施工过程中，将材料、构（配）件的名称、型号、所属检验批次和施工时间、工程量等信息添加到模型中后，可以根据不同的需求直接生成各类材料明细表并计算出工程量，同时点击某一材料时，模型中对应的材料会高亮显示。便于监理人员对工程量及造价进行整体管控。

（4）交底培训中的应用。

在施工过程中，监理人员若是对某些重点、难点或创新的施工工艺及监理控制点不了解，则无法进行有效的管控。针对这种情况，可应用 BIM 中的基坑支护施工监理方针管理系统，包含土钉墙施工、灌注桩施工、土层锚杆施工三项施工工艺。针对此三项施工工艺可分别制作模拟施工动画，将施工工艺重点及监理检查要点以文字及声音的形式加入其中，并且在模拟过程中可以根据需求随时切换施工步骤及角度进行查看。

应用此系统，可以在施工前对施工及监理人员进行交底，也可以对相关人员进行技术培训，通过动画模拟、文字说明等直观的形式展示，使相关人员对施工工艺及监理控制要点有明确的认知和了解。在施工过程中能够更为有效地进行管控。

（5）信息、合同管理和建筑工程各方协调中的应用。

由于大型项目全生命周期中参与单位众多，从立项开始，历经规划、设计、工程施工、竣工验收到交付使用等各阶段，会产生大量信息，再加上信息传递流程长，传递时间长，由此造成难以避免部分信息的丢失，造成工程造价的提高，监理可应用 BIM 技术，将建设生命周期中各阶段的各相关信息进行高度集成，保证上一阶段的信息能传递到以后各个阶段，从而使建设各方能获取相应的数据。

在合同管理方面，从规划、设计到施工，监理通过 BIM 技术的应用，可有力保证工程投资、质量、进度及各阶段中的相关信息的顺畅传递，在施工阶段建设各方能以此为平台共享数据、协同工作、碰撞检查等，减少合同争议，降低索赔。监理通过

BIM 技术的应用,可将各种建筑信息组织成一个整体,并贯穿于整个建筑生命周期过程中,从而使建设各方及时对信息进行管理,达到协同设计、协同管理、协同交流的目的,再加上 BIM 技术所拥有的优势,可帮助提高编制结构设计文档的多专业协调能力,最大限度减少错误,并能够加强工程团队与建筑团队之间的合作,大大减少整个建设过程中的监理协调量和降低协调难度。

10.3.3　BIM 技术在监理工作各阶段的应用展示

1）设计准备阶段（创建 BIM 模型）

建模队伍依据施工图纸、招投标文件、招标答疑文件等相关资料,组织人员建立项目的土建、钢筋、安装 BIM 模型。

2）施工准备阶段（创建监理 BIM 团队）

（1）配备 BIM 人员。

按专业配备 BIM 人员,因为具备房建和市政建设领域知识的专业人员能熟练使用 BIM 建模软件的不多,因此还需招聘一批专业的 BIM 建模及应用人员,共同组成 BIM 团队。

（2）电脑配备。

配备一些内存大、工作性能优良的电脑来提高工作效率。

（3）BIM 软件。

配备与工程内容相适应的 BIM 软件。

3）施工阶段（BIM 模型的实时维护）

项目监理人员及 BIM 建模人员根据变更单、签证单、工程联系单、技术核定单等相关资料派相关人员进驻现场配合项目部相关人员实时对 BIM 模型进行维护、更新,为项目提供最为及时、准确的工程建模展示。

（1）碰撞检查。

传统施工管理中,在二维平面图纸中很难发现不同系统的管件碰撞问题,由此引发返工会造成极大的成本浪费与工期延误。而利用 BIM 模型可轻松快速地检查在三维空间环境下各专业的碰撞情况,发现人防、地下车库、机电安装工程中进水管与风管的碰撞,消防系统与通风系统的碰撞等,随后可利用变更条件进行 BIM 维护,提前发现施工设计问题,避免返工与浪费。

（2）数据提供。

利用 BIM 模型的 4D 关联数据库,可快速、准确获得工程基础数据拆分实物量,随时为采购计划的制订提供及时、准确的数据支撑,随时为限额领料提供及时、准确的数据支撑,为现场管理提供审核基础。

（3）进度节点控制。

根据 BIM 技术 4D 关联数据库、合同和图纸等相关要求设定相应参数,可快速、准确获得进度、工程量信息,实现进度节点控制。

（4）虚拟施工指导。

传统施工管理模式下，存在图纸审核不清晰，施工过程损耗大，不同班组施工时采用多版图纸等管理混乱的现象。利用 BIM 模型的虚拟性与可视化优势，可提前反映施工难点，避免返工现象；可模拟展现施工工艺，进行三维模型交底，提升部门间的沟通效率；可模拟施工流程，优化施工过程管理。

【思考题】

1. 监理信息系统有哪些作用？
2. 监理信息管理有何特点？
3. 信息的表现形式有哪些？
4. 建设工程项目信息如何分类？
5. 信息收集的原则是什么？
6. 信息管理的基本任务是什么？
7. BIM 技术是什么？
8. BIM 技术在工程监理中有什么作用？
9. 传统监理模式与 BIM 技术相比存在哪些不足？

【案例分析】

案例 1：某开发商开发一小高层住宅小区，分别与某监理公司和某建筑工程公司签订了建设工程施工阶段委托监理合同和建设工程施工合同。为了能及时掌握准确完整的信息，以便对该建设工程的质量、进度、投资实施最佳控制，项目总监理工程师召集有关监理人员专门讨论了如何加强监理文件档案资料管理的问题，涉及有关建设监理信息的收集方法、内容和组织等方面的问题。

问题如下。

1. 你认为对监理文件档案资料进行科学管理的意义是什么？
2. 建设监理信息的收集应遵循什么原则？
3. 建设监理信息管理的主要任务是什么？
4. 监理工作常用表格有哪些？

案例 2：某监理单位受业主委托，承担了某工程项目施工阶段监理工作。该工程项目的基础采用钢筋混凝土条形基础，主体为现浇钢筋混凝土框架结构。

事件 1：在施工准备阶段进行施工组织设计审查时，总监理工程师发现部分内容不合格，须承包单位修改，将施工组织设计退回承包单位并口头指出修改意见。承包单位修改完成后，再次交给监理单位审定，总监理工程师出于对承包单位的信任，没有重新审定直接报送建设单位。

事件 2：工程项目开工前，总监理工程师主持召开了第一次工地会议，并在会上介绍了以下内容。

①施工准备情况。

②现场监理组织、人员及分工。

③监理规划的主要内容。

问题如下。

1. 指出事件 1 中各方行为的不妥之处,并说明理由。

2. 写出审查施工组织设计的基本要求。

3. 指出事件 2 中各方行为的不妥之处,并说明理由。

4. 监理规划做出修改后,应按何种程序重新审批报送?

5. 工程竣工后,监理规划应在何处保存?

附录 A　工程监理单位用表

表 A.0.1　总监理工程师任命书

工程名称：_____　　　　编号：A.0.1-_____

建设单位 签收人姓名及时间	

致：_____（建设单位）

　　兹任命_____（注册监理工程师注册号：_____）为我单位_____项目总监理工程师。负责履行建设工程监理合同、主持项目监理机构工作。

　　总监理工程师执业印章式样：

　　项目监理机构印章式样：

　　附件：注册监理工程师注册执业证书

　　　　　　　　　　　　　　　　　　　　　　　监理单位（章）：
　　　　　　　　　　　　　　　　　　　　　　　法定代表人（签字）：
　　　　　　　　　　　　　　　　　　　　　　　　　　年　　月　　日

注：本表一式三份，项目监理机构、建设单位、施工单位各一份。

表 A.0.2 工程开工令

工程名称：_____　　　　　　　编号：A.0.2-_____

施工项目经理部 签收人姓名及时间		建设单位 签收人姓名及时间	

致：_____（施工项目经理部）

　　经审查，本工程已具备施工合同约定的开工条件，现同意你方开始施工，开工日期为_____
年_____月_____日。

　　附件：工程开工报审表（编号：B.0.2-____）

　　　　　　　　　　　　　　　　　　　　　　　　项目监理机构（章）：

　　　　　　　　　　　　　　　　　　　　　　　总监理工程师（签字及加盖执业印章）：

　　　　　　　　　　　　　　　　　　　　　　　　　　　　　年　　月　　日

注：1. 总监理工程师签发的工程开工令应符合法律法规规定，且应取得施工许可文件。

　　2. 本表一式三份，项目监理机构、建设单位、施工单位各一份。

表 A.0.3　监理通知单(_____类)

工程名称:_____　　　　　编号:A.0.3-_____

施工项目经理部 签收人姓名及时间		建设单位 签收人姓名及时间	

致:_____(施工项目经理部)

　　事由:

　　内容:

　　如对本监理通知单内容有异议,应在收文后 24 小时内向项目监理机构提出书面回复。

　　附件共____页,请于____年____月____日____时____分前填报监理通知回复单(B.0.9)。

项目监理机构(章):

总监理工程师/专业监理工程师(签字):

年　　月　　日

　　注:1. 本通知单分为质量控制类(A.0.31)、造价控制类(A.0.32)、进度控制类(A.0.33)、安全文明类(A.0.34)和其他类(A.0.35)。

　　2. 本表一式三份,项目监理机构、施工项目经理部、建设单位各一份。

表 A.0.4　监理报告

工程名称：＿＿＿＿＿＿＿＿＿＿＿＿＿＿＿　　　　编号：A.0.4-＿＿＿＿＿＿＿

事由		主管部门 签收人姓名及时间	

致：＿＿＿＿＿＿＿＿＿＿＿＿＿＿＿＿（主管部门）

　　由＿＿＿＿＿＿＿（施工单位）施工的＿＿＿＿＿＿（工程部位）存在质量或安全事故隐患。我方已于＿＿＿年＿＿＿月＿＿＿日发出编号为＿＿＿＿＿＿的监理通知单/工程暂停令,但施工单位仍未整改/停工。

　　特此报告。

　　附件：

　　□监理通知单(编号:A.0.3-＿＿＿＿＿＿)

　　□工程暂停令(编号:A.0.5-＿＿＿＿＿＿)

　　□其他

　　　　　　　　　　　　　　　　　　　项目监理机构(章)：

　　　　　　　　　　　　　　　　　　　总监理工程师(签字)：

　　　　　　　　　　　　　　　　　　　　　　年　　　月　　　日

　　注:监理发现存在质量或安全事故隐患,并已要求施工单位整改,但施工单位拒不整改或不停止施工时,项目监理机构依据本报告及时向有关主管部门报告。

表 A.0.5　工程暂停令

工程名称:_____　　　　　　编号:A.0.5-_____

施工项目经理部 签收人姓名及时间		建设单位 签收人姓名及时间	

致:_____(施工项目经理部)

　　由于_____

,现通知你方于____年____月____日____时____分起,暂停_____部位(工序)施工,

并按下述要求做好后续工作。

　　要求:

项目监理机构(章):

总监理工程师(签字及加盖执业印章):

年　　月　　日

注:本表一式三份,项目监理机构、施工项目经理部、建设单位各一份。

表 A.0.6 旁站记录表

工程名称：_____　　　　　　　　编号：A.0.6-_____

旁站的关键部位、关键工序		施工单位	
旁站开始时间	年 月 日 时 分	旁站结束时间	年 月 日 时 分

旁站的关键部位、关键工序施工情况：

发现问题及处理情况：

旁站监理人员（签字）：

年　　　月　　　日

表 A.0.7　工程复工令

工程名称:＿＿＿＿＿＿＿＿＿＿＿＿＿＿＿＿　　　　　　　编号:A.0.7-＿＿＿＿＿＿＿＿

施工项目经理部 签收人姓名及时间		建设单位 签收人姓名及时间	

致:＿＿＿＿＿＿＿＿＿＿＿＿＿＿＿＿＿＿(施工项目经理部)

　　我方发出的编号为＿＿＿＿＿＿的工程暂停令,要求暂停施工的＿＿＿＿＿＿＿＿＿部位(工序),经查已具备复工条件。经建设单位同意,现通知你方于＿＿年＿＿月＿＿日＿＿时＿＿分起恢复施工。

　　附件:

　　□工程复工报审表(编号:B.0.3-＿＿＿＿＿＿)

　　□工作联系单(建设单位)

项目监理机构(章):

总监理工程师(签字及加盖执业印章):

年　　月　　日

注:本表一式三份,项目监理机构、建设单位、施工单位各一份。

表 A.0.8 工程款支付证书

工程名称：_____   编号：A.0.8-_____

施工单位 签收人姓名及时间		建设单位 签收人姓名及时间	

致：_____（施工单位）

　　根据合同约定，经审核编号为_____的工程款支付报审表，扣除有关款项后，同意支付工程款共计（大写）：_____（小写：_____）。

　　其中：

　　1. 施工单位申报款：_____

　　2. 经审核施工单位应得款：_____

　　3. 本期应扣款：_____

　　4. 本期应付款：_____

　　附件：工程款支付报审表（编号：B.0.10-_____）及附件

项目监理机构（章）：

总监理工程师（签字及加盖执业印章）：

年　　　月　　　日

注：本表一式三份，项目监理机构、建设单位、施工单位各一份。

表 A.0.9 监理日志(   )

工程名称:_____ 天气:_____

日　　期:____年____月____日(星期____) 气温:_____

监理工作情况		
	施工单位	**施工内容及进度**
施工情况		
其他事宜		
记录人(签字):		审核人(签字):

表 A.0.10　(　　)会议纪要

工程名称:＿＿＿＿＿＿＿＿＿＿＿＿＿＿＿＿　　　　　编号:A.0.10-＿＿＿＿＿＿＿

各与会单位:

　　现将＿＿＿＿＿＿＿＿＿＿＿＿＿＿会议纪要印发给你们,请查收。

　　附:会议纪要正文共＿＿＿＿＿＿页。

项目监理机构(章):

总监理工程师/总监理工程师代表(签字):

年　　月　　日

会议地点		会议日期	
组织单位		主持人	
会议议题			

	与会单位	与会人员
与会单位 及人员签 到栏		

注:1. 本会议纪要分为第一次工地会议纪要(A.0.101)、监理例会纪要(A.0.102)、专题会议纪要(A.0.103)。

　　2. 本表与会议纪要正文均须加盖项目监理机构印章,参会单位各一份。

表 A.0.11　监理规划

_____工程

监理规划

___年___月___日至___年___月___日

内容提要:

(包括:工程概况,监理工作的范围、内容、目标,监理工作依据,监理组织形式、人员配备及进退场计划、监理人员岗位职责,监理工作制度,工程质量控制(含人防工程),工程造价控制,工程进度控制,安全生产管理的监理工作(包括危险性较大的分部分项工程安全管理),合同与信息管理,组织协调,监理工作设施,建筑节能监理(如有),本工程的重点、特点、难点分析及监理对策,拟编制的本工程危大工程监理实施细则清单等内容。)

监理单位(章):

总监理工程师(签字及加盖执业印章):

监理单位技术负责人(签字):

年　　月　　日

表 A.0.12　监理实施细则

_____工程

监理实施细则(　　)

内容提要：
（包括：项目简介，专业工程概况，编制依据，专业工程特点、重点、难点，监理工作流程，监理工作控制要点、控制目标值，监理工作方法及措施等内容。）

项目监理机构(章)：
专业监理工程师(签字)：
总监理工程师(签字及加盖执业印章)：
年　　月　　日

表 A.0.13　监理月报

　　　　　　　　　　　　　　　　　工程

监理月报

第　　　　期
　　年　　月　　日至　　年　　月　　日

内容提要:

　(包括:工程实施概要,质量控制情况,造价控制情况,进度控制情况,安全生产管理的监理工作以及其他事项。)

项目监理机构(章):

专业监理工程师/总监理工程师(签字):

　　　　　　　年　　月　　日

本月工程实施概要

主要情况记录			
本月日历天	天	实际工作日	天
工程开工令	份	工程暂停令/复工令	份
监理例会纪要	份	监理通知单	份
专题会议纪要	份	监理报告	份
本月工程实施概要			

本月工程质量控制情况评析

本月质量控制情况登记			
本月材料/构配件/设备验收	次	材料/构配件/设备验收不符合	次
本月工程质量验收	次	本月见证取样复验	次
发出监理通知单(质量控制类)			份
工程质量控制情况简析(文字或图、表)			
下月质量控制监理工作重点			

本月工程造价控制情况评析

施工合同额		万元	
截至本月 25 日累计完成金额占合同总额		％	
本月施工单位申报款	万元	经审核施工单位应得款	万元
本月应扣款	万元	累计扣款额	万元
本月批准应付款	万元	累计批准付款额	万元
本月发生批准索赔	万元	累计批准索赔额	万元
发出监理通知单（造价控制类）			份
工程造价控制情况简析（文字或图、表）			
下月工程造价控制监理工作重点			

本月工程进度控制情况评析

工程开工日期		工程竣工日期	
本月计划完成至			
本月实际完成至			
本月批准延长工期	天	累计批准延长工期	天
本月工程延误工期	天	累计工程延误工期	天
发出监理通知单(进度控制类)		份	
本月工程进度控制情况简析(文字或图、表)			
下月工程进度控制监理工作重点			

本月施工现场安全生产管理监理工作评析

本月施工现场安全生产管理的监理工作情况		
参与安全检查次数		次
危大工程专项巡视检查次数		次
参加危大工程验收次数		次
发出监理通知单(安全文明类)		次
施工现场安全生产管理的监理工作简析(文字或图、表)		
施工单位安全生产管理状况: 监理履行建设工程安全生产管理法定职责情况(包括危大工程的安全管理):		
下月安全生产管理的监理工作重点		

本月工程其他事项

表 A.0.14　工程质量评估报告

_____工程

工程质量评估报告

　内容提要：

　（包括：工程概况，工程各参建单位，专业工程简介，编制依据，工程质量评估范围，工程质量控制情况，工程质量验收情况，工程质量事故及其处理情况，质量控制资料审查情况等内容。）

　工程质量评估结论：

　建设单位：_____

　勘察/设计单位：_____

　施工单位：_____

监理单位（章）：

总监理工程师（签字）：

监理单位技术负责人（签字）：

　年　　　月　　　日

表 A.0.15　监理工作总结

_____工程

监理工作总结
____年____月____日至____年____月____日

内容提要：
（包括：工程概况，项目监理机构，监理合同履行情况，监理工作成效，监理工作中发现的问题及其处理情况，说明和建议等内容。）

项目监理机构（章）：
总监理工程师（签字）：
　　年　　月　　日

表 A.0.16-1　危大工程清单

工程名称		工程地点	
开工日期		拟竣工日期	
建设单位		项目负责人	
施工单位		项目负责人	
监理单位		项目负责人	

编号	危大工程名称	工程概况	拟施工日期	是否为超危大工程

施工单位项目负责人： （签字） 项目部（盖章） 　　年　月　日	总监理工程师： （签字） 项目监理机构（盖章） 　　年　月　日	建设单位项目负责人： （签字） 项目部（盖章） 　　年　月　日

表 A. 0. 16-2　危大工程巡视检查记录表

危大工程名称		
施工单位		
巡视检查情况		
施工单位现场安全管理情况	是否对现场管理人员进行了方案交底	□是　□否
	是否对作业人员进行了安全技术交底	□是　□否
	是否对危大工程施工作业人员进行了登记	□是　□否
	是否在危险区域设置了安全警示标志	□是　□否
	项目负责人是否在施工现场履职	□是　□否
	项目专职安全生产管理人员是否进行了现场监督	□是　□否
危大工程现场施工情况		
发现问题及处理情况：		

巡视检查人员(签字)：

年　　月　　日

表 A.0.16-3 危大工程专项验收记录表

工程名称：_____　　　　　　　编号：_____

分部分项工程名称	对内□　对外□	工程结构类型	
施工单位		分包单位	
方案是否论证		验收部位	
验收项目	序号	安全技术要求	结果

施工单位 验收结论	结论： 　　　　　　　　施工单位(盖章)： 　　　　项目技术负责人(签字)： 　　　　　　项目经理(签字)： 　　　　　　　　　　　年　　月　　日
监理单位 验收结论	结论： 　　　　　项目监理机构(盖章)： 　　　　　　监理工程师(签字)： 　　　　　总监理工程师(签字)： 　　　　　　　　　　　年　　月　　日

表 A. 0. 17 监理交底记录表

工程名称:＿＿＿＿＿＿＿＿＿＿＿＿＿＿＿＿＿ 编号:A. 0. 17-＿＿＿＿＿＿＿＿＿

交底类型	对内□ 对外□	交底主题	
交底对象		交底时间	
交底内容记录			
交底负责人签字		被交底人签字	

表 A.0.18 施工单位安全生产体系审核记录表

工程名称		开工日期	
施工单位		施工许可证	
项目经理		证件及编号	
项目专职安全负责人		证件及编号	

序号	检查项目	检查内容	检查结果	检查人
1	施工单位资质	有无,是否超范围经营		
2	安全生产许可证	有无,是否有效		
3	项目负责人和专职安全管理人员证件	有无,是否有效,数量是否达标,是否在岗		
4	特种作业人员资格证	有无,是否有效		
5	安全生产保证体系	是否建立		
6	安全生产责任制度	有无,是否齐全,管理人员是否签订安全生产责任书		
7	安全生产管理规章制度	有无,是否齐全		
8	安全生产协议书	总包和分包单位是否签订		
9	安全文明施工措施费及扬尘防治费用使用计划	有无,是否切合实际		
10	其他	应急救援预案和体系		

检查结论:

总监理工程师(签字):

年　　月　　日

附录 B 施工单位报审、报验用表

表 B.0.1 施工组织设计/施工方案报审表

工程名称：_____　　　　　编号：B.0.1-_____

致：_____（项目监理机构） 　　我方已完成_____工程施工组织设计/（专项）施工方案的编制和审批，请予以审查。 　　附件： 　　□施工组织设计 　　□施工方案 　　　　　　　　　　　　　　　　　施工项目经理部（盖章）： 　　　　　　　　　　　　　　项目经理（签字及加盖执业印章）： 　　　　　　　　　　　　　　　　　　　　　　年　　月　　日			
项目监理机构 签收人姓名及时间		施工项目经理部 签收人姓名及时间	
审查意见： 　　　　　　　　　　　　　　　　专业监理工程师（签字）： 　　　　　　　　　　　　　　　　　　　　年　　月　　日			
审核意见： 　　　　　　　　　　　　　　　　项目监理机构（盖章）： 　　　　　　　　　　　　总监理工程师（签字及加盖执业印章）： 　　　　　　　　　　　　　　　　　　　年　　月　　日			

注：本表一式三份，项目监理机构、建设单位、施工单位各一份。

表 B.0.2 工程开工报审表

工程名称：_____ 　　　　编号：B.0.2-_____

致：_____（建设单位） 　　_____（项目监理机构） 　　我方承担的_____工程,已完成相关准备工作,具备开工条件,申请于 _____年____月_____日开工,请予以审批。 　　附件： 　　□ 设计交底和图纸会审 　　□ 施工组织设计/施工方案(编号:B.0.1-____) 　　□ 施工进度计划(编号:B.0.12-____) 　　□ 施工质量、安全生产管理体系(编号:B.0.15-____) 　　□ 进场道路及水、电、临设等 　　　　　　　　　　　　　　　　　　　施工单位(章)： 　　　　　　　　　　　　项目经理(签字及加盖执业印章)： 　　　　　　　　　　　　　　　　　　　　　年　　月　　日		

项目监理机构 签收人姓名及时间		施工项目经理部 签收人姓名及时间	

审核意见：

　　　　　　　　　　　　　　　　项目监理机构(章)：
　　　　　　　　　　总监理工程师(签字及加盖执业印章)：
　　　　　　　　　　　　　　　　　　年　　月　　日

审批意见：

　　　　　　　　　　　　　　　　　建设单位(章)：
　　　　　　　　　　　　建设单位代表(签字)：
　　　　　　　　　　　　　　　　　　年　　月　　日

注：本表一式三份,项目监理机构、建设单位、施工单位各一份。

表 B.0.3　工程复工报审表

工程名称：＿＿＿＿＿＿＿＿＿＿＿＿＿＿　　　　　　编号：B.0.3-＿＿＿＿＿＿

致：＿＿＿＿＿＿＿＿＿＿＿＿＿＿＿（项目监理机构） 　　编号为＿＿＿＿＿的工程暂停令停工的＿＿＿＿＿＿部位（工序）已满足复工条件，我方申请于＿＿年＿＿月＿＿日＿＿时＿＿分复工，请予以审批。 　　附件：工程复工证明材料 　　　　　　　　　　　　　　　　　　　　　施工项目经理部（章）： 　　　　　　　　　　　　　　　　　项目经理（签字及加盖执业印章）： 　　　　　　　　　　　　　　　　　　　　　　　　年　　月　　日			
项目监理机构 签收人姓名及时间		施工项目经理部 签收人姓名及时间	
审核意见： 　　　　　　　　　　　　　　　　　　　　　项目监理机构（章）： 　　　　　　　　　　　　　　　　总监理工程师（签字及加盖执业印章）： 　　　　　　　　　　　　　　　　　　　　　　　　年　　月　　日			
建设单位 签收人姓名及时间		项目监理机构 签收人姓名及时间	
审批意见： 　　　　　　　　　　　　　　　　　　　　　建设单位（章）： 　　　　　　　　　　　　　　　　　　建设单位代表（签字）： 　　　　　　　　　　　　　　　　　　　　　　　　年　　月　　日			

注：本表一式三份，项目监理机构、建设单位、施工单位各一份。

表 B.0.4 分包单位资质报审表

工程名称：_____ 编号：B.0.4-_____

致：_____（项目监理机构）
经考察，我方认为拟选择的_____（分包单位）具有承担下列工程施工或安装的资质和能力，可以保证本工程按施工合同第_____条款的约定进行施工或安装。请予以审查。

分包工程名称（部位）	分包工程量	分包工程合同额
合　计		

附件：1. 分包单位资质材料：营业执照、资质证书、安全生产许可证等
2. 分包单位业绩材料
3. 分包单位专职管理人员和特种作业人员的资格证书
4. 施工单位对分包单位的管理制度
<div style="text-align:right">施工项目经理部（章）： 项目经理（签字）： 年　　月　　日</div>

项目监理机构 签收人姓名及时间		施工项目经理部 签收人姓名及时间	

审查意见：   <div style="text-align:right">专业监理工程师（签字）： 年　　月　　日</div>

审核意见：   <div style="text-align:right">项目监理机构（章）： 总监理工程师（签字）： 年　　月　　日</div>

注：本表一式三份，项目监理机构、建设单位、施工单位各一份。

表 B.0.5 工程材料、构配件、设备进场/使用报审表

工程名称:＿＿＿＿＿＿＿＿＿＿＿＿＿＿＿ 编号:B.0.5-＿＿＿＿＿＿＿

致:＿＿＿＿＿＿＿＿＿＿＿＿＿＿＿(项目监理机构)

于＿＿年＿＿月＿＿日进场的拟用于工程＿＿＿＿＿＿＿＿＿＿＿部位的＿＿＿＿＿＿,
经我方检验合格,现将相关资料报上,请予以审查。

附件:

□材料、构配件、设备进场:

1. 工程材料/构配件/设备清单

2. 质量证明文件(出厂合格证、质量检验报告、型式检验报告等)

3. 施工单位自检结果

□材料、构配件、设备使用:

复验报告

施工项目经理部(章):

项目经理(签字):

年　　月　　日

项目监理机构 签收人姓名及时间		施工项目经理部 签收人姓名及时间	

审查意见:

项目监理机构(章):

专业监理工程师(签字):

年　　月　　日

注:本表一式两份,项目监理机构、施工单位各一份。

表 B.0.6　隐蔽工程、检验批、分项工程质量报验表

工程名称：_____　　　　编号：B.0.6-_____

致：_____（项目监理机构）
我方已完成_____工作，经自检合格，请予以审查或验收。 附件： 　　□隐蔽工程质量检验资料 　　□检验批质量检验资料 　　□分项工程质量检验资料 　　□施工控制测量依据资料：测量控制成果（原始控制点），施工控制测量成果表 　　□测量放线质量检验资料   　　　　　　　　　　　　　　　　　施工项目经理部（章）： 　　　　　　　　　　　　　　项目经理或项目技术负责人（签字）： 　　　　　　　　　　　　　　　　　　　　　　　年　　月　　日

项目监理机构 签收人姓名及时间		施工项目经理部 签收人姓名及时间	
审查或验收意见： 　　　　　　　　　　　　　　　　　项目监理机构（章）： 　　　　　　　　　　　　　　　　专业监理工程师（签字）： 　　　　　　　　　　　　　　　　　　　　　　年　　月　　日			

注：本表一式两份，项目监理机构、施工单位各一份。

表 B.0.7 分部工程报验表

工程名称:＿＿＿＿＿＿＿＿＿＿＿＿＿＿＿＿＿ 编号:B.0.7-＿＿＿＿＿＿＿

致:＿＿＿＿＿＿＿＿＿＿＿＿＿＿＿(项目监理机构)			
我方已完成＿＿＿＿＿＿＿＿＿＿＿＿＿＿(分部工程),经自检合格,请予以验收。 附件: □施工单位的验收汇报报告 □所含分项工程的质量验收资料 □质量控制资料 □相关安全、节能、环境保护和主要使用功能的抽样检验资料 □观感质量验收资料 施工项目经理部(章): 项目技术负责人(签字): 年　　月　　日			
项目监理机构 签收人姓名及时间		施工项目经理部 签收人姓名及时间	
验收意见: 专业监理工程师(签字): 年　　月　　日			
验收意见: 项目监理机构(章): 总监理工程师(签字及加盖执业印章): 年　　月　　日			

注:本表一式三份,项目监理机构、建设单位、施工单位各一份。

表 B.0.8 监理通知回复单

工程名称：＿＿＿＿＿＿＿＿＿＿＿＿＿＿＿ 编号：B.0.8-＿＿＿＿＿＿＿

致：＿＿＿＿＿＿＿＿＿＿＿＿＿＿（项目监理机构）			
我方接到编号为＿＿＿＿＿的监理通知后，已按要求完成相关工作，请予以复查。 附件：需要说明的情况 施工项目经理部（章）： 项目经理（签字）： 年 月 日			
项目监理机构 签收人姓名及时间		施工项目经理部 签收人姓名及时间	
复查意见： 项目监理机构（章）： 总监理工程师/专业监理工程师（签字）： 年 月 日			

注：本表一式三份，项目监理机构、建设单位、施工单位各一份。

表 B.0.9　单位工程竣工验收报审单

工程名称：_____　　　　　　　编号：B.0.9-_____

致：_____（项目监理机构）

　　我方已按施工合同要求完成_____工程,经自检合格,现将有关资料报上,请予以验收。

附件：

☐施工单位工程质量验收汇报报告

☐所含分部工程的质量验收资料

☐质量控制资料

☐所含分部工程中有关安全、节能、环境保护和主要使用功能的检验资料

☐主要使用功能的抽查结果资料

☐观感质量验收资料

　　　　　　　　　　　　　　　　　　　　施工单位（章）：

　　　　　　　　　　　　　　　　项目经理（签字及加盖执业印章）：

　　　　　　　　　　　　　　　　　　　　　　　　年　　月　　日

项目监理机构 签收人姓名及时间		施工项目经理部 签收人姓名及时间	

预验收意见：

　　经验收,该工程合格/不合格,可以/不可以组织正式验收。

　　　　　　　　　　　　　　　　　　　　项目监理机构（章）：

　　　　　　　　　　　　　　　　总监理工程师（签字及加盖执业印章）：

　　　　　　　　　　　　　　　　　　　　　　　　年　　月　　日

注：本表一式三份,项目监理机构、建设单位、施工单位各一份。

表 B.0.10　工程款支付报审单

工程名称：＿＿＿＿＿＿＿＿＿＿＿＿＿＿　　　　　　　编号：B.0.10-＿＿＿＿＿＿

致：＿＿＿＿＿＿＿＿＿＿＿＿＿＿（项目监理机构）

　　根据施工合同约定，我方已完成＿＿＿＿＿＿＿＿＿＿＿＿＿＿＿工作，建设单位应在
＿＿＿年＿＿月＿＿日前支付该项工程款共计（大写）＿＿＿＿＿＿＿＿＿＿＿＿＿（小
写：＿＿＿＿＿＿＿＿），请予以审核。

　　附件：

　　□已完成工程量报表

　　□工程竣工结算证明材料

　　□相应支持性证明文件

施工项目经理部（盖章）：

项目经理（签字及加盖执业印章）：

年　　月　　日

项目监理机构 签收人姓名及时间		施工项目经理部 签收人姓名及时间	

审查意见：

　　1. 施工单位应得款：＿＿＿＿＿＿＿＿＿＿＿＿＿＿＿

　　2. 本期应扣款：＿＿＿＿＿＿＿＿＿＿＿＿＿＿＿＿＿

　　3. 本期应付款：＿＿＿＿＿＿＿＿＿＿＿＿＿＿＿＿＿

　　附件：相应支持性材料

专业监理工程师（签字）：

年　　月　　日

审核意见：

项目监理机构（章）：

总监理工程师（签字及加盖执业印章）：

年　　月　　日

建设单位 签收人姓名及时间		项目监理机构 签收人姓名及时间	

审批意见：

建设单位（盖章）：

建设单位代表（签字）：

年　　月　　日

注：本表一式三份，项目监理机构、建设单位、施工单位各一份。

表 B.0.11　施工进度计划报审表

工程名称：＿＿＿＿＿＿＿＿＿＿＿＿＿＿＿＿　　　　　　编号：B.0.11-＿＿＿＿＿＿＿＿＿

致：＿＿＿＿＿＿＿＿＿＿＿＿＿＿＿（项目监理机构）			
根据施工合同约定,我方已完成＿＿＿＿＿＿＿＿＿＿＿＿＿工程施工进度计划的编制和审批,请予以审查。 　　附件： 　　□施工总进度计划及相关资料 　　□阶段性进度计划及相关资料 　　　　　　　　　　　　　　　　施工项目经理部(章)： 　　　　　　　　　　　　　　　　　项目经理(签字)： 　　　　　　　　　　　　　　　　　　　　　年　　月　　日			
项目监理机构 签收人姓名及时间		施工项目经理部 签收人姓名及时间	
审查意见： 　　　　　　　　　　　　　　　　专业监理工程师(签字)： 　　　　　　　　　　　　　　　　　　　　　年　　月　　日			
审核意见： 　　　　　　　　　　　　　　　　项目监理机构(章)： 　　　　　　　　　　　　　　　　总监理工程师(签字及加盖执业印章)： 　　　　　　　　　　　　　　　　　　　　　年　　月　　日			

注：本表一式三份,项目监理机构、建设单位、施工单位各一份。

表 B.0.12　费用/工期临时延期/最终延期索赔报审单

工程名称：_____　　　　编号：B.0.12-_____

致：_____（项目监理机构）

　　根据施工合同_____条款，由于_____，我方申请□索赔金额（大写）/□工程临时延期（日历天）/□最终延期（日历天）_____（□元/□天），请予以批准。

　　索赔理由：_____。

　　附件：

　　　□索赔金额计算

　　　□工程延期依据及工期计算

　　　□证明材料

施工项目经理部（章）：

项目经理（签字及加盖执业印章）：

年　　月　　日

项目监理机构 签收人姓名及时间		施工项目经理部 签收人姓名及时间	

审核意见：

　　　□不同意此项索赔

　　　□同意此项索赔，索赔金额为（大写）/□工程临时延期（日历天）/□最终延期（日历天）_____（□元/□天）。工程竣工日期从施工合同约定的____年____月____日延迟到____年____月____日

　　同意/不同意索赔的理由：_____

　　附件：

　　　□索赔审查报告

项目监理机构（章）：

总监理工程师（签字及加盖执业印章）：

年　　月　　日

建设单位 签收人姓名及时间		项目监理机构 签收人姓名及时间	

审批意见：

建设单位（盖章）：

建设单位代表（签字）：

年　　月　　日

注：本表一式三份，项目监理机构、建设单位、施工单位各一份。

表 B.0.13　施工通用报审表

工程名称：_____　　　　编号：B.0.13-_____

事由	

致：_____（项目监理机构）

　　（附件共_____页）

施工项目经理部(章)：

项目经理(签字)：

年　　月　　日

项目监理机构 签收人姓名及时间		施工项目经理部 签收人姓名及时间	

审查意见：

专业监理工程师(签字)：

年　　月　　日

审核意见：

项目监理机构(章)：

总监理工程师/总监理工程代表(签字)：

年　　月　　日

注：1. 本表用于施工单位就 B 类表中其他用表未包括的事项向监理申报。

　　2. 本表一式两份,项目监理机构、施工单位各一份。

表 B.0.14 混凝土浇筑报审表

工程名称：_____ 编号：B.0.14-_____

致：_____（项目监理机构）

　　我方已完成_____部位的钢筋、模板、水电安装和预埋件、预留洞等工作，并已经过项目监理机构验收合格。混凝土浇筑准备工作已就绪，申请于____月____日____时____分至____月____日____时____分浇筑混凝土，商品混凝土供应商为_____ _____，混凝土强度等级为_____，抗渗等级为_____，预计浇筑量为_____，施工值班负责人为_____（电话：_____），请予以批准。

施工项目经理部（章）：

项目经理（签字）：

年　　月　　日

项目监理机构 签收人姓名及时间		施工项目经理部 签收人姓名及时间	

审查意见：

专业监理工程师（土建）（签字）：

年　　月　　日

专业监理工程师（安装）（签字）：

年　　月　　日

审核意见：

项目监理机构（章）：

总监理工程师/总监理工程代表（签字）：

年　　月　　日

注：1. 施工单位项目经理部应在混凝土浇筑前 24 小时提出报审，未获批准不得擅自浇筑混凝土。

　　2. 如现场自拌混凝土，还应提供原材料报审表及人、料、机准备情况。

　　3. 本表一式两份，项目监理机构、施工单位各一份。

表 B.0.15　施工起重机械设备安装/使用/拆卸报审表

工程名称：_____　　　　　编号：B.0.15-_____

致：_____(项目监理机构)

　　根据工程施工需要，_____工程_____(部位)拟安装/使用/拆卸起重机械设备，我方已完成自检工作。请予以审核。

　　附件：

　　设备安装：

　　□ 设备清单(如名称、产地、规格、数量等)

　　□ 设备制造许可证、产品合格证、备案证明等

　　□ 安装单位的资质证书、安全生产许可证和特种作业人员的特种作业操作资格证书

　　□ 建筑起重机械安装工程专项施工方案

　　□ 自检合格记录

　　设备使用：

　　□ 具有相应资质的检验检测机构监督检验合格证

　　□ 建筑起重机械安装完毕后的四方或五方验收记录

　　□ 设备操作人员的特种作业操作资格证书

　　□ 设备检查、维护、保养管理制度

　　设备附着后使用：

　　□ 具有相应资质的检验检测机构监督检验合格证

　　□ 建筑起重机械安装完毕后的四方或五方验收记录

　　设备拆卸：

　　□ 拆卸单位的资质证书、安全生产许可证和特种作业人员的特种作业操作资格证书

　　□ 建筑起重机械拆卸施工方案

　　本次报验内容是第_____次报验。

施工项目经理部(章)：

项目经理(签字)：

年　　月　　日

项目监理机构 签收人姓名及时间		施工项目经理部 签收人姓名及时间	
审查意见：			

项目监理机构(章)：

专业监理工程师(签字)：

总监理工程师/总监理工程代表(签字)：

年　　月　　日

注：1. 本报审表分为设备安装报审、设备使用报审、设备拆卸报审。

　　2. 施工起重机械设备附着后的使用报审也使用本报审表。

　　3. 本表一式两份，项目监理机构、施工单位各一份。

附录 C　通用表

表 C.0.1　工作联系单

工程名称：＿＿＿＿＿＿＿＿＿＿＿＿＿＿＿　　　编号：C.0.1-＿＿＿＿＿＿

事由		签收人姓名及时间	

致：＿＿＿＿＿＿＿＿＿＿＿＿＿＿

　　　　　　　　　　　　　　　　　　发文单位(章)：

　　　　　　　　　　　　　　　　项目负责人(签字)：

　　　　　　　　　　　　　　　　　　　　　年　　月　　日

　　注：1. 本联系单分为建设单位工作联系单(C.0.11)、项目监理机构工作联系单(C.0.12)、施工单位工作联系单(C.0.13)。

　　2. 本表一式三份，建设单位、项目监理机构和施工单位各一份。

表 C.0.2 工程变更单

工程名称:_____   编号:_____

致:_____

由于 _____,兹提出

_____工程变更,请予以审批。

附件:□ 变更内容

　　　□ 变更设计图

　　　□ 相关会议纪要

　　　□ 其他

变更提出单位:

负责人:

年　　月　　日

工程数量增/减	
费用增/减	
工期变化	

施工项目经理部(盖章):	设计单位(盖章):
项目经理(签字):	设计负责人(签字):
项目监理机构(盖章):	建设单位(盖章):
总监理工程师(签字):	负责人(签字):

注:本表一式四份,建设单位、项目监理机构、设计单位、施工单位各一份。

表 C.0.3　索赔意向通知书

工程名称：＿＿＿＿＿＿＿＿＿＿＿＿＿＿　　　　　　　编号：＿＿＿＿＿＿

致：＿＿＿＿＿＿＿＿＿＿＿＿＿＿＿＿＿＿＿＿＿＿＿

　　根据施工合同＿＿＿＿＿＿＿＿＿＿＿＿＿＿＿＿＿＿＿（条 款）约 定，由 于 发 生 了
＿＿＿＿＿＿＿＿＿＿＿＿＿＿＿＿＿＿＿＿事件，且该事件的发生非我方原因所致。为此，我方
向＿＿＿＿＿＿＿＿＿＿＿（单位）提出索赔要求。

　　附件：索赔事件资料

　　　　　　　　　　　　　　　　　　　　　　　　提出单位(盖章)：

　　　　　　　　　　　　　　　　　　　　　　　　负责人(签字)：

　　　　　　　　　　　　　　　　　　　　　　　　　　年　　　月　　　日

参 考 文 献

[1] 中华人民共和国住房和城乡建设部.建设工程监理规范:GB/T 50319—2013[S].北京:中国建筑工业出版社,2014.

[2] 天津市建设监理协会.天津市建设工程监理规程:DB/T 29—131—2015[S].北京:中国建材工业出版社,2015.

[3] 中国建设监理协会.建设工程监理概论[M].北京:中国建筑工业出版社,2021.

[4] 中国建设监理协会.建设工程投资控制[M].北京:中国建筑工业出版社,2021.

[5] 中国建设监理协会.建设工程质量控制[M].北京:中国建筑工业出版社,2021.

[6] 中国建设监理协会.建设工程进度控制[M].北京:中国建筑工业出版社,2021.

[7] 中国建设监理协会.建设工程信息管理[M].北京:中国建筑工业出版社,2013.

[8] 中国建设监理协会.建设工程合同管理[M].北京:中国建筑工业出版社,2021.

[9] 中国法制出版社.中华人民共和国建筑法[M].北京:中国法制出版社,2019.

[10] 中国法制出版社.中华人民共和国民法典[M].北京:中国法制出版社,2020.

[11] 天津市建设监理协会.安全生产管理的监理工作标准指南:T/TJJLXH 002—2019[S].北京:中国建材工业出版社,2019.

[12] 何红锋.工程建设中的合同法与招标投标法[M].3 版.北京:中国计划出版社,2014.

[13] 法律出版社法规中心.中华人民共和国民法典注释本[M].北京:法律出版社,2020.

[14] 最高人民法院民事审判第一庭.最高人民法院新建设工程施工合同司法解释(一):理解与适用[M].北京:人民法院出版社,2021.

[15] 中国建设监理协会.建设工程监理相关法规文件汇编[M].北京:中国建筑工业出版社,2021.

[16] 本书编委会.建设工程监理基本理论与相关法规[M].北京:中国建筑工业出版社,2018.